全国机械行业高等职业教育"十二五"系列教材
高等职业教育教学改革精品教材

金属切削机床

主　编　刘文娟　姜　晶
副主编　刘华军　李文正　袁国伟
参　编　曹　乐　于克龙

机 械 工 业 出 版 社

本书针对高职高专学生的培养目标和岗位技能的要求，贯彻了"以学生为根本，以就业为导向，以标准为尺度，以技能为核心"的理念。主要内容包括：对金属切削机床的认知，机床传动的基础知识，普通车床，普通铣床，普通磨床，齿轮加工机床，钻床、镗床、刨床、插床和拉床等其他类型机床，数控机床概述，典型数控机床共九章。内容以基本理论为基础，针对高职高专教育的特点，以培养高端技能型人才为目的，着重加强实用性。每章后均附有思考题。

本书可作为高职高专机电类及相关类专业的教材，也可供职业中专、职业高中、成人教育以及生产一线的工程技术人员参考。

本教材配有电子教案，凡使用本书作为教材的教师可登录机械工业出版社教材服务网 www.cmpedu.com 下载。咨询邮箱：cmpgaozhi@sina.com。咨询电话：010-88379375。

图书在版编目（CIP）数据

金属切削机床/刘文娟，姜晶主编. —北京：机械工业出版社，2013.9（2022.1重印）
全国机械行业高等职业教育"十二五"系列教材. 高等职业教育教学改革精品教材
ISBN 978-7-111-43019-3

Ⅰ.①金… Ⅱ.①刘…②姜… Ⅲ.①金属切削-机床-高等职业教育-教材 Ⅳ.①TG502

中国版本图书馆 CIP 数据核字（2013）第 232645 号

机械工业出版社（北京市百万庄大街22号 邮政编码100037）
策划编辑：崔占军 边 萌 责任编辑：边 萌 王丹凤
版式设计：常天培 责任校对：申春香
封面设计：鞠 杨 责任印制：郜 敏
北京富资园科技发展有限公司印刷
2022 年 1 月第 1 版第 4 次印刷
184mm×260mm·13 印张·320 千字
6 801—7 300 册
标准书号：ISBN 978-7-111-43019-3
定价：32.00 元

电话服务 　　　　　　　　　网络服务
客服电话：010-88361066 　　机 工 官 网：www.cmpbook.com
　　　　　010-88379833 　　机 工 官 博：weibo.com/cmp1952
　　　　　010-68326294 　　金 书 网：www.golden-book.com
封底无防伪标均为盗版 　机工教育服务网：www.cmpedu.com

前　言

　　本书是高职高专机电类专业的教材，是为适应我国高等职业技术教育的发展，实现促进职业教育改革以及高端技能型人才培养的目标与宗旨而编写的。

　　本教材的编写指导思想是：根据我国经济发展、产业经济结构调整升级对高职教育人才培养的新要求，以社会需求为导向，以行业标准与岗位标准为出发点和立足点，注重课程体系的充实与完善，着重培养实践能力、实际解决问题的能力和新技术的应用能力，以适应整个制造业发展对机械专业人才的需求。在教材编写的过程中，贯彻了"简明、实用"的原则，反映了新知识、新技术、新工艺和新方法，体现了先进性、实用性、科学性和代表性，将理论知识与技能相结合，充分借鉴了诸多教材的经验，使本教材更加符合高职高专的实际情况。

　　本书共分九章，辽宁机电职业技术学院刘文娟负责编写第一、五、六章；沈阳铁路机械学校曹乐和辽东学院于克龙负责编写第二章；辽宁机电职业技术学院李文正负责编写第三章；辽宁机电职业技术学院袁国伟负责编写第四章；辽宁机电职业技术学院刘华军负责编写第七章；辽宁机电职业技术学院姜晶负责编写第八章和第九章。在编写过程中，借鉴了有关论文、著作，为了维护论文、著作原文的权威性，尊重论文著作作者的首创成果，个别章节的有关内容保留了原文风貌。在此向原文作者表示真诚的敬意和感谢！

　　由于编者水平有限，难免有不当之处，敬请读者批评指正。同时，对参考文献的作者深表谢意。

编　者
2013 年

目　　录

第一章 对金属切削机床的认知

【能力目标】 了解我国切削加工技术发展状况；认识金属切削机床在国民经济中的地位和发展的总体趋势；熟悉机床的不同分类方法，重点让学生掌握机床型号的编制方法，使学生能够根据每种机床的型号真实地反映出机床的类别、主要参数、使用与结构特性。

【内容简介】 在现代机械制造工业中，金属切削机床是加工机器零件的主要设备，在各类机器制造装备中所占的比例较大。为了便于区别和管理发展迅速的金属切削机床的品种及规格，须对机床加以分类和编制型号，以此来解决机床名称冗长、书写和称呼都很不方便的问题。

【相关知识】

第一节 我国切削加工技术的发展概述

机床在人类认识和改造自然的过程中产生，又随着社会生产力的发展和科学技术的进步而不断发展、不断完善。最原始的机床是木制的，所有运动都由人力或畜力驱动，主要用于加工木料、石料和陶瓷制品的泥坯，它们实际上并不是一种完整的机器，现代意义上的用于加工金属机械零件的机床，是在18世纪中叶才开始发展起来的。

18世纪发明了机动刀架，并以蒸汽机为动力，对机床进行驱动或通过多轴对机床进行集群驱动，才形成了现代机床的雏形。19世纪至20世纪初，随着电动机的问世，由电动机取代了蒸汽机后，经过了多轴对机床进行集群驱动、单独电动机驱动的封闭齿轮箱的发展过程，才使机床具备了现代的结构形式。20世纪40年代，随着高速工具钢和硬质合金工具的使用，以及液压技术的应用，使机床在传动、机构、控制等方面得到很大的改进，加工精度和生产率得到显著提高。自20世纪50年代以来，计算机技术开始应用于机床中，先后出现了数控机床、加工中心和柔性制造系统等。计算机集成制造技术的出现，表明机械制造业正在走向一个新的变革时代。电火花加工、电解加工、超声波加工、电子束加工等各种机械加工设备，表明特种加工设备也有了长足的发展。

在新中国成立之前，我国是没有自己的机床制造业的。新中国成立后，机床工业从无到有、从小到大、从仿造到自行设计，扩建及兴建了一批机床制造厂，开始了各种机床的研究和实验工作。我国机床工业已形成了一个布局合理、产品门类齐全的完整体系，能够生产出从小型的仪表机床到重要的各类机床，从通用机床到各种精密、高效率、高度自动化的机床，机床年产量已达13万台，品种达1千多种。我国从20世纪50年代末开始研制数控机床，并通过引进和消化先进技术，现已能生产包括加工中心、柔性制造单元在内的各种数控机床，并且研制出了柔性制造系统。

第二节　金属切削机床在国民经济中的地位

金属切削机床是采用切削的方法，把金属毛坯加工成机器零件的机器，它是制造机器的机器，所以又称为"工作母机"或"工具机"，习惯上简称为机床。

在现代机械制造工业中，机床是加工机器零件的主要设备，机床在各类机器制造装备中所占的比例较大，一般都在 50% 以上，担负的工作量占机器总制造工作量的 40% ~ 60%。对于有一定形状、尺寸和表面质量要求的金属零件，特别是精密零件的加工，主要是在金属切削机床上完成的。

机床的"母机"属性决定了它在国民经济中的重要地位。机械制造工业担负着为国民经济各部门提供先进技术装备的任务，机床工业是机械制造工业的重要组成部分，为机械制造工业提供先进的加工装备和加工技术的"工作母机"。一个国家机床的拥有量、产量、品种和质量如何，是衡量其工业水平的标志之一。

当前，生产机床的企业遍布全国，许多国产机床产品的性能已达到世界先进水平，以物美价廉和高性价比吸引着全世界的目光，机床产品已成为我国近 10 年来主要出口创汇的商品之一。随着国际技术交流与合作的进一步发展，我国机床工业已进入一个新的发展阶段。

第三节　金属切削机床的分类和型号编制

一、金属切削机床的分类

金属切削机床种类繁多，可根据需要从不同的角度对机床进行分类。

按机床的加工性质和所用刀具进行分类，我国把机床划分为 12 大类：车床、钻床、镗床、磨床、齿轮加工机床、螺纹加工机床、铣床、刨插床、拉床、特种加工机床、锯床及其他机床。

按机床的使用范围（通用性程度）分类，机床可分为如下几种。

（1）通用机床（又称万能机床、普通机床）　这种机床可加工多种工件，完成多种工序，使用范围较广，如万能卧式车床、卧式镗床及万能升降台铣床等，这类机床的通用程度较高，结构较复杂，主要用于单件、小批量生产。

（2）专门化机床（又称专能机床）　它是用于加工形状相似而尺寸不同的工件的特定工序的机床。这类机床的特点介于通用机床与专用机床之间，既有加工尺寸的通用性，又有加工工序的专用性，如精密丝杠车床、凸轮轴车床等。这种机床的生产率较高，适于成批生产。

（3）专用机床　它是用于加工特定工件的特定工序的机床，如主轴箱的专用镗床等。由于这类机床是根据特定工艺要求专门设计、制造与使用的，因此生产率很高，结构简单，适于大批量生产。组合机床也属于专用机床，它是以通用部件为基础，配以少量专用部件组合而成的一种特殊专用机床。

按机床的加工精度分类：在同一种机床中，根据其加工精度、性能等对照有关标准规定要求，机床又分为普通机床、精密机床和高精度机床。

此外，按机床自动化程度的不同，机床还可分为手动、机动、半自动机床和自动机床。

按机床质量（习惯称重量）的不同，机床又可分为仪表机床、中型机床（一般机床）、大型机床（质量大于 10t）、重型机床（质量大于 30t）和超重型机床（质量大于 100t）。按机床主要工作部件数目的不同，机床可以分为单轴的、多轴的或单刀的、多刀的机床等。

随着机床数控化的发展，其分类方法也将不断发展。现在机床的种类日趋多样化，工序更加集中的数控机床是机床的发展方向。一台数控机床集中了越来越多传统机床的功能。机床数控化引起了机床分类方法的变化，这种变化主要表现在机床品种不是越分越细，而是趋向综合。

二、金属切削机床的型号

机床型号就是赋予机床产品的代号。我国机床型号的编制方法是按 GB/T 15375—2008《金属切削机床型号编制方法》执行的，适用于新设计的各类通用及专用金属切削机床、自动线（不适用于组合机床、特种加工机床）。我国机床型号是由大写汉语拼音字母和阿拉伯数字组成的，它可简明地表达出该机床的类型、主要规格及有关特性等。

（一）机床通用型号

1. 型号的表示方法

型号由基本部分和辅助部分组成，中间用"/"隔开，读作"之"。前者需统一管理，后者纳入型号与否由企业自定。型号构成如下：

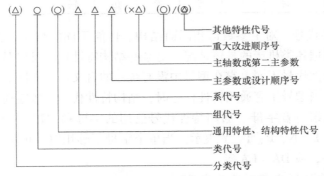

注：有"（ ）"的代号或数字，当无内容时，则不表示。若有内容则不带括号；有"○"符号的，为大写的汉语拼音字母；有"△"符号的，为阿拉伯数字；有"⊘"符号的，为大写的汉语拼音字母，或阿拉伯数字，或两者兼有之。

2. 机床的代号

机床的类代号，用大写的汉语拼音字母表示。必要时，每类可分为若干分类。分类代号在类代号之前，作为型号的首位，用阿拉伯数字表示。第一分类代号前的"1"省略，第"2""3"分类代号则应予以表示。

机床的分类和代号见表 1-1。

表 1-1　机床的分类和代号

类别	车床	钻床	镗床	磨床			齿轮加工机床	螺纹加工机床	铣床	刨插床	拉床	锯床	其他机床
代号	C	Z	T	M	2M	3M	Y	S	X	B	L	G	Q
读音	车	钻	镗	磨	二磨	三磨	牙	丝	铣	刨	拉	割	其

在编制具有两类特性的机床时，主要特性应放在后面，次要特性应放在前面。例如，铣镗床是以镗为主、铣为辅。

3. 通用特性代号、结构特性代号

这两种特性代号，用大写的汉语拼音字母表示，位于类代号之后。

（1）通用特性代号　通用特性代号有统一的规定含义，它在各类机床的型号中表示的意义相同。

当某类型机床，除有普通型外，还有下列某种通用特性时，则在类代号之后加通用特性代号予以区分。如果某类型机床仅有某种通用特性，而无普通型式者，则通用特性不予表示。

当在一个型号中需要同时使用 2~3 个普通特性代号时，一般按重要程度排列顺序。

通用特性代号，按其相应的汉字字意读音。

机床的通用特性代号见表 1-2。

表 1-2　机床的通用特性代号

通用特性	高精度	精密	自动	半自动	数控	加工中心（自动换刀）	仿形	轻型	加重型	柔性加工单元	数显	高速
代号	G	M	Z	B	K	H	F	Q	C	R	X	S
读音	高	密	自	半	控	换	仿	轻	重	柔	显	速

（2）结构特性代号　对主参数值相同而结构、性能不同的机床，在型号中加结构特性代号予以区分。根据各类机床的具体情况，对某些结构特性代号可以赋予一定含义。但结构特性代号与通用特性代号不同，它在型号中没有统一的含义，只在同类机床中起区分机床结构、性能的作用。当型号中有通用特性代号时，结构特性代号应排在通用特性代号之后。结构特性代号，用汉语拼音字母（通用特性代号已用的字母和 "I""O" 两个字母不能用）A、B、C、D、E、L、N、P、T、Y 表示，当单个字母不够用时，可将两个字母组合起来使用，如 AD、AE 等，或 DA、EA 等。

4. 机床组、系的划分原则及其代号

（1）机床组、系的划分原则　将每类机床划分为十个组，每个组又划分为十个系（系列）。组、系划分的原则如下：

1）在同一类机床，主要布局或使用范围基本相同的机床，即为同一组。

2）在同一组机床中，其主参数相同、主要结构及布局形式相同的机床，即为同一系。

（2）机床的组、系代号　机床的组，用一位阿拉伯数字表示，位于类代号或通用特性代号、结构特性代号之后。机床的系，用一位阿拉伯数字表示，位于组代号之后。

（3）主参数的表示方法　机床型号中主参数用折算值表示，位于系代号之后。当折算值大于 1 时，则取整数，前面不加 "0"；当折算小于 1 时，则取小数点后第一位数，并在前面加 "0"。

主参数用主参数拆算值（1/10、1/100 或实际值）表示。机床的统一名称和组、系划分以及主参数的表示方式可参见 GB/T 15375—2008。

上述 3 部分代号是机床型号中必不可缺的基本形式，但是，有的机床还属于其他特殊情况，需要附加某些代号才能表达其完整含义。

5. 通用机床的设计顺序号

某些通用机床，当无法用一个主参数表示时，则在型号中用设计顺序号表示。设计顺序号由 1 起始，当设计顺序号小于 10 时，由 01 开始编号。

6. 主轴数和第二主参数的表示方法

（1）主轴数的表示方法　对于多轴车床、多轴钻床、排式钻床等机床，其主轴数应以实际数值列入型号，置于主参数之后，用"X"分开，读作"乘"。单轴时可省略，不予表示。

（2）第二主参数的表示方法　第二主参数（多轴机床的主轴数除外），一般不予表示，如有特殊情况，需在型号中表示。在型号中表示的第二主参数，一般以折算成两位数为宜，最多不超过三位数。以长度、深度值等表示的，其折算系数为 1/100；以直径、宽度值表示的，其折算值为 1/10；以厚度、最大模数值等表示的，其折算系数为 1。当折算值大于 1时，则取整数；当折算值小于 1 时，则取小数点后第一位数，并在前面加"0"。

7. 机床的重大改进顺序号

当机床的结构、性能有更高的要求，并需按新产品重新设计、试制和鉴定时，才按改进的先后顺序选用 A、B、C 等汉语拼音字母（但"I""O"两个字母不得选用），加在型号基本部分的尾部，以区别原机床型号。

8. 其他特性代号及其表示方法

（1）其他特性代号　其他特性代号，置于辅助部分之首。其中同一型号机床的变型代号，一般应放在其他特性代号之首位。

（2）其他特性代号的含义　其他特性代号主要用以反映各类机床的特性。例如对于数控机床，可用于反映不同的控制系统等；对于加工中心，可用于反映控制系统、联动轴数、自动交换主轴头、自动交换工作台等；对于柔性加工单元，可用于反映自动交换主轴箱；对于一机多能机床，可用于补充表示某些功能；对于一般机床，可以反映同一型号机床的变型等。

（3）其他特性代号的表示方法　其他特性代号，可用汉语拼音字母（"I""O"两个字母除外）表示，其中 L 表示联动轴数，F 表示复合。当单个字母不够用时，可将两个字母组合起来使用，如 AB、AC、AD 等，或 BA、CA、DA 等。

其他特性代号，也可用阿拉伯数字表示。

其他特性代号，还可用阿拉伯数字和汉语拼音字母组合表示。

（二）专用机床的型号

1. 专用机床型号的表示方法

专用机床的型号一般由设计单位代号和设计顺序号组成。型号构成如下：

2. 设计单位代号

设计单位代号包括机床生产厂和机床研究单位代号（位于型号之首）。

3. 专用机床的设计顺序号

专用机床的设计顺序号，按该单位的设计顺序号排列，由 001 起始位于设计单位代号之后，并用"-"隔开。

（三）机床自动线的型号

1. 机床自动线代号

由通用机床或专用机床组成的机床自动线。其代号为："ZX"（读作"自线"），位于设计单位代号之后，并用"-"分开。

机床自动线设计顺序号的排列与专用机床的设计顺序号相同，位于机床自动线代号之后。

2. 机床自动线的型号表示方法

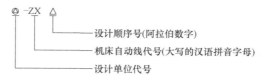

设计顺序号(阿拉伯数字)
机床自动线代号(大写的汉语拼音字母)
设计单位代号

思 考 题

1. 机床按加工性质和所使用的刀具可分为几类？其类代号用什么表示？
2. 机床按自动化程度可分为几类？每类的特点是什么？
3. 按加工精度的不同，在同一机床中分为几种精度等级？
4. 在机床型号中，机床的特性有几种？它们是如何排序的？
5. 写出下列机床型号中每个符号的意义：
(1) C2150·6　　(2) CA6140
(3) X6030　　　(4) Y7132A
6. 按《金属切削机床型号编制方法》的规定，写出下列机床的型号：
(1) 最大加工直径为 400mm 的普通机床。
(2) 最大加工直径为 320mm 的万能普通机床。
(3) 最大钻孔直径为 40mm 的摇臂钻床。
(4) 经过一次重大改进、磨削最大外圆直径为 320mm 的万能外圆磨床。
7. 金属切削机床发展的总体趋势是什么？

第二章 机床传动的基础知识

【能力目标】 了解发生线的形成方法、工件表面的成形方法和成形运动；熟悉机床的传动联系、外联系传动链和内联系传动链的本质区别，使学生能够根据传动原理图，针对机床运动的具体情况进行具体分析。

【内容简介】 本章是学习本课程的基础，也是本课程的重点之一。对机床进行运动分析的目的在于，利用简单的方法来分析、比较各种机床的传动系统，以掌握机床的运动规律。这不仅是认识和使用现有机床的基础，也是设计新机床时比较、选择合理设计方案的重要依据。

【相关知识】

第一节 工件的表面形状及其成形方法

一、工件形状及其表面的成形方法

各种类型的机床在进行切削加工时，其基本工作原理是相同的，即通过刀具和工件之间的相对运动，切除毛坯上的多余金属，形成具有一定尺寸、形状、精度和质量的表面，从而获得所需的机械零件。实质上，机床加工机械零件的过程就是形成零件上各个工作表面的过程。图 2-1 所示为机械加工中常见的各种表面。

可以看出，任何复杂的工件表面都可以由几个比较简单的面元素组成：平面、直线成形面、圆柱面、圆锥面、球面、圆环面和螺旋面，如图 2-2 所示。任何表面都可以看做一条线（称为母线 1）沿着另一条发生线（称为导线 2，或 2′、2″）运动的轨迹。母线和导线统称为形成表面的发生线。

如果要得到平面如图 2-2a 所示，可由一条直线 1（母线）沿另一条直线 2（导线）运动，直线 1和直线 2 就是形成平面的两条发

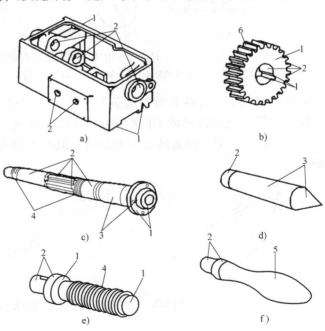

图 2-1 机械加工中常见的各种表面
1—平面 2—圆柱面 3—圆锥面 4—螺旋面
（成形面） 5—回转体成形面 6—直线成形面

生线。同样，直线成形面如图 2-2b 所示，是由直线 1（母线）沿着曲线 2（导线）移动而形成的；圆柱面如图 2-2c 所示，是由直线 1（母线）沿着圆 2（导线）移动而形成的；圆锥面如图 2-2d 所示，是由直线 1（母线）的一端沿着圆 2（导线）移动，而母线的另一端保持不动的情况下形成的。

由图 2-2 不难发现，平面、直线成形面和圆柱面的两条发生线——母线和导线可以互换，而不改变成形面的性质，这种母线与导线可以互换的表面称为可逆表面。此外还有不可逆表面，如圆锥面、球面、圆环面和螺旋面等，形成不可逆表面的母线和导线是不可互换的。

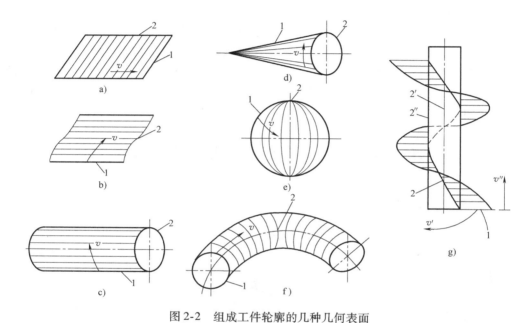

图 2-2　组成工件轮廓的几种几何表面

a）平面　b）直线成形面　c）圆柱面　d）圆锥面　e）球面　f）圆环面　g）螺旋面

值得注意的是，有些表面的两条发生线完全相同，只因母线相对于旋转轴线 O-O 的原始位置不同，也可以形成不同的表面，如图 2-3 所示。虽然母线皆为直线 1，导线皆为圆 2，轴线皆为 O-O，所需的运动也相同，但产生的表面可以不同，如圆柱面、圆锥面或双曲面。

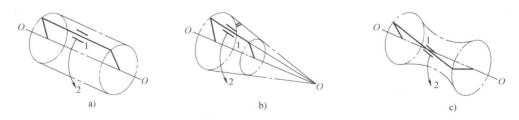

图 2-3　因母线原始位置不同所形成的不同表面

二、发生线的形成方法

发生线是由刀具的切削刃与工件间的相对运动得到的，工件表面的成形与刀具切削刃的形状有着极其密切的关系。由于使用的刀具切削刃的形状和采取的加工方法不同，所以机床上形成发生线的方法与所需的运动也不同，归纳起来，形成发生线的方法有以下 4 种（以形成图 2-4 所示的发生线 2 为例进行介绍）。

1. 轨迹法

轨迹法是利用刀具做一定规律的轨迹运动来对工件进行加工的方法，如图 2-4a 所示。刀具切削刃为一切削点 1，在采用尖头车刀、刨刀等刀具切削的过程中，切削刃与被形成表面接触的长度实际上很短，可以看做点接触，它按一定规律做直线或曲线（图为圆弧）运动，从而形成所需的发生线 2。因此，采用轨迹法形成发生线需要一个成形运动。

2. 相切法

相切法是利用刀具的旋转边做轨迹运动来对工件进行加工的方法，如图 2-4b 所示。切削刃为旋转刀具（铣刀或砂轮）上的切削点 1。刀具做旋转运动，刀具中心按一定的规律做直线或曲线（图为圆弧）运动，切削点 1 的运动轨迹如图 2-4b 中的曲线 3 所示。切削点的运动轨迹与工件相切，形成了发生线 2。点 4 就是刀具上的切削点 1 的运动轨迹与工件的各个切点。刀具上有多个切削点，发生线 2 是刀具上所有的切

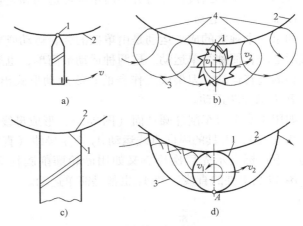

图 2-4　发生线的形成方法

削点在切削过程中共同形成的。用相切法得到的发生线需要两个成形运动，即刀具的旋转运动和刀具中心按一定规律的运动。

3. 成形法

成形法是利用成形刀具（如成形车刀、盘形齿轮铣刀等）对工件进行加工的方法。在这种情况下，刀具的切削刃为切削线 1，它的形状和长短与需要形成的发生线 2（母线）完全重合，如图 2-4c 所示。在采用各种成形刀具进行切削加工时，切削刃与被成形的表面作线接触，刀具无需任何运动就可得到所需的发生线形状。

4. 展成法

展成法是利用工件和刀具（如插齿刀、齿轮滚刀和花键滚刀）做展成切削运动的加工方法，如图 2-4d 所示。刀具切削刃为切削线 1（图示形状为圆），也可是直线（如齿条刀）或曲线（如插齿刀），它与需要形成的发生线 2（母线）的形状不吻合，是一条与发生线 2（母线）共轭的切削线。在切削加工时，切削刃与被加工表面相切（点接触），切削线 1 与发生线 2 彼此做无滑动的纯滚动，成形的发生线 2 就是切削线 1 在切削过程中连续位置的包络线。曲线 3 是切削刃上某点 A 的运动轨迹。用展成法进行切削加工时，刀具（切削刃 1）与工件（发生线 2）之间的相对运动通常由两个运动（旋转 + 旋转或者旋转 + 直线）组合而成，这两个运动必须有严格的运动关系，彼此不能独立，它们共同组成了一个复合运动，这种运动被称为展成运动。

第二节　机床的成形运动

在机床上，为了获得所需的工件表面形状，必须使刀具和工件按上述 4 种方法之一完成一定的运动，形成一定形状的母线和导线。而形成母线和导线除成形法外，都需要刀具和工件做相对运动。这种形成被加工表面的运动称为表面成形运动，简称成形运动。此外，机床还有多种辅助运动。

一、成形运动的种类

成形运动按其组成情况可分为简单成形运动和复合成形运动两种。

1. 简单成形运动

如果一个独立的成形运动是由单独的旋转运动或直线运动构成的，则称此成形运动为简单成形运动，简称简单运动。这两种运动最简单，也最容易得到。在机床上，简单运动一般以主轴的旋转运动、刀架或工作台的直线运动形式出现。本节用符号 A 表示直线运动，用符号 B 表示旋转运动。

如用尖头车刀车削外圆柱面（图 2-5），形成母线和导线。此时，工件的旋转运动 B_1 产生母线（圆）；刀具的纵向直线运动 A_2 产生导线（直线）。运动 B_1 和 A_2 就是两个简单成形运动，下角标表示先后次序。又如用砂轮磨削圆柱面（图 2-6），砂轮和工件的旋转运动 B_1、B_2 以及工件的直线运动 A_3 也都是简单运动。

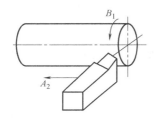

图 2-5　车削外圆柱面时的成形运动

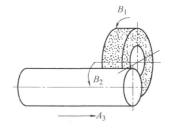

图 2-6　砂轮磨削外圆柱面时的成形运动

2. 复合成形运动

如果一个独立的成形运动是由两个或两个以上的旋转运动或（和）直线运动，按照某种确定的运动关系组合而成的，则称此成形运动为复合成形运动，简称复合运动。

如用螺纹车刀切削螺纹（图 2-7），螺纹车刀是成形刀具，其形状相当于螺纹沟槽的截面，形成螺旋面只需一个运动，即车刀相对于工件做螺旋运动。为简化机床结构和较容易地保证精度，通常将螺旋运动分解为工件的等速旋转运动 B_{11} 和刀具的等速直线运动 A_{12}，下角标的第一位数表示第一个运动（也只有一个运动），后一位数表示第一个运动中的第 1、第 2 两个部分。运动的两个部分 B_{11} 和 A_{12} 彼此不能独立，它们之间必须保持严格的相对运动关系，即工件每转 1 转，刀具的直线移动量应为螺纹的一个导程，从而 B_{11} 和 A_{12} 这两个单独运动组成一个复合运动。有的复合成形运动可以分解为 3 个甚至更多部分，如图 2-8 所示。当用车刀车削圆锥螺纹时，刀具相对于工件的运动轨迹为圆锥螺旋线，其可分解为 3 部分：工件的旋转运动 B_{11}、刀具的纵向直线移动 A_{12} 和刀具的横向直线移动 A_{13}；B_{11} 和 A_{12} 之

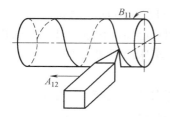

图 2-7　加工螺纹时的运动

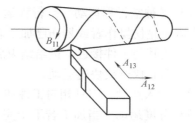

图 2-8　加工圆锥螺纹时的表面成形运动

间保持严格的相对运动关系，用以保证导程；A_{12} 与 A_{13} 之间也保持严格的相对运动关系，用以保证锥度。

有的机件表面形状很复杂，如螺旋桨的表面，为了加工它需要十分复杂的表面成形运动。这种成形运动可以分解为更多的部分，这只能在多轴联动的数控机床上实现，也就是说，运动的每个部分就是数控机床上的一个坐标轴。

复合成形运动分解的各个部分虽然也都是直线或旋转运动，与简单运动相像，但本质是不同的。前者是复合运动的一部分，各个部分必须保持严格的相对运动关系，是互相依存的，而不是独立的。简单运动之间是互相独立的，没有严格的相对运动关系。

二、主运动和进给运动

成形运动按其在切削加工中所起的作用不同又可以分为主运动和进给运动。

1. 主运动

主运动是产生切削的运动，可由工件和刀具来实现。主运动可以是旋转运动，也可以是直线往复运动。例如，车床上主轴带动工件的旋转；钻、镗、铣以及磨床上主轴带动刀具或砂轮的旋转；龙门刨床工作台带动工件的往复直线运动等都是主运动。

主运动可能是简单的成形运动，也可能是复合的成形运动。上面所述的各种机床的主运动都是简单运动。图 2-7 所示的车削螺纹，其主运动就是复合运动。

2. 进给运动

进给运动是维持切削得以继续的运动。进给运动可以是简单运动，也可以是复合运动。进给运动是简单运动的例子有：在车床上车削圆柱表面时，刀架带动车刀的连续纵向运动；在牛头刨床上加工平面时，刨刀每往复一次，工作台带动工件横向间歇移动一次。

进给运动是复合运动的例子有：用成形铣刀铣削螺纹，如图 2-9 所示。铣刀相对于工件的螺旋运动为 B_{21}、A_{22}，这时的主运动是铣刀的旋转 B_1，它是一个复合运动。

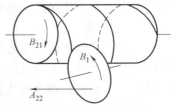

图 2-9　铣削螺纹时的运动

在表面成形运动中，必须有而且只能有一个主运动。如果只有一个表面成形运动，则这个运动就是主运动，如用成形车刀车削圆柱体。进给运动则可能是一个，也可能没有或多于一个。无论是主运动还是进给运动，都可能是简单运动或复合运动。

3. 辅助运动

机床上除表面成形运动外，还需要辅助运动，以实现机床的各种辅助动作。辅助动作的种类有很多，主要包括以下几种。

（1）各种空行程运动　空行程运动是指进给前后刀具的快速运动。例如，在装卸工件时，为避免碰伤操作者或划伤已加工表面，刀具与工件应相对退离。在进给开始之前快速引进刀具，使其与工件接近。进给结束后应快退刀具。例如，车床的刀架或铣床的工作台，在进给前后都有快进或快退运动。

（2）切入运动　刀具相对工件切入一定深度，以保证被加工表面获得一定的加工尺寸。

（3）分度运动　当加工若干个完全相同、均匀分布的表面时，为使表面成形运动得以周期地继续进行的运动称为分度运动。例如，车削多线螺纹时，在车完一条螺纹后，工件相对于刀具要回转 $1/K$ 转（K 为螺纹线数），才能车削另一条螺纹表面，这个工件相对于刀具的旋转运动就是分度运动。又如，多工位机床的多工位工作台或多工位刀架的周期性转位或移位也是分度运动。

（4）操纵和控制运动　操纵和控制运动包括起动、停止、变速、部件与工件的夹紧、松开、转位以及自动换刀、自动测量、自动补偿等。

（5）调位运动　加工开始前，把机床的有关部件移到要求的位置，以调整刀具与工件之间正确的相对位置。例如，摇臂钻床时，为使钻头对准被加工孔的中心，可转动摇臂和使主轴箱在摇臂上移动。又如龙门式机床，为适应工件的不同高度，可使横梁升降。

第三节　机床的传动联系和传动原理图

一、机床的传动联系

为了实现机床加工过程中的各种运动，机床必须具有动力源、执行件和传动装置 3 个基本部分。

1. 动力源

动力源是提供动力的装置，如各种电动机、液压马达以及伺服驱动系统等是机床运动的主要来源。普通机床常用三相异步交流电动机作为动力源，数控机床常用直流或交流调速电动机或伺服电动机作为动力源。

2. 执行件

执行件是执行运动的部件，如主轴、刀架以及工作台等，其任务是带动工件或刀具完成旋转或直线运动，并保持准确的运动轨迹。

3. 传动装置

传动装置是传递动力和运动的装置，通过它把动力源的动力传递给执行件或把一个执行件的运动传递给另一个执行件。传动装置通常还包括用来改变传动比、改变运动方向和改变运动形式（从旋转运动改变为直线运动）等的机构。

动力源传动装置执行件或执行件传动装置执行件构成了传动联系。

二、机床的传动装置

机床的传动装置按传动介质的不同可分为机械传动、液压传动、电气传动和气压传动等传动形式。

1. 机械传动

机械传动应用于齿轮、传动带、离合器、丝杠和螺母等机械元件传递运动和动力，这种传动形式工作可靠、维修方便、变速范围大，目前在机床上应用最广。常用的机械传动方式主要有以下几种。

（1）带传动　带传动是靠传动带与带轮接触面之间的摩擦力来传递运动和动力的一种挠性摩擦传动。该传动的特点是结构简单、制造方便、传动平稳、有过载保护，但传动比不准确、传动效率低、所占空间较大。

（2）齿轮传动　齿轮传动通过齿轮之间的啮合可以实现转矩、转速的改变。齿轮传动结构简单、传动比准确、传动效率高、传递的转矩大，可以实现换向和各种有级变速传动，但制造较为复杂、制造精度要求高。

（3）蜗轮蜗杆传动　蜗轮蜗杆传动通过蜗轮蜗杆之间的啮合可以实现转矩、转速和运动方向的改变。该传动结构简单、传动比大、传动平稳、无噪声，可实现自锁，但传动效率低、制造较复杂、成本高。

（4）齿轮齿条传动　齿轮齿条传动可以实现旋转运动与直线运动之间的相互转换，传动效率高，但制造精度不高时影响位移的准确性。

（5）丝杠螺母传动　丝杠螺母传动可以将旋转运动转变为直线运动，其传动平稳、无噪声，但传动效率低。在数控机床上常采用滚珠丝杠螺母传动，可降低摩擦损失，减少动、静摩擦因数之差，以避免爬行。

2. 液压传动

液压传动以液压油为介质，通过泵、阀、液压缸和液压马达等液压元件传递运动和动力。这种传动形式可以实现机床传动的无级变速，并且传动平稳，容易实现自动化，在机床上的应用日益广泛。

3. 电气传动

电气传动应用电能，通过电气装置传递运动和动力。这种传动形式也可以实现机床传动的无级变速，但是这种传动形式的电气系统比较复杂，成本较高，主要用于大型和重型机床。

4. 气压传动

气压传动以空气为介质，通过气动元件传递运动和动力。这种传动形式的特点是动作迅速，易于实现自动化，但其运动平稳性差，驱动力较小，主要用于机床的某些辅助运动（如夹紧工件）及小型机床的进给运动。

在实际设计中，通常是根据机床的工作特点，把采用以上几种传动形式的装置组合起来应用。

三、机床的传动链

机床在完成某种加工内容时，为了获得所需运动，需要由一系列的传动元件使执行件和动力源（如主轴和电动机）或使两个执行件之间（如主轴和刀架）保持一定的传动联系。构成一个传动联系的一系列按一定规律排列的传动件称为传动链。传动链中通常有两类传动机构：一类是具有固定传动比的传动机构，简称"定比机构"，如带传动、定比齿轮副、蜗杆副和丝杠副等；另一类是能根据需要变化传动比的传动机构，简称"换置机构"，如交换齿轮机构和滑移齿轮机构等。

机床需要多少运动，其传动系统中就有多少条传动链。根据执行件用途和性质的不同，传动链可相应地分为主传动链、进给传动链和辅助传动链等。根据传动联系性质的不同，传动链可分为以下两类。

1. 外联系传动链

外联系传动链联系动力源（如电动机）和机床执行件（如主轴、刀架和工作台等），使执行件得到预定速度的运动，并传递一定的动力。此外，外联系传动链还包括变速机构和换向（改变运动方向）机构等。外联系传动链传动比的变化只影响生产率或表面粗糙度，不影响发生线的性质，因此，外联系传动链不要求动力源与执行件间有严格的传动比关系。例如，在车床上用轨迹法车削圆柱面时，主轴的旋转和刀架的移动就是两个互相独立的成形运动，有两条外联系传动链。主轴的转速和刀架的移动速度只影响生产率和表面粗糙度，不影响圆柱面的性质。传动链的传动比不要求很准确，工件的旋转和刀架的移动之间也没有严格的相对速度关系。

2. 内联系传动链

内联系传动链联系复合运动之内的各个运动分量，因而对传动链所联系的执行件之间的相对速度（及相对位移量）有严格的要求，以用来保证运动的轨迹。例如，在卧式车床上用螺纹车刀车螺纹时，为了保证加工螺纹的导程，主轴（工件）每转一转，车刀必须移动一个导程。此时，联系主轴刀架之间的螺纹传动链就是一条对传动比严格要求的内联系传动链。假如传动比不准确，则车螺纹时就不能得到要求的导程。为了保证准确的传动比，在内联系传动链中不能用摩擦传动（如带传动）或者瞬时传动比有变化的传动件（如链传动）。

总之，每一个运动无论是简单的还是复杂的，都必须有一条外联系传动链；只有复合运动才有内联系传动链，如果将一个复合运动分解为两个部分，这其中必有一条内联系传动链。外联系传动链不影响发生线的性质，只影响发生线形成的速度；内联系传动链影响发生线的性质，并能保证执行件具有正确的运动轨迹；要使执行件运动起来，还必须通过外联系传动链把动力源和执行件联系起来，使执行件得到一定的运动速度和动力。

四、传动原理图

为了便于研究机床的传动联系，常用一些简明的符号把传动原理和传动路线表示出来，这就是传动原理图。图2-10所示为传动原理图中常用的一部分符号。其中，表示执行件的符号还没有统一的规定，一般采用较直观的图形表示。为了把运动分析的理论推广到数控机床，图中引入了绘制数控机床传动原理图时所要用到的一些符号，如电的联系、脉冲发生器等。

1. 铣床用圆柱铣刀铣削平面时的传动原理图

用圆柱铣刀铣削平面时，需要铣刀旋转和工件直线移动两个独立的简单运动，实现这两个成形运动应有两个外联系传动链，传动原理如图2-11所示。通过外联系传动链"1—2—u_v—3—4"将动力源（电动机）和主轴联系起来，可使铣刀获得具有一定转速和转向的旋转运动 B_1；通过另一条外联系传动链"5—6—u_f—7—8"将动力源和工作台联系起来，可使工件获得具有一定进给速度和方向的直线运动 A_2。u_v 和 u_f 是传动链的换置机构，通过 u_v 可以改变铣刀的转速和转向，通过 u_f 可以改变工件的进给速度和方向，以适应不同加工条

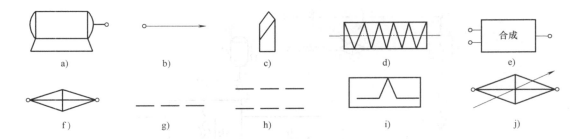

图 2-10 传动的原理图中常用的一些示意符号

a) 电动机 b) 主轴 c) 车刀 d) 滚刀 e) 合成机构 f) 传动比可变换的换置机构
g) 传动比不变的机械联系 h) 电的联系 i) 脉冲发生器 j) 快调换置机构—数控系统

件的需要。

2. 车床用螺纹车刀车削螺纹时的传动原理图

卧式车床在形成螺旋表面时需要一个运动，即刀具与工件间相对的螺旋运动，传动原理如图 2-12 所示。这个运动是复合运动，它可分解为两部分：主轴的旋转 B_{11} 和车刀的纵向移动 A_{12}。于是，此车床应有两条传动链。

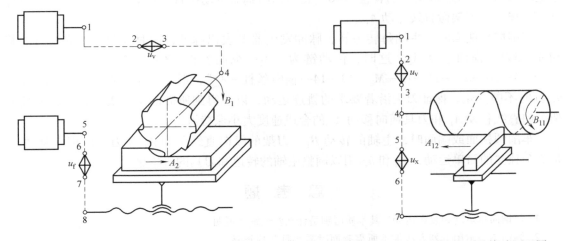

图 2-11 铣削平面时的传动原理图   图 2-12 车削圆柱螺纹时的传动原理图

（1）联系复合运动两部分 B_{11} 和 A_{12} 的内联系传动链 "主轴—4—5—u_x—6—7—丝杠"，u_x 表示螺纹传动链的换置机构，如交换齿轮架上的交换齿轮、进给箱中的滑移齿轮变速机构等，可通过调整 u_x 来得到被加工螺纹的导程。

（2）联系动力源与这个复合运动的外联系传动链 外联系传动链可由动力源联系复合运动中的任一环节。考虑到大部分动力应输送给主轴，故外联系传动链联系动力源与主轴："电动机—1—2—u_v—3—4—主轴"。u_v 表示主传动链的换置机构，如进给箱中的滑移齿轮变速机构、离合器变速机构等，可通过调整 u_v 来调整主轴的转速，以适应一切削速度的需要。

3. 数控车床车削成形曲面时的传动原理图

数控车床的传动原理基本上与卧式车床相同，不同的是数控车床多采用电气控制，如图 2-13 所示。主轴通过机械传动 1—2（通常是一对齿数相同的齿轮）与脉冲发生器 P 相联

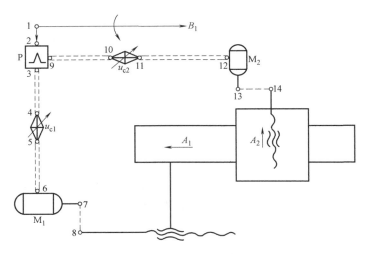

图 2-13   车削成形曲面时的传动原理图

系。主轴每转 1r，脉冲发生器 P 发出 N 个脉冲，经 3—4（常为电线）传至数控系统的 Z 轴（纵向）控制装置 u_{c1}，u_{c1} 可理解为一个快速调整的换置机构。经伺服系统 5—6 后，控制伺服电动机 M_1，M_1 经机械传动装置 7—8（也可以将伺服电动机直接和滚珠丝杠相连）与滚珠丝杠相连，使刀架做直线运动 A_1。

车削成形曲面时，主轴每转一转，脉冲发生器 P 发出脉冲，同时控制刀架纵向直线移动 A_1 和刀具横向移动 A_2。这时，传动链为 "A_1—纵向丝杠—8—7—M_1—6—5—u_{c1}—4—3—P—9—10—u_{c2}—11—12—M_2—13—14—横向丝杠—A_2"，形成一条内联系传动链，u_{c1}、u_{c2} 同时不断变化，保证刀尖沿着要求的轨迹运动，以便得到所需的工件表面形状，并使刀架纵向直线移动 A_1 和刀具横向移动 A_2 的合成速度大小保持恒定。

车削圆柱面或端面时，主轴的转动 B_1、刀架的纵向直线移动 A_1 和刀具的横向移动 A_2 是 3 个独立的简单运动，u_{c1} 和 u_{c2} 用以调整主轴的转速和刀具的进给量。

思 考 题

1. 何谓简单运动和复合运动？其本质区别是什么？试举例说明。

2. 画简图表示用下列方法加工所需表面时需要哪些成形运动？其中哪些是简单运动？哪些是复合运动？

（1）用成形车刀车削外圆锥面。

（2）用钻头钻孔。

（3）用成形铣刀铣削直线成形面。

（4）用插齿刀插削直齿圆柱齿轮。

3. 何谓外联系传动链和内联系传动链？其本质区别是什么？对这两种传动链有何不同的要求？

4. 试将图 2-14 补画成一个完整的铣削螺纹的传动原理图，并说明为实现所需的成形运动需要几条传动链，哪几条是外联系传动链，哪几条是内联系传动链。

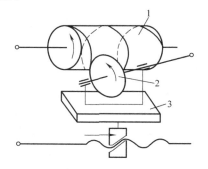

图 2-14   铣削螺纹时的传动原理图
1—工件   2—铣刀   3—刀具溜板

第三章 普通车床

【能力目标】 了解从哪几方面分析金属切削机床；掌握机床的表面成形方法、机床的结构、机床的传动联系、主要机构的功用及原理，重点掌握机床传动分析的步骤。使学生能够根据机床传动系统图，针对机床传动联系的具体情况进行具体分析，合理地对有关运动参数进行调整和计算。

【内容简介】 车床是目前机械制造业中使用最广泛的一类金属切削机床。CA6140 型卧式车床是一种万能车床，它的加工范围较广，结构较复杂。通过对 CA6140 型普通车床进行全面的分析，不仅能掌握分析其他机床的方法和步骤，而且能了解机床结构中的一些典型机构。本章是分析金属切削机床的基础。

【相关知识】

第一节　认识 CA6140 型卧式车床

一、机床的总体布局

CA6140 型卧式车床的总体布局与大多数卧式车床相似，主轴水平布置，以便于加工细长的轴类工件。车床的主要组成部分及其相互位置如图 3-1 所示。

（1）床身　床身 4 固定在空心的前床腿 1 和后床腿 8 上。床身上安装和连接着机床的各主要部件，并带有导轨，能够保证各部件之间准确的相对位置和移动部件的运动轨迹。

（2）主轴箱　主轴箱 3 是车床最重要的部件之一，装有主轴及变速传动机构的箱形部件。它支承并传动主轴，通过卡盘等装夹工件，使主轴带动工件旋转，实现主运动。

（3）床鞍和刀架　床鞍 5 的底面有导轨，可沿床身上相配的导轨纵向移动，其顶部安装有刀架 6。刀架用于装夹刀具，是实现进给运动的工作部件。刀架由几层组成，以实现纵向、横向和斜向运动。

（4）进给箱　进给箱 2 固定在床身 4 的左前侧，内部装有进给变换机构，用于改变被加工螺纹的导程或机动进给的进给量，以及加工不同种类螺纹的变换。

（5）溜板箱　溜板箱 9 固定在床鞍 5 的底部，是一个驱动刀架移动的传动箱，它把进给箱 2 传来的运动再传给刀架 6，实现纵向和横向机动进

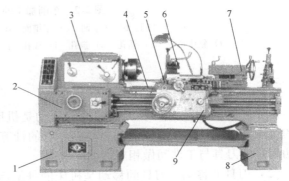

图 3-1　CA6140 型卧式车床外形图
1—前床腿　2—进给箱　3—主轴箱　4—床身
5—床鞍　6—刀架　7—尾座　8—后床腿　9—溜板箱

给、手动进给和快速移动或车螺纹。溜板箱上装有各种操纵手柄和按钮。

（6）尾座　尾座 7 安装在床身 4 尾部相配导轨的另一组导轨上，用手推动可纵向调整位置，并可固定在床身上。它用于安装顶尖，以支承细长工件，或安装钻头和铰刀等孔加工刀具。

二、机床的用途

CA6140 型卧式车床是一种普通精度级的万能型机床，它加工工艺范围较广，能够加工轴类、盘类及套筒类工件上的各种旋转表面（图 3-2），如车削内外圆柱面、圆锥面及成形旋转表面，车削端面、切槽及切断，车削米制、寸制、模数制及径节制螺纹，可进行钻孔、扩孔、铰孔及滚花等加工。这种机床的性能及质量较好，但结构较复杂、自动化程度较低，适用于单件、小批量生产或用在修配车间。

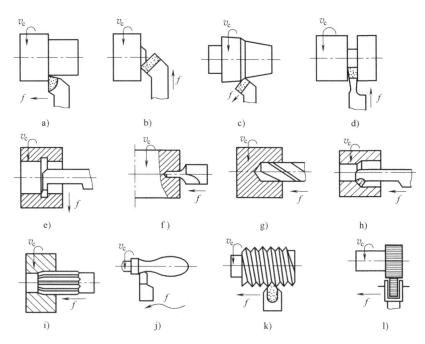

图 3-2　车削加工的典型表面
a）车外圆　b）车端面　c）车锥面　d）切槽、切断　e）切内槽
f）钻中心孔　g）钻孔　h）镗孔　i）铰孔　j）车成形面　k）车外螺纹　l）滚花

三、机床的运动

（1）工件的旋转运动　工件的旋转运动是机床的主运动，是实现切削最基本的运动。它的特点是速度较高及消耗的动力较多。它的计算单位常用主轴转速 n（r/min）表示。它的功用是使刀具与工件间做相对运动。

（2）刀具的移动　刀具的移动是机床的进给运动。它的特点是速度较低及消耗的动力较少。它的计算单位常用进给量 f（mm/r）表示，即主轴每转的刀架移动距离。它的功用是使毛坯上新的金属层被不断地投入切削，以便切削出整个加工表面。

（3）切入运动　通常与进给运动方向相垂直，一般由工人用手移动刀架来完成。它的功用是将毛坯加工到所需尺寸。

（4）辅助运动　刀具与工件除工作运动以外，还要具有刀架纵向及横向快速移动等功能，以便实现快速趋近或返回。

第二节　认识 CA6140 型卧式车床的传动系统

图 3-3 所示为 CA6140 型卧式车床的传动系统图。分析 CA6140 型卧式车床的传动系统，要确定车床传动系统中传动链的条数，找出每条传动链的两端件，列出每条传动链的传动路线表达式，再做具体运动分析与计算。CA6140 型卧式车床的传动系统由主运动传动链和进给运动传动链组成。其中，进给运动传动链又可分解为螺纹进给运动传动链、纵向机动进给传动链和横向机动进给传动链，以及刀架快速移动传动链。

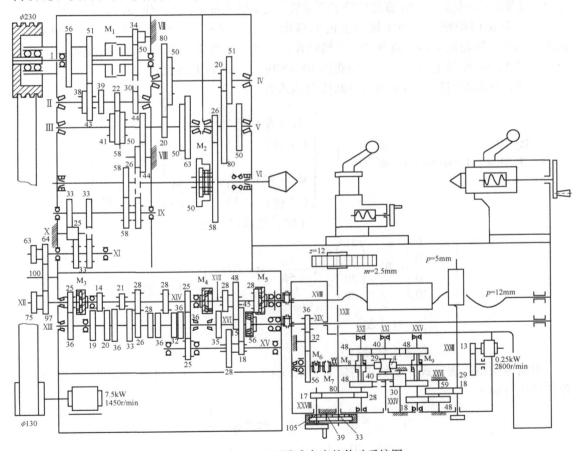

图 3-3　CA6140 型卧式车床的传动系统图

一、主运动传动链

CA6140 型卧式车床的主运动传动链属外联系传动链。由主电动机至主轴之间的一系列传动元件组成。其主要作用是把电动机的动力和运动传给主轴，实现主轴的旋转以及起动、停止、变速和换向。

电动机经 V 带把运动传至主轴箱中的轴 I。轴 I 上装有双向摩擦片式离合器 M_1，其作用是控制主轴的起动、停止、正转和反转。离合器 M_1 左端和空套在轴 I 上的双联齿轮（z_{51}、z_{56}）相连接；右端和空套在轴 I 上的齿轮 z_{50} 相连接。当离合器 M_1 左端接合时，轴 I 的运动经齿轮副 56/38 或 51/43 传给轴 II；当离合器 M_1 右端接合时，轴 I 的运动经齿轮副 50/34 传给轴 VII，再经齿轮副 34/30 传给轴 II，因轴 I 到轴 II 经过了中间齿轮 z_{34}，使轴 II 的旋转方向与离合器左端接合时轴 II 的转向相反。可见，运动经离合器 M_1 左端传递时，主轴正转；而运动经离合器右端传递时，主轴反转。当离合器 M_1 处于中间位置时，左、右两端的摩擦片处于放松状态，则轴 I 空转，主轴停止转动。

轴 II 分别经齿轮副 22/58、39/41、30/50 将运动传至轴 III。

从轴 III 到主轴 VI 有高速和低速两条传动路线。

（1）高速传动路线　当主轴 VI 上的滑移齿轮 z_{50} 处于左端位置，与轴 III 上的齿轮 z_{63} 啮合时，运动由轴 III 经过齿轮副 63/50 直接传给了主轴 VI，使主轴获得 450～1400r/min 的较高转速。

（2）低速传动路线　当主轴 VI 上的滑移齿轮 z_{50} 移至右端，使齿式离合器 M_2 接合时，运动由轴 III 经齿轮副 20/80 或 50/50 传给轴 IV，再经齿轮副 20/80 或 51/50 传给轴 V，最后经齿轮副 26/58 传到主轴 VI，使主轴获得 10～500r/min 的较低转速。

上述传动路线可以用如下的传动路线表达式表示：

$$
\text{电动机} \atop (7.5\text{kW}、1450\text{r/min}) \ \frac{\phi 130}{\phi 230} \ \text{I} - \left(\begin{matrix} M_1（左）\\ （正转） \end{matrix} - \left(\begin{matrix} \dfrac{56}{38}\\ \dfrac{51}{43} \end{matrix}\right) \atop M_1（右）\\ （反转） \ \dfrac{50}{43} \ \text{VII} \ \dfrac{34}{30}\right) - \text{II} - \left(\begin{matrix}\dfrac{22}{58}\\ \dfrac{30}{50}\\ \dfrac{39}{41}\end{matrix}\right) - \text{III} -
$$

（中、低速传动路线）

$$
- \left(\begin{matrix}\dfrac{20}{80}\\ \dfrac{50}{50}\end{matrix}\right) - \text{IV} - \left(\begin{matrix}\dfrac{51}{50}\\ \dfrac{20}{80}\end{matrix}\right) - \text{V} \ \dfrac{26}{58} \ M_2（右） \atop \dfrac{63}{50} \ M_2（左） - \right) - \text{VI（主轴）}
$$

（高速传动路线）

根据传动路线表达式，主轴正转应有 $2 \times 3 \times (2 \times 2 + 1) = 30$ 级转速。轴 III—V 之间的 4 种传动比分别为

$$u_1 = \frac{50}{50} \times \frac{51}{50} \approx 1 \qquad\qquad u_2 = \frac{20}{80} \times \frac{51}{50} \approx \frac{1}{4}$$

$$u_3 = \frac{50}{50} \times \frac{20}{80} = \frac{1}{4} \qquad\qquad u_4 = \frac{20}{80} \times \frac{20}{80} = \frac{1}{16}$$

因为 $u_2 \approx u_3 = 1/4$，所以轴 III—V 之间实际只有 3 种不同的传动比，故主轴正转获得 $2 \times 3 \times (3 + 1) = 24$ 级转速。同理，主轴反转级数为 $3 \times (3 + 1) = 12$ 级。

主轴的各级转速可按下列运动平衡式计算，即

$$n_{主} = 1450 \times \frac{130}{230} \times (1 - \varepsilon) u_{\text{I}-\text{II}} u_{\text{II}-\text{III}} u_{\text{III}-\text{IV}}$$

式中　　　　　　　$n_\text{主}$——主轴转速（r/min）；

　　　　　　　　　　ε——V 带传动的滑动系数，可取 $\varepsilon = 0.02$；

$u_{\text{I}-\text{II}}$、$u_{\text{II}-\text{III}}$、$u_{\text{III}-\text{IV}}$——分别为轴 I—II、II—III、III—IV 之间的可变传动比。

　　主轴反转通常不用于切削，主要是为了车螺纹时退回刀架。这样可以在不断开主轴和刀架之间传动链的情况下退刀，以免下一次进给时发生"乱扣"现象。为了节省退刀时间，主轴反转比正转的转速更高些。

二、进给运动传动链

　　进给传动链的动力也是来自主电动机。因为纵、横进给量和车螺纹进给量都是以主轴每转刀架的移动量来表示的，故分析进给传动链应以主轴和刀架作为传动链的两个端件。

　　1. 车螺纹传动链

　　CA6140 型卧式车床可车削米制、寸制、模数制和径节制四种标准螺纹；还可车削大导程螺纹、非标准螺纹和较精密螺纹；也可以车削右旋螺纹或左旋螺纹。

　　表 3-1 列出了四种标准螺纹的螺距参数，以及螺距与导程之间的换算关系。由于 CA6140 型卧式车床的纵向丝杠为米制螺纹，其 $Ph = P = 12\text{mm}$，因此，除车削米制螺纹外，其他三种螺纹均应折算成导程（或螺距）形式，才能在该车床上加工。从表 3-1 中可知，四种螺纹以不同的参数表示，其标准参数均以分段等差数列排列；将其分别列入表 3-1 中分析，可以看出各横行按等差数列排列，纵行按等比数列（公比为 2）排列。上述的排列给车螺纹传动链的设计提供了方便，即传动链中只要有一个能获得等差数列的变速组（基本变速组）和一个能获得公比为 2 的等比数列的变速组（增倍组），就可加工四种不同规格的标准螺纹。

表 3-1　四种标准螺纹的螺距参数

螺纹种类	螺距参数	螺距/mm	导程/mm	标　准　参　数					
米制	螺距 P/mm	P	$Ph = kP$		1		1.25		1.5
				1.75	2	2.25	2.5		3
				3.5	4	4.5	5	5.5	6
				7	8	9	10	11	12
寸制	每英寸牙数 a/（牙/in）	$P_\text{a} = \dfrac{25.4}{a}$	$Ph = kP_\text{a}$		14	16	18	19	20	24
				7	8	9	10	11	12
				3.25	3.5	4	4.5	5	6
					2				3
模数制	模数 m/mm	$P_\text{m} = \pi m$	$Ph = kP_\text{m}$		0.25				
					0.5				
					1		1.25		1.5
				1.75	2	2.25	2.5	2.75	1.5
径节制	径节 DP/（牙/in）	$P_\text{DP} = \dfrac{25.4}{DP}\pi$	$Ph = kP_\text{DP}$	56	64	72	80	88	96
				28	32	36	40	44	48
				14	16	18	20	22	24
				7	8	9	10	11	12

　　注：表中 k 为螺纹线数。

车螺纹传动链属于内联系传动链，两端件分别是主轴和刀架，其运动关系是主轴转 1r，刀架准确地移动一个导程，现分别分析如下。

（1）车螺纹传动路线表达式。

$$
\text{主轴 VI} -
\begin{pmatrix}
\dfrac{58}{58} \\
\text{（正常螺纹导程）} \\
\dfrac{58}{26} - \text{V} - \dfrac{80}{20} - \text{IV} - \begin{pmatrix} \dfrac{50}{50} \\ \dfrac{80}{20} \end{pmatrix} - \text{III} - \dfrac{44}{44} - \text{VIII} - \dfrac{26}{58} \\
\text{（扩大螺纹导程）}
\end{pmatrix}
- \text{IX} -
\begin{pmatrix}
\dfrac{33}{33} \\
\text{（右螺纹）} \\
\dfrac{33}{25} - \text{X} - \dfrac{25}{33} \\
\text{（左螺纹）}
\end{pmatrix}
-
$$

$$
- \text{XI} -
\begin{pmatrix}
\dfrac{63}{100} \times \dfrac{100}{75} \\
\text{（米制、寸制螺纹）} \\
\dfrac{64}{100} \times \dfrac{100}{97} \\
\text{（模数制、径节制螺纹）}
\end{pmatrix}
- \text{XII} -
\begin{pmatrix}
\dfrac{25}{36} - \text{XIII} - u_{\text{基}} - \text{XIV} - \dfrac{25}{36} \quad \dfrac{36}{25} \\
\text{（米制及模数制螺纹）} \\
M_3\text{（合）} - \text{XIV} - \dfrac{1}{u_{\text{基}}} - \text{XIII} - \dfrac{36}{25} \\
\text{（寸制及径节制螺纹）}
\end{pmatrix}
- \text{XV} - u_{\text{倍}} -
$$

$$
\left(- \dfrac{a}{b} \times \dfrac{c}{d} - \text{XIII} - M_3\text{（合）} - \text{XV} - M_4\text{（合）} -\right)
$$

$$
- \text{XVII} - M_5\text{（合）} - \text{XVIII（丝杠）} \qquad \text{（非标准螺纹）}
$$

通过对传动系统和传动路线表达式的分析可知：运动从主轴VI传出后，经两条路线到达 IX 轴。一条是正常螺距路线，即主轴转 1r，轴IX也转 1r；另一条是扩大螺距路线，即主轴转 1r，轴IX转 4r 或 16r，被车螺纹的螺距也扩大 4 倍或 16 倍。IX轴与XI轴之间的反向机构，用于车削右旋螺纹或左旋螺纹。轴XI与轴XII之间的交换齿轮机构，用于在车削米制、寸制或模数制、径节制螺纹时，进行不同交换齿轮的搭配。进给箱内XII轴右端齿轮 z_{25} 与 XV轴左端齿轮 z_{25} 组成移换机构，用于车削米制（或模数制）传动路线与车削寸制（或径节制）传动路线之间的变换。式中 $u_{\text{基}}$ 为轴XIII—XIV间滑移齿轮变速机构的传动比，共 8 种，即

$$u_1 = \frac{26}{28} = \frac{6.5}{7} \qquad u_2 = \frac{28}{28} = \frac{7}{7}$$

$$u_3 = \frac{32}{28} = \frac{8}{7} \qquad u_4 = \frac{36}{28} = \frac{9}{7}$$

$$u_5 = \frac{19}{14} = \frac{9.5}{7} \qquad u_6 = \frac{20}{14} = \frac{10}{7}$$

$$u_7 = \frac{33}{21} = \frac{11}{7} \qquad u_8 = \frac{36}{21} = \frac{12}{7}$$

上述 8 个传动比近似成等差数列排列，改变 $u_{\text{基}}$，可以得到按等差数列排列的基本螺距（或导程）。由于该变速机构是获得各种螺纹导程的基本变速机构，通常称为基本螺距机构，简称基本组。式中 $u_{\text{倍}}$ 为轴XV—XVII滑移齿轮变速机构的传动比，共 4 种，即

$$u_1 = \frac{18}{45} \times \frac{15}{48} = \frac{1}{8} \qquad u_2 = \frac{28}{35} \times \frac{15}{48} = \frac{1}{4}$$

$$u_3 = \frac{18}{45} \times \frac{35}{28} = \frac{1}{2} \qquad u_4 = \frac{28}{35} \times \frac{35}{28} = 1$$

上述 4 种传动比按等比数列排列，用于配合基本组，扩大车削螺纹的导程种数，所以这种变速机构称为增倍机构或增倍组。通过 $u_{基}$ 和 $u_{倍}$ 的不同组合，就可分别加工出表 3-2 ~ 表 3-5 中所列的螺纹。

（2）车螺纹平衡方程式

1）车削米制螺纹的运动平衡式。根据车螺纹的运动关系列出车削米制螺纹的运动平衡式为

$$Ph = kP = l_{主} \times \frac{58}{58} \times \frac{33}{33} \times \frac{63}{100} \times \frac{100}{75} \times \frac{25}{36} \times u_{基} \times \frac{25}{36} \times \frac{36}{25} \times u_{倍} \times 12$$

上式化简后可得

$$Ph = kP = 7u_{基}u_{倍}$$

令 $k = 1$，并将 $u_{基}$、$u_{倍}$ 分别代入上式，可得 32 种米制螺纹导程值，其中符合标准的只有 20 种，见表 3-2。

表 3-2 CA6140 型卧式车床车削米制螺纹参数

$u_{倍}$ \ Ph/mm \ $u_{基}$	26/28	28/28	32/28	36/28	19/14	20/14	33/21	36/21
1/8	—	—	1	—	—	1.25	—	1.5
1/4	—	1.75	2	2.25	—	2.5	—	3
1/2	—	3.5	4	4.5	—	5	5.5	6
1	—	7	8	9	—	10	11	12

2）车削模数制螺纹的运动平衡式。模数螺纹是用模数 m 表示螺纹的螺距，其螺纹导程为 $Ph_m = kP_m = k\pi m$。模数 m 的标准值也按等差数列排列，与米制螺纹不同的是其导程表达式中包含一个特殊因子 π，所以在车模数螺纹传动链中也应包含特殊因子 π。车削米制螺纹与车削模数螺纹所选交换齿轮不同，其原因就是为了使传动链中包含有特殊因子 π，其他与车削米制螺纹传动路线完全相同。车削模数螺纹的运动平衡式为

$$Ph_m = k\pi m = l_{主} \times \frac{58}{58} \times \frac{33}{33} \times \frac{64}{100} \times \frac{100}{97} \times \frac{25}{36} \times u_{基} \times \frac{25}{36} \times \frac{36}{25} \times u_{倍} \times 12$$

式中，$\frac{64}{100} \times \frac{100}{97} \times \frac{25}{36} \approx \frac{7\pi}{48}$，其中包含有一特殊因子 π。

将以上平衡式简化得

$$m = \frac{7}{4k}u_{基}u_{倍}$$

令 $k = 1$，将 $u_{基}$、$u_{倍}$ 分别代入上式，可得标准模数螺纹 11 种，见表 3-3。

表 3-3 CA6140 型卧式车床车削模数制螺纹参数

$u_{倍}$ \ m/mm \ $u_{基}$	26/28	28/28	32/28	36/28	19/14	20/14	33/21	36/21
1/8	—	—	0.25	—	—	—	—	—
1/4	—	—	0.5	—	—	—	—	—
1/2	—	—	1	—	—	1.25	—	1.5
1	—	1.75	2	2.25	—	2.5	2.75	3

3）车削寸制螺纹的运动平衡式。寸制螺纹以每英寸长度上的牙数 a 表示，标准 a 值也是按分段等差数列排列的。将寸制螺纹用螺距 $P_a = 25.4/a$（mm）表示后，可以看出寸制与米制螺纹有两点不同：

① 因 a 为分段等差数列，故寸制螺纹的螺距 P_a 即为分段调和数列。基本组由主动变为从动，即轴 XIV 为主动，轴 XIII 为从动，基本组传动比变为 $1/u_{基}$。

② 寸制螺纹的螺距表达式中有特殊因子 25.4，需要用改变交换齿轮和部分传动比，使其包含有 25.4。

寸制螺纹的运动平衡式为

$$Ph_a = k\frac{25.4}{a} = l_{主} \times \frac{58}{58} \times \frac{33}{33} \times \frac{63}{100} \times \frac{100}{75} \times \frac{1}{u_{基}} \times \frac{36}{25} \times u_{倍} \times 12$$

式中，$\frac{63}{100} \times \frac{100}{75} \times \frac{36}{25} \approx \frac{25.4}{21}$，传动链中包含了因子 25.4。

将以上平衡式简化得

$$a = \frac{7ku_{基}}{4u_{倍}}$$

令 $k=1$，并将 $u_{基}$、$u_{倍}$ 分别代入上式，可得标准 a 值 20 种，见表 3-4。

表 3-4 CA6140 型卧式车床车削寸制螺纹参数

a/（牙/in） $u_{基}$ $u_{倍}$	26/28	28/28	32/28	36/28	19/14	20/14	33/21	36/21
1/8	—	14	16	18	19	20	—	24
1/4	—	7	8	9	—	10	11	12
1/2	3.25	3.5	4	4.5	—	5	—	6
1	—	—	2	—	—	—	—	3

4）车削径节制螺纹的运动平衡式。径节制螺纹用径节 DP 表示。径节表示齿轮或蜗轮折算到每一英寸分度圆直径上的齿数，故径节螺纹的螺距表达式为

$$P_{DP} = \frac{25.4\pi}{DP}$$

分析径节制螺纹的螺距表达式可发现，由于式中既有特殊因子 π，又有特殊因子 25.4，因此，在车削径节螺纹时既要采用车削模数制螺纹的交换齿轮，还要采用车削寸制螺纹的传动路线。径节螺纹运动平衡式为

$$Ph_{DP} = k\frac{25.4\pi}{DP} = l_{主} \times \frac{58}{58} \times \frac{33}{33} \times \frac{64}{100} \times \frac{100}{97} \times \frac{1}{u_{基}} \times \frac{36}{25} \times u_{倍} \times 12$$

式中，$\frac{64}{100} \times \frac{100}{97} \times \frac{36}{25} \approx \frac{25.4\pi}{84}$，传动路线中包含了特殊因子 25.4 和 π。

将以上平衡式简化得

$$DP = 7k\frac{u_{基}}{u_{倍}}$$

令 $k=1$，并将 $u_{基}$、$u_{倍}$ 分别代入上式，可得标准径节值 24 种，见表 3-5。

表 3-5　CA6140 型卧式车床车削径节制螺纹参数

$DP/($牙$/$in$)$ ＼ $u_{基}$ ＼ $u_{倍}$	26/28	28/28	32/28	36/28	19/14	20/14	33/21	36/21
1/8	—	56	64	72	—	80	88	96
1/4	—	28	32	36	—	40	44	48
1/2	—	14	16	18	—	20	22	24
1	—	7	8	9	—	10	11	12

CA6140 型卧式车床在车削米制、寸制、模数制和径节制螺纹时的具体调整见表 3-6。

表 3-6　CA6140 型卧式车床车制各种螺纹的工作调整

螺纹种类	调整结果	齿换齿轮机构	离合器状态	移换机构	基本组传动方向
米制螺纹	$P = \dfrac{7}{k}u_{基}\,u_{倍}$	$\dfrac{63}{100} \times \dfrac{100}{75}$	M_5 结合 M_3、M_4 脱开	轴 XII z_{25} 轴 XV z_{25}	轴 XIII→轴 XIV
模数制螺纹	$m = \dfrac{7}{4k}u_{基}\,u_{倍}$	$\dfrac{64}{100} \times \dfrac{100}{75}$			
寸制螺纹	$a = \dfrac{7k}{4} \times \dfrac{u_{基}}{u_{倍}}$	$\dfrac{63}{100} \times \dfrac{100}{75}$	M_3、M_5 结合 M_4 脱开	轴 XII z_{25} 轴 XV z_{25}	轴 XIV→轴 XIII
径节制螺纹	$DP = 7k\dfrac{u_{基}}{u_{倍}}$	$\dfrac{64}{100} \times \dfrac{100}{97}$			

5）车削大导程螺纹的运动平衡式。当需要车削的螺纹导程大于上述各表所列数值时，可通过扩大螺距机构来实现。具体操作是，将轴IX右端的滑移齿轮 z_{58} 右移，使之与轴VIII上的齿轮 z_{26} 啮合。此时，主轴VI至轴IX的传动路线为

$$主轴 VI - \frac{58}{26} - V - \frac{80}{20} - IV - \begin{pmatrix} \frac{50}{50} \\ \frac{80}{20} \end{pmatrix} - III - \frac{44}{44} - VIII - \frac{26}{58} - IX$$

主轴VI至轴IX间的传动比为

$$u_{k1} = \frac{58}{26} \times \frac{80}{20} \times \frac{50}{50} \times \frac{44}{44} \times \frac{26}{58} = 4 \ 和 \ u_{k2} = \frac{58}{26} \times \frac{80}{20} \times \frac{80}{20} \times \frac{44}{44} \times \frac{26}{58} = 16$$

与车削标准螺纹时主轴VI至轴IX间的传动比 $u = 58/58 = 1$ 相比，传动比分别扩大了 4 倍和 16 倍，即被加工螺纹导程扩大 4 倍或 16 倍。

必须指出，扩大螺距机构的传动齿轮是主运动的传动齿轮，当主轴转速确定后，导程扩大的倍数也就确定了。根据传动分析知，只有当主轴VI上的 M_2 合上，处于低速状态时，才能加工大导程螺纹，也符合工艺上的需要。

6）车非标准及精密螺纹的运动平衡式。车削非标准及精密螺纹时，可将离合器 M_3、M_4 和 M_5 全部结合，使轴VII、轴XIV、轴XVII、轴XVIII（丝杠）连成一体，所要求的螺纹导程值可通过选配交换齿轮得到。由于主轴至丝杠之间的传动路线大为缩短，从而减少了传动的累积误差。如选用较精确的交换齿轮，可加工出具有较高精度的螺纹。其运动平衡式为

$$Ph = l_{主} \times \frac{58}{58} \times \frac{33}{33} \times u_{挂} \times 12$$

式中 Ph——被加工螺纹的导程；

$u_挂$——交换齿轮变速组的传动比。

化简以上平衡式后得换置公式

$$u_挂 = \frac{ac}{bd} = \frac{Ph}{12}$$

应用此换置公式，适当地选择交换齿轮 a、b、c、d 的齿数，可车削出所需的非标准及精密螺纹。

2. 纵向与横向进给传动链

CA6140 型卧式车床的机动进给传动链属于外联系传动链。两端件是主轴和刀架，其运动关系为主轴转一转，刀架移动一定位移量。现具体分析如下。

纵向、横向进给传动链从主轴Ⅵ至进给箱中轴ⅩⅦ的传动路线，与车削螺纹时的传动路线相同。轴ⅩⅦ上的滑移齿轮 z_{28} 处于左位，使 M_5 脱开，从而切断进给箱与丝杠的联系。运动经由齿轮副 28/56 及联轴器传至光杠ⅪⅩ，再由光杠通过溜板箱中的传动机构，分别传至齿轮齿条机构或横向进给丝杠ⅩⅩⅦ，使刀架做纵向或横向机动进给。溜板箱内的双向齿式离合器 M_8 及 M_9 分别用于控制刀架纵向、横向机动进给运动的接通、断开及方向的改变。可以通过四种（米制、寸制、常用螺距和扩大螺距）不同的传动路线来实现机动进给，从而获得纵向和横向进给量各 64 种。

纵向与横向机动进给的传动路线表达式为

主轴Ⅵ—$\begin{vmatrix} 车米制螺纹传动路线 \\ 车寸制螺纹传动路线 \end{vmatrix}$—ⅩⅦ$\frac{28}{56}$光杠ⅪⅩ—$\frac{36}{32} \times \frac{32}{56}$—$M_6$（超越离合器）—

M_7（安全离合器）—ⅩⅩ—$\frac{4}{29}$—ⅩⅪ—$\left\{ \begin{array}{l} \left\{ \begin{array}{l} （刀架向左移）\\ \frac{40}{48}—M_8\uparrow \\ （刀架向右移）\\ \frac{40}{30}—ⅩⅩⅣ—\frac{30}{48}—M_8\downarrow \end{array} \right\} —ⅩⅩⅡ\frac{28}{80}—ⅩⅩⅢ—齿轮—齿条（纵向进给） \\ \left\{ \begin{array}{l} （刀架向外移）\\ \frac{40}{48}—M_9\uparrow \\ （刀架向里移）\\ \frac{40}{30}—ⅩⅩⅣ—\frac{30}{48}—M_9\downarrow \end{array} \right\} —ⅩⅩⅤ—\frac{48}{48}—ⅩⅩⅥ—\frac{59}{18} 横向丝杠ⅩⅩⅦ（刀架横向进给） \end{array} \right.$

下面以纵向进给运动为例，介绍四种不同的传动路线及获得的进给量。

（1）经由车削正常米制螺纹传动路线传动 其运动平衡式为

$$f_z = l_主 \times \frac{58}{58} \times \frac{33}{33} \times \frac{63}{100} \times \frac{100}{75} \times \frac{25}{36} \times u_基 \times \frac{25}{36} \times \frac{36}{25} \times$$

$$u_倍 \times \frac{28}{56} \times \frac{36}{32} \times \frac{32}{56} \times \frac{4}{29} \times \frac{40}{48} \times \frac{28}{80} \times \pi \times 2.5 \times 12$$

式中 f_z——纵向进给量（mm/r）。

将以上平衡式化简得

$$f_z = 0.71 u_基 u_倍$$

通过该传动路线，可得到 0.08～1.22mm/r 的正常进给量共 32 种。

（2）经由车削正常寸制螺纹传动路线传动　其运动平衡式为

$$f_z = l_主 \times \frac{58}{58} \times \frac{33}{33} \times \frac{63}{100} \times \frac{100}{75} \times \frac{1}{u_基} \times \frac{36}{25} \times$$

$$u_倍 \times \frac{28}{56} \times \frac{36}{32} \times \frac{32}{56} \times \frac{4}{29} \times \frac{40}{48} \times \frac{28}{80} \times \pi \times 2.5 \times 12$$

将上式化简得

$$f_z = 1.474 \frac{u_基}{u_倍}$$

当 $u_倍 = 1$ 时，通过该传动路线可得 0.86～1.58mm/r 的较大进给量共 8 种；当 $u_倍$ 为其他值时，所得进给量与上述经常用米制螺纹传动路线所得进给量重复。

（3）经由扩大螺距机构及寸制螺纹传动路线传动　当主轴以 10～125r/min 低速旋转时，可通过扩大螺距机构及寸制螺纹传动路线，得到进给量为 1.71～6.33mm/r 的加大进给量共 16 种，以满足低速、大进给量强力切削或宽刃精车的需要。

（4）经由扩大螺距机构及米制螺纹传动路线传动　这时传动链调整如下：

主轴以 450～1400r/min 的高转速旋转（其中 500r/min 除外），即主轴Ⅵ到轴Ⅸ之间的传动为

$$Ⅵ \frac{50}{63} Ⅲ \frac{44}{44} \frac{26}{58} Ⅸ$$

$$u_倍 = \frac{1}{8}$$

得进给量计算式

$$f_z = 0.0315 u_基$$

通过该传动路线可得到 0.028～0.054mm/r 的细进给量共 8 种，以满足高速、小进给量精车的需要。

表 3-7 列出了上述 4 种传动路线所得的纵向机动进给量及相应传动机构的传动比。

同样，也可通过上述 4 种传动路线传动获得横向进给量，不过横向进给量只是纵向进给量的 1/2。

表 3-7　纵向机动进给量 f_{zh}　（单位：mm/r）

传动路线类型　　$u_倍$ $u_基$	细进给量	正常进给量				较大进给量	加大进给量			
							4	16	4	16
	1/8	1/8	1/4	1/2	1	1	1/2	1/8	1	1/4
26/28	0.028	0.08	0.16	0.33	0.66	1.59	3.16		6.33	
28/28	0.032	0.09	0.18	0.36	0.71	1.47	2.93		5.87	
32/28	0.036	0.10	0.20	0.41	0.81	1.29	2.57		5.14	
36/28	0.039	0.11	0.23	0.46	0.91	1.15	2.28		4.56	
19/14	0.043	0.12	0.24	0.48	0.96	1.09	2.16		4.32	
20/14	0.046	0.13	0.26	0.51	1.02	1.03	2.05		4.11	
33/21	0.050	0.14	0.28	0.56	1.12	0.94	1.87		3.74	
36/21	0.054	0.15	0.30	0.61	1.22	0.86	1.71		3.42	

三、刀架的快速移动传动链

刀架的快速移动主要是为了减轻工人的劳动强度和缩短辅助时间。刀架的纵向、横向快速移动由装在溜板箱右侧的快速电动机（0.25kW，2800r/min）传动。快速电动机的运动由齿轮副13/29传至轴XX，然后与机动进给相同的路线，传至纵向进给齿轮齿条副或横向进给丝杠，获得刀架在纵向或横向的快速移动。移动方向由溜板箱中的双向离合器 M_8 和 M_9 控制。为了节省辅助时间及简化操作，在刀架快速移动过程中，不必脱开进给运动传动链，由轴XX左端的超越离合器 M_6 来保证快速移动与工作进给不发生干涉。

第三节　认识 CA6140 型卧式车床的主要部件结构

机床的结构分析是机床分析的重要内容。因机床的各种运动是由相应的结构来保证的，因此，必须借助装配图和零件图，对机床部件、组件、相关机构及重要零件进行结构分析；了解结构的功用（或作用）、结构的主要组成、工作原理、性能特点、工作可靠性措施以及结构工艺性等；掌握机床的结构及其调整方法。

对机床结构进行分析可从以下几方面入手：功用、结构组成、工作原理、性能特点、工作可靠性、结构工艺性。

一、主轴箱

主轴箱主要由主轴部件、传动机构、开停与制动装置、操纵机构及润滑装置等组成。为了便于了解主轴箱内各传动件的传动关系，传动件的结构、形状、装配方式及其支承结构，常采用展开图的形式表示。图 3-4 所示的主轴箱剖切方式的展开图，它基本上按主轴箱内各传动轴的传动顺序，沿其轴线取剖切面，展开绘制而成。图 3-5 所示为 CA6140 型卧式车床主轴箱的展开图。其中，有些有传动关系的轴在展开后被分开，如轴Ⅲ 和轴Ⅳ、轴Ⅳ和轴Ⅴ等，从而使有的齿轮副也被分开，在读图时应予以注意。以下对主轴箱内主要部件的结构、工作原理及调整作介绍。

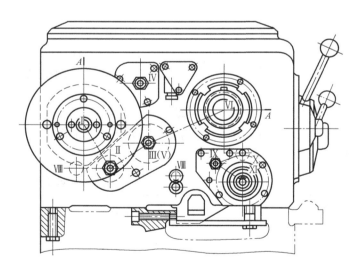

图 3-4　主轴箱剖切方式的展开图

1. 双向式多片摩擦离合器及制动机构

轴Ⅰ上装有双向式多片摩擦离合器（图 3-6）用以控制主轴的起动、停止及换向。它的左右两部分及其工作原理只是控制方式有所不同。轴Ⅰ右半部为空心轴，在其右端安装有可

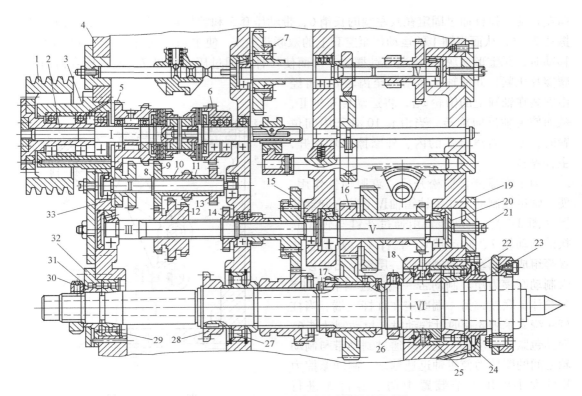

图 3-5　CA6140 型卧式车床主轴箱的展开图

1—带轮　2—花键套　3—法兰　4—主轴箱体　5—双联空套齿轮　6—空套齿轮　7、33—双联滑移齿轮　8—半圆环
9、10、13、14、28—固定齿轮　11、25—隔套　12—三联滑移齿轮　15—双联固定齿轮　16、17—斜齿轮
18—双向推力角接触球轴承　19—盖板　20—轴承压盖　21—调整螺钉　22、29—双列圆柱滚子轴承
23、26、30—螺母　24、32—轴承端盖　27—圆柱滚子轴承　31—套筒

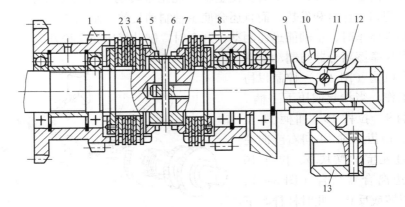

图 3-6　双向式多片摩擦离合器

1—双联齿轮　2—内摩擦片　3—外摩擦片　4—螺母　5—压套　6—长销
7—压套螺母　8—齿轮　9—拉杆　10—滑套　11—销轴　12—元宝形摆块　13—拨叉

绕销轴 11 摆动的元宝形摆块 12。元宝形摆块下端弧形尾部卡在拉杆 9 的缺口槽内。当拨叉 13 由操纵机构控制，拨动滑套 10 右移时，元宝形摆块 12 绕顺时针摆动，其尾部拨动拉杆 9

向左移动。拉杆通过固定在其左端的长销 6，带动压套 5 和螺母 4 压紧左离合器的内、外摩擦片 2、3，从而将轴 I 的运动传至空套上的双联齿轮 1，使主轴得到正转。当滑套 10 向左移动时，元宝形摆块 12 绕逆时针摆动，从而使拉杆 9 通过压套螺母 7，使右离合器内、外摩擦片压紧，并使轴 I 运动传至齿轮 8，再经由安装在轴 VII 上的惰轮 z_{34}，将运动传至轴 II，从而使主轴反向旋转。当滑套 10 处于中间位置时，左、右离合器的内、外摩擦片均松开，主轴停转。

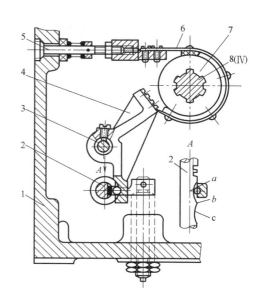

为了摩擦离合器松开后，克服惯性作用，使主轴迅速制动，在主轴箱轴 IV 上装有制动装置（图 3-7）。制动装置由通过花键与轴 IV 联接的制动轮 7、制动带 6、杠杆 4 以及调整装置等组成。制动带内侧固定一层铜丝石棉以增大制动摩擦力矩。制动带一端通过调节螺钉 5 与箱体 1 联接，另一端固定在杠杆上端。当杠杆 4 绕支承轴 3 逆时针摆动时，拉动制动带 6，使其包紧在制动轮 7 上，并通过制动带与制动轮之间的摩擦力使主轴迅速制动。制动摩擦力矩的大小可用调节装置中调节螺钉 5 进行调整。

图 3-7　制动装置
1—箱体　2—齿条轴　3—支承轴　4—杠杆
5—调节螺钉　6—制动带　7—制动轮　8—轴 IV

摩擦离合器和制动装置必须得到适当调整。若摩擦离合器中摩擦片间的间隙过大，压紧力不足，不能传递足够的摩擦力矩，会使摩擦片间发生相对打滑，这样会使摩擦片磨损加剧，导致主轴箱内温度升高，严重时会使主轴不能正常转动。若间隙过小，不能完全脱开，也会使摩擦片间相对打滑和发热，而且还会使主轴制动失效。制动装置中制动带的松紧程度也应适当，要求停车时，主轴能迅速制动；开车时，制动带应完全松开。

双向式多片摩擦离合器与制动装置采用同一操纵机构（图 3-8）控制以协调两机构的工作。当抬起或压下手柄 7 时，通过曲柄 9、拉杆 10、曲柄 11 及扇形齿轮 13，使齿条轴 14 向右或向左移动，再通过元宝形摆块 3、拉杆 16 使左边或右边离合器结合（图 3-6），从而使主轴正转或反转。此时杠杆 5 下端位于齿条轴圆弧形凹槽内，制动带 6 处于松开状态。当手柄 7 处于中间位置时，齿条轴 14 和滑套 4 也处于中间位置，摩擦离合器左、右摩擦片组都松开，主轴与运动源断开。这时，杠杆 5

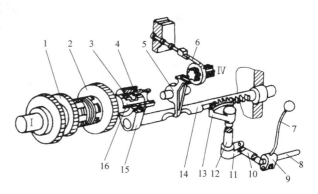

图 3-8　摩擦离合器及制动装置的操纵机构
1—双联齿轮　2—齿轮　3—元宝形摆块　4—滑套　5—杠杆
6—制动带　7—手柄　8—操纵杆　9、11—曲柄
10、16—拉杆　12—轴　13—扇形齿轮　14—齿条轴　15—拨叉

下端被齿条轴两凹槽间凸起部分顶起，从而拉紧制动带6，使主轴迅速制动。

2. 闸带式制动器

（1）功用　在离合器脱开时，制动器迅速制动主轴，使主轴迅速停止转动，以缩短辅助时间。

（2）结构组成　制动器的结构如图3-7所示。制动轮7是一个钢制圆盘，与轴Ⅳ用花键联接，周边围着制动带6。制动带是一条钢带，内侧有一层酚醛石棉以增加摩擦，一端与杠杆4连接，另一端通过调节螺钉5等与箱体相联。

（3）工作原理　为了操纵方便并避免出错，制动器和摩擦离合器共用一套操纵机构，如图3-8所示，也由手柄7操纵。当离合器脱开时，齿条轴14处于中间位置，这时齿条轴上的凸起正处于与杠杆5下端相接触的位置，使杠杆向逆时针方向摆动，将制动带6拉紧，靠制动带与制动轮之间的摩擦力进行制动。齿条轴14凸起的左、右边都是凹槽，当左、右离合器中任一个接合时，杠杆5都按顺时针方向摆动，使制动带6放松。

（4）性能特点　该制动器的尺寸小，能以较小的操纵力产生较大的制动力矩，但是制动带在制动轮上产生较大的径向单侧压力，对轴Ⅳ有不良影响。

（5）工作可靠性　①制动器与离合器联动，放松制动可靠，即离合器脱开的同时进行制动，离合器接通的同时制动带放松，二者保持联动关系。当接通主轴转动需松开制动器时，轴ⅩⅢ凸起移开，杠杆靠自重放松制动带，由闸皮外面的钢带弹性回复力松开制动轮。②松边制动，制动力较小：制动过程中，在摩擦力的作用下会使制动带像带传动那样出现紧边和松边，因制动力作用于松边上，制动力方向与制动轮转向一致，所需制动力较小，制动平稳。③制动轮的位置：Ⅳ轴转速较高，所需的制动力矩较小，故制动器尺寸小；按传动顺序，Ⅳ轴靠近主轴，制动时传动系统的冲击力较小，制动平稳。

（6）结构工艺性　闸带式制动器结构简单，装卸、调整方便，制动带的拉紧程度由调节螺钉13调整，并用螺母防松。调整后应检查在压紧离合器时制动带是否松开。

3. 带轮卸荷装置

（1）功用　卸掉带轮对Ⅰ轴的径向载荷，只向Ⅰ轴传递转矩，可改善Ⅰ轴的工作条件。因Ⅴ带传动使带轮承受较大的径向载荷，若直接作用于Ⅰ轴的悬臂端，将造成较大的弯曲变形，恶化轴上齿轮及轴承的工作条件，为此Ⅰ轴左端应安装带轮卸荷装置。

（2）结构组成　带轮卸荷装置主要由带轮花键套、法兰套和轴承等组成，如图3-5所示。带轮用螺钉固定在一个花键套的端面上，花键套靠内花键与Ⅰ轴左端的花键轴相联接，并用轴端处的螺母固定。花键套又通过两个深沟球轴承支承在空心法兰套（固定于箱体）内。

（3）工作原理　传动时，Ⅴ带作用于带轮上的径向载荷通过花键套、轴承和空心法兰套传给箱体，因此Ⅰ轴并不承受这个径向载荷，而将它"卸掉"，仅传递转矩。

（4）工作可靠性　该带轮的卸荷装置为内支承式（法兰套内孔支承），适于较大带轮的卸荷，但不如外支承式（法兰套外表面支承）工作可靠。

（5）结构工艺性　它尺寸小，该带轮的卸荷装置结构复杂，装卸不方便，结构工艺性较差。

4. 主轴组件

主轴组件是机床的一个关键组件，其功用是夹持工件转动进行切削，传递运动、动力及承受切削力，并保证工件具有准确、稳定的运动轨迹。主轴组件主要由主轴、支承及传动件等组成，其性能也与它们有很大关系。

（1）主轴　图 3-5 所示的主轴是个空心的阶梯轴，通孔用于卸下顶尖或夹紧机构的拉杆或通过长棒料进行加工；主轴前端采用莫氏 6 号锥度的锥孔，有自锁作用，可通过锥面间的摩擦力直接带动顶尖或心轴旋转。主轴前锥孔与内孔之间留有较长的空刀槽，便于锥孔磨削并避免顶尖尾部与内孔壁相碰。主轴后端的锥孔是为主轴加工时安装轴堵的工艺孔。

主轴前端采用短锥法兰式结构，用于安装卡盘或拨盘，靠短锥定心，用法兰螺栓紧固，短外锥面的锥度为 1:4，卡盘座在其上定位后与主轴法兰前端面有 0.05 ～ 0.1mm 的间隙。如图 3-9 所示，卡盘或拨盘在安装时，使事先装在卡盘或拨盘座 4 上的四个螺柱 5 及其螺母 6 通过主轴的轴肩及锁紧盘 2 的圆柱孔，然后将锁紧盘转过一个角度，螺柱 5 处于锁紧盘的沟槽内，并拧紧螺钉 1 和螺母，就可以使卡盘或拨盘可靠地安装在主轴的前端。主轴法兰上的圆形传动键（端面键）与卡盘座上的相

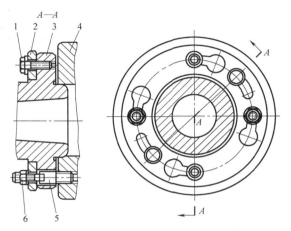

图 3-9　卡盘或拨盘的安装
1—螺钉　2—锁紧盘　3—主轴
4—卡盘或拨盘座　5—螺柱　6—螺母

应圆孔配合，可传递转矩。这种结构虽然制造工艺复杂，但工作可靠，定心精度高（短锥面磨损后间隙可补偿），而且主轴前端的悬伸长度很短，有利于提高主轴组件的刚度。

主轴尾端的外圆柱面是各种辅具的安装基面，螺纹用于与辅具联接。为了便于主轴组件的装配，主轴外径的尺寸从前端至后端逐渐递减。

（2）主轴支承　主轴组件采用两支承结构，前支承选用 C 级精度的 3182121 型双列圆柱滚子轴承，用于承受径向力，这种轴承具有刚性好、承载能力大、尺寸小、精度高、允许转速高等优点。后支承有两个轴承，一个是 D 级精度的 8215 型推力球轴承，用于承受向左的轴向力；另一个是 D 级精度的 45215 型角接触球轴承，大口向外安装于箱体后箱壁的法兰套中，用于承受径向力和向右的轴向力。

主轴支承对主轴的刚度和回转精度影响很大，主轴轴承需要在无间隙（有适量过盈）的条件下运转，否则会影响加工精度。前支承处的 C3182121 轴承内圈较薄，锥度为 1:12 的锥孔与主轴锥面相配合，当内圈与主轴有相对轴向位移（配合趋紧）时，由于锥面作用使轴承内圈产生径向弹性变形，则使内圈的外滚道直径增大，从而可消除轴承滚子与内、外圈滚道间的径向间隙，得到需要的过盈量。调整该轴承间隙时，先将主轴前端螺母旋离轴承，然后松开调整螺母（周向锁紧）上的锁紧螺钉并转动螺母，通过隔套向右推动轴承内圈，靠主轴锥面作用，使其产生径向弹性变形，即可消除 C3182121 轴承的径向间隙。控制前螺母的轴向位移量，将轴承间隙调整适当，然后把前螺母旋紧，使之靠在 C3182121 轴承内圈的端面上，最后要把调整螺母上的锁紧螺钉拧紧。主轴的前螺母还可用于退下 C3182121 轴承内圈；另外，螺母上的甩油沟还可起到密封作用。调整后支承处两个轴承的间隙时，先将

主轴后端调整螺母的锁紧螺钉松开，转动螺母通过隔套推动 D45215 轴承内圈右移，可消除该轴承的径向和轴向间隙；与此同时，还拉动主轴左移，通过轴肩、垫圈压紧 D8215 轴承，消除其轴向间隙。

为了保证滚动轴承的正常工作，必须使其得到充分的润滑和可靠的密封。该主轴箱采用箱外循环的强制润滑，润滑油由前支承处的箱体凸缘进油孔，经油膜阻尼器流入 C3182121 轴承；后支承处用油管插入法兰套进油孔润滑 D45215 轴承，油管滴油润滑 D8215 轴承。主轴前、后支承处采用结构相同的非接触式密封，如前支承外流的润滑油，由旋转的前螺母上油沟甩到法兰的接油槽中，随回油孔流到箱内，即使有少量的外流油液，也被转动的前螺母和法兰间的微小间隙所阻止，具有良好的密封效果。

5. 滑移齿轮的操纵机构

主轴箱中共有 7 个滑移齿轮，其中 5 个用于主轴变速，1 个用于加工左、右螺纹的变换，1 个用于正常螺距和扩大螺距的变换。主轴箱采用 3 套操纵机构，都是用盘形凸轮作控制件，结构紧凑，操作方便，工作可靠。滑移齿轮到达的每个位置，都必须可靠定位，它由结构简单的钢球定位方式来实现。

II 轴双联和 III 轴三联滑移齿轮的操纵如图 3-10 所示。II 轴的双联滑移齿轮有左、右两个位置（称双位），III 轴的三联滑移齿轮有左、中、右三个位置（三位），通过凸轮曲柄单手柄集中操纵，这两个滑移齿轮不同位置的组合使 III 轴得到 6 种不同的转速。由主轴箱外面的操纵手柄，通过链轮使轴 4 转动，其上同心固定有盘形凸轮 3 和曲柄 2。盘形凸轮 3 上有一条封闭形的曲线槽，由两段不同半径的圆弧和直线组成，凸轮上有 6 个变速位置，用 1~6 标出。凸轮曲线槽通过杠杆臂 5 操纵 II 轴上的双联滑移齿轮 A，当杠杆一端的滚子处于曲线槽的短半径时，齿轮在左位；若处于长半径时，则操纵柄移到右位。曲柄 2 上圆销的滚子在拨叉 1 的长槽中滑动，当曲柄 2 随轴 4 转一周时，可拨动拨叉 1 到达左、中、右三个位置，因此曲柄 2 操纵 III 轴的三联滑移齿轮 B，可实现三个位置的变换。如图 3-8 所示，双联

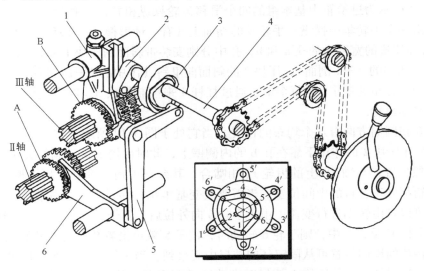

图 3-10　II—III 轴滑移齿轮的变速操纵机构

1—三联齿轮拨叉　2—曲柄　3—盘形凸轮　4—转轴　5—杠杆臂　6—双联齿轮拨叉

A—双联滑移齿轮　B—三联滑移齿轮

滑移齿轮 A 在第 1 变速位置时，是在左位；三联滑移齿轮 B 在 2 变速位置时，是左位。若逆时针将轴 4 转过 30°，双联滑移齿轮 A 变成第 2 变速位置时，杠杆 5 的滚子仍处于凸轮曲线的长半径，故双联滑移齿轮 A 的位置不动，曲柄 2 的圆销转到凸轮的正下方，使拨叉 1 带动三联滑移齿轮 B 到达中位。依次继续转动凸轮，双联滑移齿轮 A 和三联滑移齿轮 B 就能实现不同位置的组合，表 3-8 是滑移齿轮的位置表。

表 3-8　滑移齿轮的位置组合

Ⅱ轴的齿轮 A	右(1)	右(2)	右(3)	左(4)	左(5)	左(6)
Ⅲ轴的齿轮 B	左(2′)	中(1′)	右(6′)	右(5′)	中(4′)	左(3′)
Ⅰ—Ⅱ轴的齿轮副	51/43	51/43	51/43	56/38	56/38	56/38
Ⅱ—Ⅲ轴的齿轮副	39/41	22/58	30/50	30/50	22/58	39/41

二、进给箱

图 3-11 所示为 CA6140 型卧式车床进给箱的主要装配图。进给箱包括机动、进给变速机构，直连丝杠机构，变换丝杠、光杠机构，变换米制、寸制螺纹路线的移换机构，操纵机构及润滑系统等。进给箱上有三个操纵手柄，右边两个手柄套装在一起。全部操纵手柄及操纵机构都装在前箱盖上，以便装卸及维修。

ⅩⅣ轴上有四个公用的滑移齿轮，均有左、右两位，分别与ⅩⅢ轴上的八个固定齿轮中的两个相啮合，且两轴间只允许有一对齿轮啮合，其余三个滑移齿轮则处于中间空位。四个滑移齿轮用一个内梅花式的单手柄操纵，属于选择变速机构，可拨动任一滑移齿轮直接进入啮合位置，其余滑移齿轮则没有进入啮合位置的动作。变速时，将手柄拉出，转到需要的位置（有标牌指示）上，再将手柄推进去即可完成变速操纵。在转速不高的情况下还可在运转中变速，因此它变速方便省力、安全可靠、操纵性能好。

图 3-12 所示为进给箱中基本组的四个滑移齿轮操纵机构的工作原理图。基本组的四个滑移齿轮由一个手轮集中操纵。手轮 6 的端面上开有一环形槽 E，在环形槽 E 中有两个间隔 45°的、直径比槽的宽度大的孔 a 和 b，孔中分别安装带斜面的压块 1 和 2，其中压块 1 的斜面向外斜（图中的 A—A 剖面），压块 2 的斜面向里斜（图中的 B—B 剖面）。在环形槽 E 中还有四个均匀分布的销子 5，每个销子通过杠杆 4 来控制拨块 3，四个拨块 3 分别拨动基本组的四个滑动齿轮。

手轮 6 在圆周方向有八个均布的位置，当它处于图 3-12 所示位置时，只有左上角杠杆的销子 5′在压块 2 的作用下靠在孔 b 的内侧壁上，此时由销子 5′控制的拨块 3 将滑动齿轮 z_{28} 拨至左段位置，与轴ⅩⅣ上的齿轮 z_{26} 相啮合，其余三个销子都处于环形槽 E 中，其相应的滑动齿轮都处于各自的中间位置。当需要改变基本组的传动比时，先将手轮 6 沿轴外拉，拉出后就可以自由转动进行变速。由于手轮 6 向外拉后，销子 5′在长度方向上还有一小段仍保留在环形槽 E 及孔 b 中，则手轮 6 转动时，销子 5′就可沿着孔 b 的内壁滑到环形槽 E 中；手轮 6 欲转达的周向位置可从固定环的缺口中观察到。当手轮 6 转到所需位置后，将手轮 6 重新推入，这时孔 a 中的压块 1 的斜面推动销子 5′向外，使左上角的杠杆向顺时针方向摆动，于是便将相应的滑动齿轮 z_{26} 推向右端，与轴ⅩⅣ上的齿轮 z_{26} 相啮合。其余三个销子 5 仍都在环形槽 E 中，其相应的滑动齿轮也都处于中间空挡位置。

35

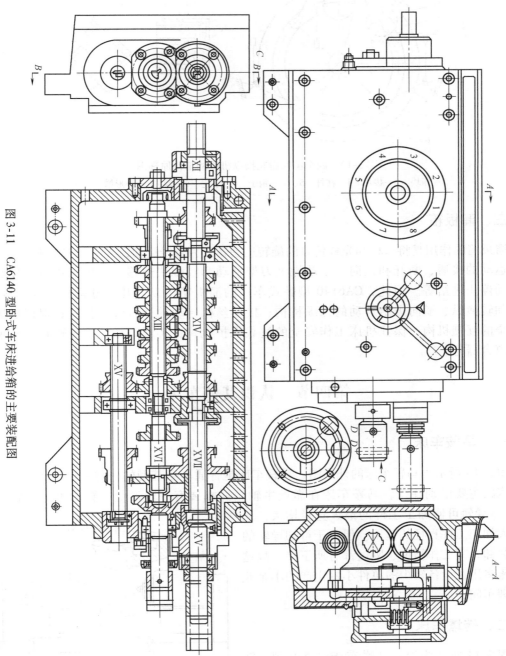

图 3-11　CA6140 型卧式车床进给箱的主要装配图

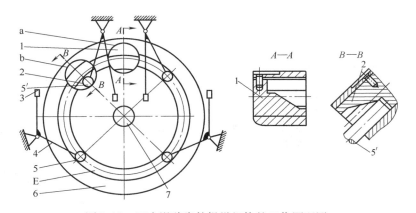

图 3-12 四个滑移齿轮操纵机构的工作原理图

1、2—压块 3—拨块 4—杠杆 5、5′—销子 6—手轮 7—轴 E—环形槽 a、b—孔

三、溜板箱

溜板箱的作用是将丝杠和光杠传来的旋转运动转变为直线运动，并带动刀架进给，控制刀架运动的接通、断开和换向，手动操纵刀架移动和实现快速移动，机床过载时控制刀架自动停止进给等。因此，CA6140 型卧式车床的溜板箱由以下几部分机构组成：接通、断开和转换纵、横向进给运动的操纵机构；接通丝杠传动的开合螺母机构；保证机床工作安全的互锁机构；保证机床工作安全的过载保护机构；实现刀架快、慢速自动转换的超越离合器等。

第四节 认识其他车床

一、马鞍车床

图 3-13 所示为马鞍车床的外形图。马鞍车床是普通车床基型的一种变形车床。它和普通车床的主要区别在于，马鞍车床在靠近主轴箱一端装有一段形似马鞍的可卸导轨（马鞍）。该导轨可使加工工件的最大直径增大，从而扩大加工工件直径的范围。但由于可卸导轨的经常装卸，其工作精度、刚度都有所下降。故这种车床多用在设备较少的单件小批生产的小企业及修理车间中。

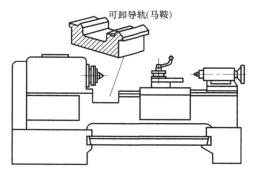

图 3-13 马鞍车床的外形图

二、转塔车床

图 3-14 所示为滑鞍转塔车床的外观图。转塔车床由主轴箱 1、前刀架 2、转塔刀架 3、床身 4、溜板箱 5 和进给箱 6 组成。转塔车床是用转塔刀架取代了卧式车床的尾架，转塔刀架上有六个装刀位置，可沿床身导轨做纵向进给运

动。根据加工需要转塔刀架每个刀位上可装一把刀具，当一个刀位完成加工后，转塔刀架快速退回原位，转动 60°，到下一个刀位再进行加工。前刀架可纵向进给，也可横向进给，主要用于车削外圆、端面或沟槽等。

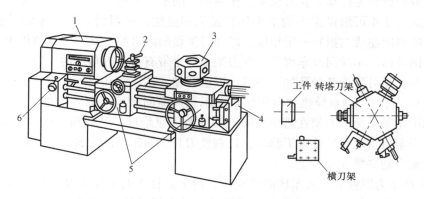

图 3-14　滑鞍转塔车床的外观图
1—主轴箱　2—前刀架　3—转塔刀架　4—床身　5—溜板箱　6—进给箱

三、落地车床

图 3-15 所示为落地车床的外形图。主轴箱 1 和滑座 8 直接安装在地基或落地平板上。工件装夹在花盘 2 上，刀架滑板 3 和小刀架 6 可做纵向移动，小刀架座 5 和刀架座 7 可做横向移动；当转盘 4 转到一定角度时，可车削圆锥面。主轴箱和刀架可分别由各自电动机驱动。

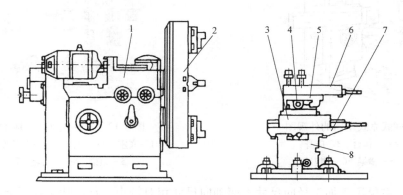

图 3-15　落地车床的外形图
1—主轴箱　2—花盘　3—刀架滑板　4—转盘　5—小刀架座　6—小刀架　7—刀架座　8—滑座

四、立式车床

立式车床的主轴垂直布置，且有一个直径较大的圆形工作台。工作台台面处于水平位置，便于装夹大而笨重的工件。由于工件及工作台的重量由床身导轨承受，大大减轻了主轴及其轴承的载荷，故能长期保持其工作精度。

立式车床分为单柱式和双柱式两类。一般加工工件直径不太大时用单柱式立式车床，反之用双柱式立式车床。

图 3-16 所示为单柱式立式车床的外观图。工作台 2 装在底座 1 的环形导轨上，并带动工件绕垂直轴做旋转主运动。立刀架 4 装在横梁 5 的水平导轨上，横梁 5 又装在床身 3 的垂直导轨上。立刀架 4 可沿横梁 5 的水平导轨做横向进给，也可沿刀架滑座的导轨做垂直进给。刀架滑座可向左或右扳转一定角度，以便刀架做斜向进给。立刀架主要用于车削内外圆柱面、内外圆锥面、车端面及车槽等。立刀架上通常带有一个五角形的转塔刀架，其上除装夹各种车刀外，还可装夹各种孔加工刀具，以进行钻、扩、铰孔等。在立柱的垂直导轨上还装有侧刀架 6，它可沿垂直导轨和滑座导轨做垂直或横向进给。侧刀架主要用于车削外圆、端面、槽和倒角等。两个刀架在进给方向上都可做快速趋近、退回和调整位置等辅助运动。横梁带动立刀架可沿立柱导轨上下移动，以调整刀具相对工件的位置。横梁移动到所需位置后，可手动或自动夹紧在立柱上。

图 3-17 所示为双柱式立式车床的外观图。两个立柱 7 与底座 1 和顶梁 5 连成一个封闭式框架。两个垂直刀架装在横梁 4 上，可沿横梁的水平导轨和刀架滑座做横向和垂直进给运动。

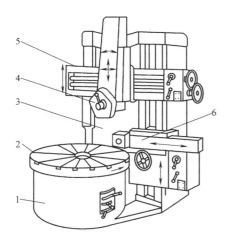

图 3-16　单柱式立式车床的外观图
1—底座　2—工作台　3—床身
4—立刀架　5—横梁　6—侧刀架

图 3-17　双柱式立式车床的外观图
1—底座　2—工作台　3—立刀架　4—横梁
5—顶梁　6—进给箱　7—立柱

立式车床主要用于加工径向尺寸大而轴向尺寸相对较小，且形状比较复杂的大型或重型工件。它是汽轮机、水轮机、重型电机、矿山冶金设备等加工中不可缺少的机床，同时在一般机床制造厂中的应用也很普遍。

思 考 题

1. CA6140 型卧式车床的运动有哪些？

2. 为什么从 CA6140 型卧式车床的传动系统图上看出主轴转速 $Z_{正}$ = 30 级，而实际计算是 $Z_{正}$ = 24 级？

3. 试写出 CA6140 型卧式车床正、反转传动路线的表达式。

4. 为什么 CA6140 型卧式车床的正转级数比反转级数多，而正转速度却比反转速度低？

5. 为什么分别用丝杠和光杠作为车削螺纹和车削进给的传动？如果只用其中的一个，既车削螺纹又传动进给，将会有什么问题？

6. 为了提高传动精度，车削螺纹进给运动的传动链中不应有摩擦传动件，而超越离合器却是靠摩擦来传动的。为什么它可以用于进给运动的传动链中？

7. 试说出下列机构的作用。

（1）双向多片离合器。

（2）卸载带轮。

（3）制动器。

（4）互锁机构。

（5）开合螺母。

（6）超越离合器及安全离合器。

（7）直连丝杠。

第四章 普通铣床

【能力目标】 了解 X6132 型万能卧式升降台铣床的组成及其主要部件结构，并对其运动进行分析；掌握万能分度头的使用方法；了解其他类型铣床。

【内容简介】 铣床是用铣刀进行切削加工的机床，用途极为广泛。在铣床上用不同类型的铣刀配备万能分度头及回转工作台等多种附件，可完成各种平面、沟槽及成形面的加工。铣床能加工的典型加工表面如图 4-1 所示。

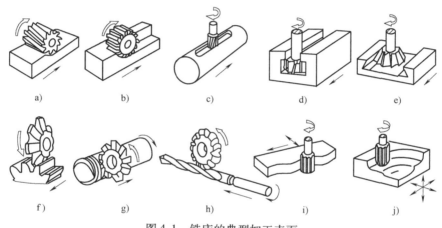

图 4-1 铣床的典型加工表面

铣床工作时的主运动是主轴带动铣刀的旋转运动，进给运动可由工作台在三个相互垂直的方向做直线运动来实现。由于铣床上使用的是多齿刀具，加工过程中通常有几个刀齿同时参加切削，因此，可获较高的生产率。就整个铣削过程来看是连续的，但就每个刀齿来看其切削过程是断续的，且切入与切出的切削厚度亦不等，因此，作用在机床上的切削力相应地发生周期性的变化，这就要求铣床在结构上具有较高的静刚度和动刚度。

铣床的类型很多，主要类型有卧式升降台铣床、立式升降台铣床、龙门铣床、工具铣床、回转工作台及工作台不升降台铣床；此外还有仿形铣床、仪表铣床和各种专门化铣床等。

【相关知识】

第一节 X6132 型万能卧式升降台铣床

一、主要组成部件

万能卧式升降台铣床是指轴线处于水平位置，工作台可做纵向、横向和垂直运动，并且可在水平面内调整一定角度的铣床，如图 4-2 所示。加工时铣刀装夹在刀杆 10 上，刀杆 10

的一端安装在主轴 7 的锥孔中，另一端由悬梁 9 右端的刀杆支架 8 支承，以提高其刚度。驱动铣刀做旋转主运动的变速机构、主轴部件以及操纵机构都安装在床身 1 内。工作台 6 可沿转盘 3 上的燕尾形导轨做纵向运动，转盘 3 可相对于床鞍 5 绕垂直线调整一定的角度，以便加工螺旋槽等表面。床鞍可沿升降台 4 上的导轨做平行于主轴轴线的横向运动，升降台则可沿床身侧面导轨做垂直运动。进给变速机构、传动装置以及操纵机构都置于升降台内。

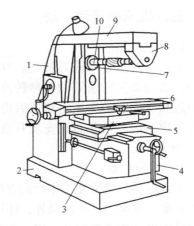

图 4-2　万能卧式升降台铣床
1—床身　2—底座　3—转盘　4—升降台
5—床鞍　6—工作台　7—主轴　8—刀杆
支架　9—悬梁　10—刀杆

二、机床的主要技术规格

万能卧式升降台铣床的第一主要参数是工作台台面的宽度，第二主参数是工作台台面的长度。此外，反映万能卧式升降台铣床技术参数的还有主轴的转速范围、主轴端孔锥度、主轴孔径、主轴轴线到工作台台面的距离、进给量范围、主电动机功率等。

X6132 万能卧式升降台铣床的主要技术参数见表 4-1。

表 4-1　X6132 万能卧式升降台铣床的主要技术参数

参　数　名　称		参　数　规　格
工作台尺寸（长×宽）		1250mm×320mm
工作台最大行程	纵向	800mm
	横向	300mm
	垂直	400mm
工作台最大回转角度		±45°
T 形槽数		3 条
主轴转速范围（18 级）		30～1500r/min
主轴端孔锥度		7:24
主轴孔径		29mm
主轴轴线到工作台台面的距离		30～430mm
主轴轴线到悬梁的距离		155mm
床身垂直导轨到工作台台面中心的距离		215～515mm
刀杆直径（3 种）		22mm、27mm、32mm
进给量范围（21 级）	纵向	10～1000mm/min
	横向	10～1000mm/min
	垂直	3.3～333mm/min
快速进给量	纵向与横向	2300mm/min
	垂直	766.6mm/min
主传动电动机	功率	7.5kW
	转速	1450mm/min
进给电动机	功率	1.5kW
	转速	1410mm/min
机床外形尺寸（长×宽×高）		1831mm×2064mm×1718mm

三、机床的传动系统

1. 主运动

主运动是指带动铣刀转动，并对工件进行切削的运动。铣床主运动传动装置的主要任务是获得加工时所需的各种转速、转向以及停止加工时的快速平稳制动。它的 18 级转速通过相互串联的变速组变速后得到。由于加工时主轴换向不频繁，因此由主电动机正、反转实现换向。轴 II 右端安装有电磁制动器，用于机床停止加工时对主传动装置实施制动（图 4-3）。

2. 进给运动

进给运动是指带动工作台做直线运动，并使工件获得连续切削的运动。工作台除可做三个相互垂直方向的进给运动外，还可沿进给方向做快速移动。如图 4-3 所示，该进给传动装置由进给电动机单独驱动，用一套变速机构进行变速，最后由丝杠螺母机构转换成各自方向上的直线运动。牙嵌离合器 M_5、电磁离合器 M_4 和 M_3 分别接通和断开三个方向的运动，它们用电气及机械方式使三个方向的运动只能接通其中一个，从而实现互锁。进给运动和快速移动由互锁的电磁离合器 M_1 和 M_2 实现运动的相互切换。进给运动的转向由电动机的正反转来实现。

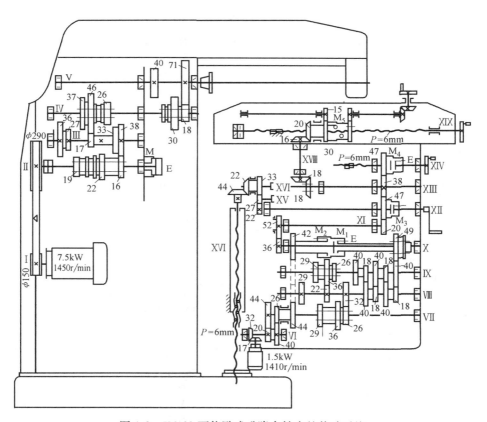

图 4-3　X6132 万能卧式升降台铣床的传动系统

进给运动的传动路线表达式为

进给电动机

$$\left(\begin{array}{c}1.5\text{kW}\\1410\text{r/min}\end{array}\right)-\frac{17}{32}-\text{VI}-$$

$$\left[\begin{array}{c}\dfrac{20}{44}-\text{VII}-\left(\begin{array}{c}\dfrac{29}{29}\\[4pt]\dfrac{36}{22}\\[4pt]\dfrac{26}{32}\end{array}\right)-\text{VIII}-\left(\begin{array}{c}\dfrac{29}{29}\\[4pt]\dfrac{22}{36}\\[4pt]\dfrac{32}{26}\end{array}\right)-\text{IX}-\left(\begin{array}{l}\dfrac{49}{49}\\[4pt]\dfrac{18}{40}-\text{VIII}-\dfrac{18}{40}-\text{IX}-\dfrac{40}{49}\\[4pt]\dfrac{18}{40}-\text{VIII}-\dfrac{18}{40}-\text{IX}-\dfrac{18}{40}-\text{VIII}-\dfrac{18}{40}-\text{IX}-\dfrac{40}{49}\end{array}\right)\overset{\text{接通工进}}{\underset{M_1}{}}\\[6pt]\dfrac{40}{26}-\text{VII}-\dfrac{44}{42}\overset{\text{接通快移}}{\underset{M_2}{}}\end{array}\right]$$

$$-\text{X}-\frac{38}{52}-\text{XI}-\frac{20}{47}-\left(\begin{array}{l}\text{VII}-\dfrac{47}{38}-\text{XII}-\left(\begin{array}{l}\dfrac{18}{18}-\text{XVIII}-\dfrac{16}{20}\overset{\text{接通纵向}}{\underset{M_5}{}}-\text{XIX}(\text{纵向进给丝杠})P=6\text{mm}\\[6pt]\dfrac{38}{47}\overset{\text{接通横向}}{\underset{M_4}{}}-\text{XV}(\text{横向进给丝杠})P=6\text{mm}\end{array}\right)\\[10pt]\overset{\text{接通垂直}}{\underset{M_3}{}}-\text{XII}-\dfrac{22}{27}-\text{XV}-\dfrac{27}{33}-\text{XVI}-\dfrac{22}{44}-\text{XVIII}(\text{垂直进给丝杠})P=6\text{mm}\end{array}\right)$$

由传动路线可知，进给电动机的运动经 $\frac{17}{32}$ 传动轴VI后，分成两条不同路线传动，一条经 $\frac{40}{26}$、$\frac{44}{42}$，电磁离合器 M_2 直接传动轴X及后相关的齿轮副，使工作台快速移动；另一条经 $\frac{20}{44}$ 传动轴VII，然后经三个变速组变速后，由电磁离合器 M_1 传动轴X，使工作台获得所需的工作进给运动。由轴VII上和轴IX上的两个三联滑移齿轮各获三种传动比，轴X上齿轮 z_{49} 在左、中、右三个啮合位置，经轴IX与轴VII之间的回曲机构也可获三种传动比，从理论上讲三个垂直的方向都可获 $3\times3\times3=27$ 级不同的进给量，但由于前两个变速组所获9种传动比中，有三种相等，它们的传动比为

$$u_1=\frac{29}{29}\times\frac{29}{29}=1;\quad u_2=\frac{36}{22}\times\frac{22}{36}=1;\quad u_3=\frac{26}{32}\times\frac{32}{26}=1$$

因此，实际进给量为 $(3\times3-2)\times3=21$ 级。

进给传动链的纵向运动平衡式为

$$v=n_{电}\times\frac{17}{32}\times\frac{20}{44}\times u_{VII-VIII}\times u_{VIII-IX}\times u_{IX-X}\times\frac{38}{52}\times\frac{20}{47}\times\frac{47}{38}\times\frac{18}{18}\times\frac{16}{20}\times Ph_{纵} \tag{4-1}$$

式中　$n_{电}$——进给电动机转速（r/min）；

$u_{VII-VIII}$——轴VII—VIII之间滑移齿轮变速机构的传动比；

$u_{VIII-IX}$——轴VIII—IX之间滑移齿轮变速机构的传动比；

u_{IX-X}——轴IX—X之间回曲机构的传动比；

$Ph_{纵}$——纵向进给丝杠的导程。

四、主要部件结构

1. 主轴部件

X6132 型万能升降台铣床的主轴结构如图 4-4 所示，其基本形状为阶梯空心轴，前端直

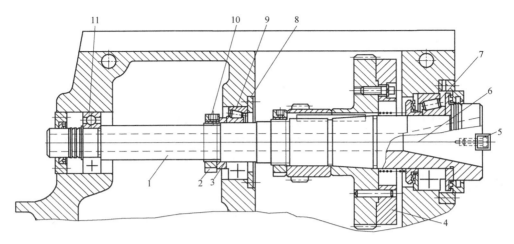

图 4-4 X6132 型万能升降台铣床的主轴结构

1—主轴 2—螺母 3—隔套 4—飞轮 5—端面键 6—主轴锥孔

7、9—圆锥滚子轴承 8—轴承盖 10—锁紧螺钉 11—深沟球轴承

径大于后端直径，使主轴前端具有较大的抗变形能力，这符合在切削加工过程中的实际受力状况。主轴前端 7:24 的精密锥孔，用于安装铣刀刀杆或面铣刀刀柄，使其能准确定心保证铣刀刀杆或面铣刀的旋转中心与主轴旋转中心同轴，从而使它们在旋转时有较高的回转精度。主轴中心孔可穿入拉杆，拉紧并锁定刀杆或刀具，使它们定位可靠。端面键 5 用于连接主轴和刀杆，并通过端面健在主轴和刀杆之间传递转矩。

主轴采用三支承结构，其中前、中支承为主支承，后支承为辅助支承。所谓主支承是指在保证主轴部件的回转精度和承受载荷等方面起主导作用，在制造和安装过程中其要求也高于辅助支承。X6132 型万能升降台铣床主轴部件的前、中支承分别采用 D 级和 E 级精度，型号为 D7518 和 E7513 圆锥滚子轴承，以承受作用在主轴上的径向力和左、右轴向力，并保证主轴的回转精度。主轴部件的前、中轴承采用一套间隙调整机构，其间隙通过螺母 2 来调整。当拧松锁紧螺钉 10 后，用专用工具紧定螺母 2，然后顺时针转动主轴，从而使前、中轴承内圈之间的相对距离变小，两个轴承的间隙同时得到调整。调整后应使主轴在最高转速下试运转 1h，轴承温度不超过 60℃。

在主轴前支承处的大齿轮上安装一飞轮 4，通过飞轮 4 在运转过程中的储能作用，可使主轴部件在运转中克服因切削力的变化而引起的转速不均匀性和振动，提高主轴部件运转的质量和抗振能力。

2. 顺铣机构

在铣床上对工件进行周铣时，有两种加工方式。一种方式是铣刀的旋转主运动在切削点水平面的速度方向与进给方向相反，称为逆铣（图 4-5a）；另一种方式是速度方向与进给方向相同，称为顺铣（图 4-5b）。由金属切削原理可知，逆铣时，作用在工件上的水平切削分力 F_X 方向始终与进给方向相反，使丝杠的左侧螺旋面与螺母的右侧螺旋面始终保持接触，丝杠的右侧螺旋面与螺母的左侧螺旋面之间总留有一定的间隙，因此切削过程稳定。顺铣时，作用在工件上的水平切削分力 F_X 方向与接触角 δ（铣刀从切入到切出之间铣削接触弧的中心角）的大小有关。当接触角 δ 大于一定数值后，切入工件时的水平切削力 F_X 可能与

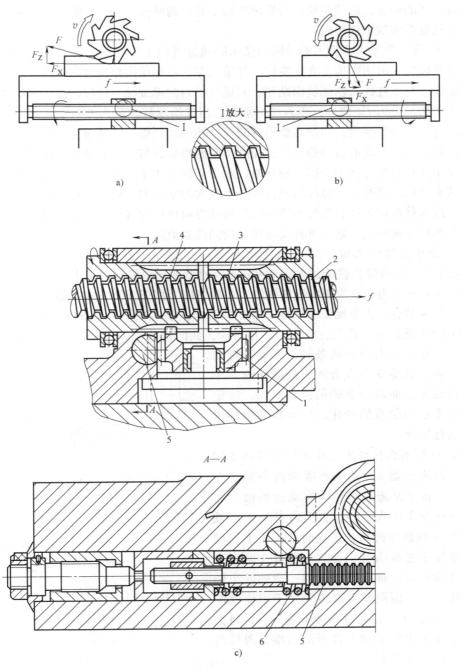

图 4-5　顺铣机构工件原理

1—冠状齿轮　2—纵向进给丝杠　3—右螺母　4—左螺母　5—齿条　6—弹簧

进给方向相反；当接触角 δ 不大时，F_X 与进给方向相同，同时 F_X 的大小是变化的，由于铣床进给丝杠与螺母存在一定的间隙，顺铣时水平切削分力 F_X 的大小与方向的变化会造成工作台的间歇性窜动，使切削过程不稳定，引起振动甚至打刀，所以，在采用顺铣方式加工时，应能设法消除丝杠与螺母机构之间的间隙，而不采用顺铣方式时又能自动使丝杠与螺母之间保持合适的间隙，以减少丝杠与螺母之间不必要的磨损。X6132 型万能升降台铣床设置的顺铣机构就能实现上述要求。

图 4-5c 所示为 X6132 型万能升降台铣床的顺铣机构工作原理图。齿条 5 在弹簧 6 的作用下使冠状齿轮 1 沿图中箭头方向旋转，并带动左、右螺母向相反方向旋转。这时，左螺母的左侧螺旋面与丝杠的右侧螺旋面贴紧；右螺母的右侧螺旋面与丝杠的左侧螺旋面贴紧。逆铣时，水平切削分力 F_X 向左，由右螺母承受，当进给丝杠按箭头方向旋转时，由于右螺母与丝杠间有较大的摩擦力，而使右螺母有随丝杠转动的趋势，并通过冠状齿轮带动左螺母形成与丝杠转动方向相反的转动趋势，使左螺母左侧螺旋面与丝杠右侧螺旋面之间产生一定的间隙，减小丝杠与螺母间的磨损。顺铣时，水平切削分力 F_X 向右，由左螺母承受，进给丝杠仍按箭头方向旋转时，左螺母与丝杠间产生较大的摩擦力，而使左螺母有随丝杠转动的趋势，并通过冠状齿轮带动右螺母形成与丝杠转动方向相反的转动趋势，使右螺母右侧螺旋面与丝杠左侧螺旋面贴紧，整个丝杠螺母机构的间隙被消除。

3. 孔盘变速操纵机构

X6132 型万能升降台铣床的主运动和进给运动变速操纵机构都采用集中式孔盘变速操纵机构。图 4-6 所示为孔盘变速操纵机构的工作原理图。拨叉 1 固定在齿条轴 2 上，齿条轴 2 和 2′ 与齿轮 4 啮合。齿条轴 2 和 2′ 的右端是具有不同直径的圆柱 m 和 n 形成的阶梯轴，孔盘 3 的不同圆周上分布着大、小孔与之相对应，共同构成操纵滑移齿轮的变速机构。操作时，先将孔盘 3 向右拉离齿条轴，转动一定的角度后，再将孔盘 3 向左推入，根据孔盘 3 中大、小孔或无孔面对齿条轴的定位状态，决定了齿条轴 2 轴向位置的变化，从而拨动滑移齿轮改变啮合位置。

图 4-6a 所示为孔盘 3 无孔处与齿条轴 2 相对，向左推进孔盘 3，其端面推动齿条轴 2 左移，而齿条轴 2 又通过齿轮 4 推动齿条轴 2′ 右移并插入孔盘 3 的大孔中，直至齿条轴 2′ 的轴肩与孔盘 3 端面相碰为止，这时，拨叉 1 拨动三联齿轮处于左端啮合位置。当孔盘 3 两个小孔与齿条轴相对，推入孔盘 3 时，两轴的小轴肩靠定孔盘 3 端面而使滑移齿轮处于中位（图 4-6b）。若孔盘 3 无孔处对着齿条轴 2′ 时，将把其推至左端而使齿条轴 2 移至最右端，滑移齿轮被拨至右位（图 4-6c）。

对于双联齿轮，其齿条轴只需一个圆柱 n 即可在孔盘中完成滑移齿轮左、右两个工作位置的定位。

X6132 型万能升降台铣床的变速操纵机构立体示意图如图 4-7 所示。该变速机构操纵了

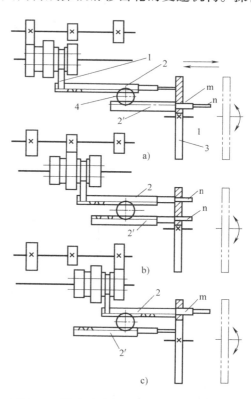

图 4-6 孔盘变速操纵机构的工作原理图
1—拨叉 2、2′—齿条轴 3—孔盘 4—齿轮

主运动传动链的两个三联滑移齿轮和一个双联滑移齿轮，使主轴获得18级转速，孔盘每转20°改变一种转速。变速机构由手柄1和速度盘4联合操纵。变速时将手柄1向外拉出，手柄1绕销子3摆动而脱开定位销2；然后逆时针转动手柄1约250°，经操纵盘5、平键带动齿轮套筒6转动，再经齿轮9使齿条轴10向右移动，其上拨叉11拨动孔盘12右移（图4-7中A位置）并脱离各组齿条轴；接着转动速度盘4，经心轴、一对锥齿轮使孔盘12转过相应的角度（由速度盘4的速度标记确定）；最后反向转动手柄1，通过齿条轴10，由拨叉11将孔盘12向左推入（图4-7中B位置），推动各组变速齿条轴作相应的移位，改变三个滑移齿轮的位置，实理变速。当手柄1转回原位并由定位销2定位时，各滑移齿轮达到正确的啮合位置。

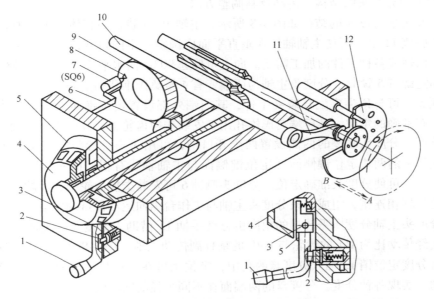

图 4-7　X6132 型万能升降台铣床的变速操纵机构立体示意图
1—手柄　2—定位销　3—销子　4—速度盘　5—操纵盘
6—齿轮套筒　7—微动开关　8—凸块　9—齿轮　10—齿条轴　11—拨叉　12—孔盘

变速时，为了使滑移齿轮在移位过程易于啮合，变速机构中设有主电动机瞬时点动控制。变速操纵过程中，齿轮9上的凸块8压动微动开关7（SQ6），瞬时接通主电动机，使之产生瞬时点动，带动传动齿轮慢速转动，使滑移齿轮容易进入啮合。

第二节　万能分度头

一、万能分度头的用途和传动系统

万能分度头是升降台铣床配备的重要附件之一，使用它可扩展铣床的加工工艺范围。万能分度头最基本的功能是使装夹在分度头主轴与顶尖座之间或卡盘上的工件依次转过所需的角度，以达到图样规定的分度要求。

万能分度头可完成的工作如下：

1）由万能分度头主轴带动工件绕其轴线回转一定角度，完成等分或不等分的分度工作。如加工方头、六角头、直齿圆柱齿轮、键槽、花键、直齿铰刀时，需使用万能分度头进行分度。

2）通过万能分度头的传动系统和交换齿轮机构，将万能分度头主轴与工作台丝杠连接起来，组成一条以万能分度头主轴和工作台纵向丝杠为两端件的内联系传动链，可加工各种螺旋表面、阿基米德螺旋线凸轮等。

3）用卡盘装夹工件时，可使工件轴线相对铣床工作台倾斜一定的角度，可加工与工件轴线相交成一定角度的沟槽、平面、直齿锥齿轮、齿形离合器等。

在铣床上使用较多的是 FW250（250 为装夹工件的最大直径）型万能分度头。现以 FW250 为例说明分度头的结构、传动及其调整方法。

FW250 型万能分度头的结构如图 4-8 所示，主轴 10 安装在回转体 9 内，回转体 9 由两侧颈支承在底座 11 上，可使主轴轴线在垂直平面内调整一定的角度，从而与工作台形成一定的角度，以适应各种工件的加工需要。向上可仰起 90°，向水平线以下可倾斜 6°。调整后由回转体锁定螺钉 5 锁紧。分度头主轴为两端皆有 4 号莫氏锥孔的空心轴，前端锥孔用于安装心轴或顶尖，可与顶尖座配合装夹工件，其前端外部设置定位锥面，用于安装自定心卡盘，并使其有准确的定位。其后端莫氏锥孔用于安装交换齿轮轴，并经交换齿轮与侧轴连接实现差动分度。分度头底座的两侧设置两个开口槽，可用 T 形螺栓将分度头与工作台固定联接，其底面上的两块定位键侧面（定位键侧面与主轴轴线有很好的平行度）与工作台 T 形槽侧面靠紧，可使分度头准确定位。分度头侧轴 6 可安装交换齿轮架，经配换齿轮与工作台纵向进给丝杠相连接，组成一条分度头主轴与工作台纵向运动保持确定运动关系的内联系传动链。分度头主轴分度所需转过的角度由分度手柄 12 借助于分度盘 4 上的孔来控制。转动分度手柄经传动比为 1:1 的齿轮与 1:40 的蜗杆副传动主轴（图 4-8b）。分度手柄转到所需转数时，将分度定位销 13 插入分度盘的孔中，定位销可在手柄另一端的长槽中沿分度盘半径方向移动，实现各种分度。分度盘的两端面在不同半径的同心圆上分布着不同孔数的等分小孔，以满足各种分度数的要求。FW250 型万能分度头备有 2 块分度盘，供分度选用，每块分度盘前后两面皆有孔，正面 6 圈孔；反面 5 圈孔。它们的孔数分别为

第 1 块正面每圈孔数：24、25、28、30、34、37；第 1 块反面每圈孔数：38、39、41、42、43。

第 2 块正面每圈孔数：46、47、49、51、53、54；第 2 块反面每圈孔数：57、58、59、62、66。

二、分度方法

1. 简单分度法

直接利用分度盘进行分度的方法称简单分度法。这种方法适用于图样上给定齿数、节距等参数，如直齿圆柱齿轮、链轮、花键等。加工工件的分度数与分度头传动系统中的 40 可相约的场合。分度时用分度盘紧固螺钉锁定分度盘，拔出定位销转动分度手柄，通过传动系统使分度主轴转过所需的分度数，然后将定位销插入分度盘上与分度数对应的孔中。

由分度头传动系统可知，蜗杆副的传动比是 1:40，即分度手柄转 40 圈而分度头主轴转 1r。设被加工工件所需分度数为 z（即在一圆周内分成 z 个等分），每次分度时分度头主轴应

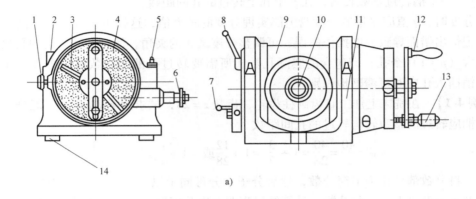

a)

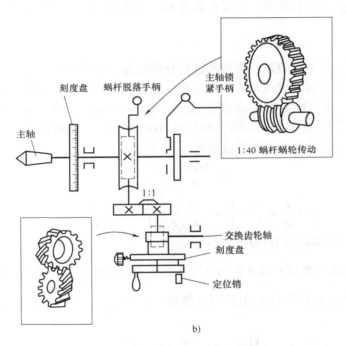

主轴锁紧手柄

蜗杆脱落手柄

刻度盘

主轴

1:40 蜗杆蜗轮传动

1:1

交换齿轮轴

刻度盘

定位销

b)

图 4-8 FW250 型万能分度头的结构

1—紧固螺钉 2—刻度盘 3—分度叉 4—分度盘 5—回转体锁定螺钉 6—侧轴 7—蜗杆脱落柄
8—主轴锁紧手柄 9—回转体 10—主轴 11—底座 12—分度手柄 13—分度定位销 14—定位键

转过 $1/z$r，这时手柄对应转过的转数可按下式求得

$$n_{手} = \frac{1}{z} \times \frac{40}{1} \times \frac{1}{1} = \frac{40}{z} \text{r}$$ (4-2)

为使分度时容易记忆，可将上式写成如下形式

$$n_{手} = \frac{40}{z} = a + \frac{p}{q}$$ (4-3)

式中 a——每次分度时手柄所转过的整数转（当 $40/z < 1$ 时，$a = 0$）；

q——所用分度盘中孔圈的孔数；

p——手柄转过整数转后，在 p 个孔上转过的孔间距数。

在分度时，q 值应尽量取分度盘上能实理分度的较大值，这样可使分度精度高些。为防止由于记忆出错而导致分度操作失误，可调整分度叉 3 的夹角，使分度叉以内的孔数在 q 个孔上包含（$p+1$）个孔，即包含的实际孔数比所需要转过孔的间距数多一个孔，在每次分度定位销插入孔中时可清晰地识别。

【例 4-1】 在铣床上加工直齿圆柱齿轮，齿数 $z=28$，试求用 FW250 型万能分度头每次分度手柄应转过的整数转与转过的孔间距数。

解：
$$n_手 = \frac{40}{z} = \frac{40}{28} = 1 + \frac{3}{7} = 1 + \frac{12}{28}或 = 1 + \frac{18}{42}或 = 1 + \frac{21}{49}$$

计算时应将分数部分化为最简分数，然后分子、分母同乘以一个整数使分母等于 FW250 型万能分度头分度盘上具有的孔数。计算结果表明每次分度时，在手柄转过整数转后，应在孔数为 28 的孔圈上再转过 12 个孔间距，或在孔数为 42、49 的孔圈上分别再转过 18、21 个孔间距。

2. 角度分度法

直接利用分度盘或角度分度表按所需角度进行分度的方法称为角度分度法。这种方法适用于需分度的零件在图样上以角度值来表示的场合，如齿式离合器，以角度值表示的不等分齿槽（不等分齿铰刀）等。根据简单分度法已知，手柄转 40r，分度头主轴转 1r，即转 360°。同理手柄转 1r，分度头主轴转 1/40r，即转过 360°/40 = 9°。设所需分度工件相邻圆心角为 θ 时，分度手柄应转过的转数可按下式求得

因分度数
$$z = \frac{360°}{\theta}$$

故
$$n_手 = \frac{1}{z} \times \frac{40}{1} \times \frac{1}{1} = \frac{1}{360°/\theta} \times \frac{40}{1} \times \frac{1}{1} = \frac{\theta}{9°} \tag{4-4}$$

应用式（4-4）进行计算时会有两种情况：

① 所需分度工件相邻分度圆心角 θ 能与 9°、540′、32400″相约，可得到 $a + \frac{p}{q}$，当 $\theta < 9°$时，$a = 0$，其具体的操作方法与上述类同。例如：$\theta = 112°$，要求进行分度。θ 代入式（4-4）得

$$n_手 = \frac{112°}{9°} = 12 + \frac{4}{9} = 12 + \frac{24}{54}$$

分度时手柄转 12r 后，在分度盘孔数为 54 的孔圈上再转过 24 个孔间距即可。

② 已知分度工作相邻分度圆心角 θ 不能与 9°、540′、32400″相约，无法进行精确分度，这时可使用角度分度表进行分度，所得分度圆心角 θ 为近似值，引起的分度误差只要小于相关精度要求即可。

【例 4-2】 在直径为 180mm 的圆盘外缘上铣削三个槽，其中第一个槽与第二个槽之间分度圆心角 $\theta = 92°05′$，第二个槽与第三个槽之间分度圆心角 $\theta = 87°55′$，试求分度手柄转过的转数和在孔圈上转过的孔间距数。

解：1）将分度圆心角 $\theta = 92°05′$代入式（4-4）得
$$n_手 = \frac{\theta}{9°} = \frac{92°05′}{9°} = 10 + \frac{2°05′}{9°}$$

查表 4-2 得最接近所需分度圆心角 2°05′ 的分度圆心角值为 2°04′37″，则 $q=39$；$p=9$。因此，在进行分度圆心角为 92°05′ 的分度时，手柄转 10r 后，再在孔数为 39 的孔圈上转过 9 个孔间距。

2）将分度圆心角 87°55′ 代入式（4-4）得

$$n_{手}=\frac{\theta}{9°}=\frac{87°55′}{9°}=9+\frac{6°55′}{9°}$$

查表 4-2 得最接近所需分度圆心角 6°55′ 的分度圆心角值为 6°55′23″，则 $q=39$；$p=30$。手柄转 9r 后，再在孔数为 39 的孔圈上转过 30 个孔间距即可完成分度。

表 4-2　角度分度表（部分）

分度头转角			分度盘孔数 q	转过的孔间距数 p	折合手柄转数	分度头转角			分度盘孔数 q	转过的孔间距数 p	折合手柄转数
(°)	(′)	(″)				(°)	(′)	(″)			
2	0	0	54	12	0.222	6	50	52	46	35	0.7609
—	1	2	58	13	0.2241	—	51	26	42	32	0.7619
—	—	13	49	11	0.2245	—	—	52	59	45	0.7627
—	—	56	62	14	0.2258	—	52	6	38	29	0.7632
—	2	16	53	12	0.2264	—	—	56	34	26	0.7647
—	—	44	66	15	0.2273	—	56		51	39	0.7647
—	3	9	57	13	0.2281	—	53	37	47	30	0.7660
—	4	37	39	9	0.2308	—	54	0	30	23	0.7667
—	5	35	43	10	0.2326	—	—	25	43	33	0.7674
—	6	0	30	7	0.2333	—	55	23	39	30	0.7692
—	—	23	47	11	0.2340	—	56	51	57	44	0.7719
—	7	4	51	12	0.2353	—	57	16	66	51	0.7727
—	8	8	59	14	0.2373	—	—	44	53	41	0.7736
—	—	34	42	10	0.2381	—	58	4	62	48	0.7742
—	9	8	46	11	0.2390	—	—	47	49	38	0.7755
—	—	36	25	6	0.2400	—	—	58	58	43	0.7414
—	10	0	54	13	0.2407	7	0	0	54	42	0.7778
						—	1	1	59	46	0.7797
6	50	0	54	41	0.7593	—	—	28	41	32	0.7805
—	—	24	25	19	0.7600	—	2	37	46	36	0.7826

3. 差动分度法

当需分度的工件其分度数不能与 40 相约，或由于分度盘的孔圈有限，使得分度盘上没有所需分度数的孔圈，因而无法用简单分度法进行分度，如 73、83、113 等。此时应用差动分度法进行分度。

用差动分度法进行分度时，须用交换齿轮 z_1、z_2、z_3、z_4 将分度头主轴与侧轴联系起来，经一对螺旋齿轮副传动使分度盘回转，补偿所需的角度，中间轮用于改变分度盘转动的方向。其安装形式如图 4-9a、b 所示。

差动分度法的基本思路是：要实现需分度工件的分度数 z（假定 $z > 40$），手柄应转过 $40/z$ 转，其定位插销相应从 A 点到 C 点（图 4-9c），但 C 点处没有相应的孔供定位，定位插销无法插入，故不能用简单分度法分度。为了在分度盘现有孔数的条件下实现所需的分度数 z 并能准确定位，可选一个在现有分度盘上可实现分度，同时非常接近所需分度数 z 的假定分度数 z_0，并以假定分度数 z_0 进行分度，手柄转 $40/z_0$ 转，插销相应从 A 点转到 B 点，离所需分度数 z 的定位点的差值为 $\dfrac{40}{z} - \dfrac{40}{z_0}$。为了补偿这一差值，只要将分度盘上的 B 点转到 C 点，以使插销插入准确定位，就可实现分度数为 z 的分度。实现补差的传动由手柄轴经分度头的传动系统，再经联接分度头主轴与侧轴的交换齿轮传动分度盘。分度时手柄按所需分度数转 $40/zr$ 时，经上述传动使分度盘转 $\left(\dfrac{40}{z} - \dfrac{40}{z_0}\right)r$，定位销准确插入 C 点定位。因此，分度时手柄轴与分度盘之间的运动关系如下：

手柄轴转 $\dfrac{40}{z}r$ —— 分度盘 $\left(\dfrac{40}{z} - \dfrac{40}{z_0}\right)r$

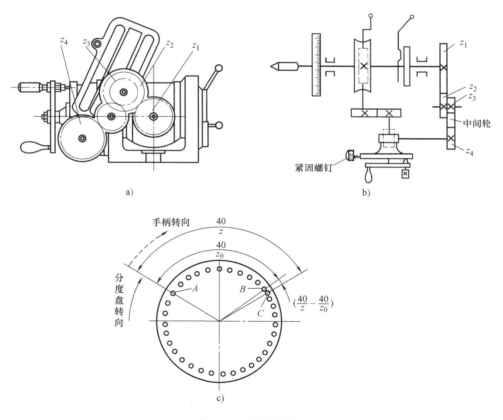

图 4-9　差动分度法

这条差动传动链的运动平衡式为

$$\frac{40}{z} \times \frac{1}{1} \times \frac{1}{40} \times \frac{z_1}{z_2} \times \frac{z_3}{z_4} \times \frac{1}{1} = \frac{40}{z} - \frac{40}{z_0} = \frac{40(z_0 - z)}{zz_0} \tag{4-5}$$

整理得换置分式为

$$\frac{z_1}{z_2} \times \frac{z_3}{z_4} = \frac{40(z_0 - z)}{z_0} \qquad (4-6)$$

式中　z——所需分度数；

　　　z_0——假定分度数。

选取的 z_0 应接近于 z，并能与40相约，且有相应的交换齿轮，以使调整计算易于实现。当 $z_0 > z$ 时，分度盘旋转方向与手柄转向相同；当 $z_0 < z$ 时，分度盘旋转方向与手柄转向相反。

FW250型万能分度头所配备的交换齿轮：25（两个）、30、35、40、50、55、60、70、80、90、100 共12个。

【例4-3】　在铣床上加工齿数为77的直齿圆柱齿轮，用FW250型万能分度头进行分度，试进行调整计算。

解：因77无法与40相约，分度盘上又无77孔的孔圈，故用差动分度法。

取假定分度数 $z_0 = 75$。

1）确定分度盘孔圈孔数及定位销应转过的孔间距数

$$n_手 = \frac{40}{z_0} = \frac{40}{75} = \frac{8}{15} = \frac{16}{30}$$

2）计算交换齿轮的齿数

$$\frac{z_1}{z_2} \times \frac{z_3}{z_4} = \frac{40(z_0 - z)}{z_0} = 40 \times \frac{75 - 77}{75} = -\frac{80}{75} = -\frac{16}{15} = -\frac{4 \times 4}{3 \times 5} = -\frac{80 \times 40}{60 \times 50}$$

因 $z_0 < z$，所以，分度盘旋转方向应与手柄转向相反。

三、铣螺旋槽的调整计算

在万能升降台铣床上使用万能分度头加工螺旋槽时，可通过安装在工作台上的分度头侧轴经交换齿轮与工作台纵向进给丝杠连接，形成加工螺旋槽所需的内联系传动链，实现工件转一转，工作台纵向移动一个导程的运动关系。同时，工件轴线与刀具旋转平面保持工件螺旋槽的螺旋角 β，使切削方向与螺旋槽切线方向一致。对于有多条螺旋槽或多齿（如斜齿等）的工件，在加工完一条螺旋槽或一个齿槽后，还应对工件进行分度。

具体调整如下：

1）工件由分度头主轴顶尖与顶尖座装夹，轴线与工作台纵向运动方向保持一致。铣削右旋工件时工作台应绕垂直轴线逆时针方向偏转，使工件轴线与刀具旋转平面的夹角等于螺旋角 β（图4-10a）。铣削左旋工件时工作台应向顺时针方向偏移，其夹角同样等于螺旋角 β。

2）工件台纵向进给丝杠通过交换齿轮 z_1、z_2、z_3、z_4 与分度头侧轴连接（图4-10b）。工作台纵向进给时经交换齿轮及分度头传动系统使分度头主轴旋转，实现加工螺旋槽时的运动要求。在整个加工过程中定位销应插入分度盘的孔中以保持传动关系，不可随意拔出。交换齿轮还用于调整不同导程时的运动关系。

工作台纵向运动与分度头主轴旋转的运动关系是：

工作台纵向移动 $Ph_工$——分度头主轴转 1r。

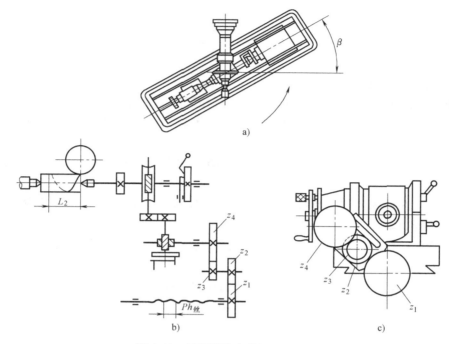

图 4-10 铣削螺旋角的调整与传动

它们之间的运动平衡式为

$$\frac{Ph_工}{Ph_丝} \times \frac{z_1}{z_2} \times \frac{z_3}{z_4} \times \frac{1}{1} \times \frac{1}{1} \times \frac{1}{40} = 1 \qquad (4\text{-}7)$$

化简后得换置公式为

$$\frac{z_1}{z_2} \times \frac{z_3}{z_4} = \frac{40Ph_丝}{Ph_工} \qquad (4\text{-}8)$$

式中　$Ph_工$——工件螺旋槽导程（mm）；

　　　$Ph_丝$——工作台纵向进给丝杠导程（mm）。

螺旋槽的导程可按下式计算

$$Ph_工 = \frac{\pi D}{\tan\beta} \qquad (4\text{-}9)$$

式中　β——工件螺旋角（°）；

　　　D——工件计算直径（mm）；

　　$Ph_工$——螺旋槽导程（mm）。

3）对于多条螺旋槽或多齿工件，每加工一个槽就应拨出定位销转动手柄，按简单分度法进行分度。

【例 4-4】 FW250 型万能分度头铣削一个斜齿轮，齿数 $z = 30$，法向模数 $m_n = 4$，螺旋角 $\beta = 18°$，所用铣床工作台纵向丝杠的导程 $Ph_丝 = 6mm$，试进行调整计算。

解：1）工件导程　　　　　　$Ph_工 = \dfrac{\pi D}{\tan\beta}$

斜齿轮的分度圆直径为计算直径，则

$$D = zm_t = z\frac{m_n}{\cos\beta}$$

所以 $$Ph_{\text{工}} = \frac{\pi m_n z}{\tan\beta\cos\beta} = \frac{\pi m_n z}{\sin\beta} = \frac{\pi \times 4 \times 30}{\sin 18°}\text{mm} = 1219.97\text{mm}$$

故 $$\frac{z_1}{z_2} \times \frac{z_3}{z_4} = \frac{40 Ph_{\text{丝}}}{Ph_{\text{工}}} = \frac{40 \times 6}{1219.97} = \frac{11}{56}$$

即 $$\frac{z_1}{z_2} \times \frac{z_3}{z_4} = \frac{11}{56} = \frac{11 \times 1}{14 \times 4} = \frac{55 \times 25}{70 \times 100}$$

交换齿轮齿数也可查工件导程与交换齿轮齿数表直接获得（表4-3）。

表4-3　工件导程与交换齿轮齿数表（部分）

导程 $Ph_{\text{工}}$/mm	交换齿轮 传动比	交换齿轮				导程 $Ph_{\text{工}}$/mm	交换齿轮 传动比	交换齿轮			
		z_1	z_2	z_3	z_4			z_1	z_2	z_3	z_4
400.00	0.60000	100	50	30	100	1163.64	0.20625	55	80	30	100
403.20	0.59524	100	60	25	70	1188.00	0.20202	40	55	25	90
405.00	0.59259	80	60	40	90	1200.00	0.20000	60	90	30	100
407.27	0.58929	60	70	55	80	1206.88	0.19886	35	55	25	80
410.66	0.58442	90	55	25	70	1209.62	0.19841	50	70	25	90
411.43	0.58333	100	60	35	100	1221.81	0.19643	55	70	25	100
412.50	0.58182	80	55	40	100	1228.80	0.19531	25	40	25	80
418.91	0.57292	55	60	50	80	1232.00	0.19481	30	55	25	70
419.05	0.57273	90	55	35	100	1234.31	0.19444	70	90	25	100
420.00	0.57143	100	70	40	100	1256.74	0.19097	55	80	25	90
422.40	0.56818	100	55	25	80	1257.14	0.19091	35	55	30	100
424.28	0.56566	80	55	35	90	1260.00	0.19048	40	70	30	90
426.67	0.56250	90	80	50	100	1267.23	0.18939	25	55	25	60
—	—	—	—	—	—	1280.00	0.18750	60	80	25	100

2）分度时手柄的转数与转过的孔间距数

$$n_{\text{手}} = \frac{40}{z} = \frac{40}{30} = 1 + \frac{1}{3} = 1 + \frac{10}{30}$$

3）铣床工作台应按如图4-10a所示逆时针转18°。

4）铣齿轮不能直接根据实际齿数 z 选择齿轮铣刀的刀号。斜齿在法向截面内，才能得到渐开线齿形。这一齿形相当于分度圆直径为 ρ 的圆柱齿轮的齿形。此直齿圆柱齿轮为当量齿轮，其齿数 z_v 称为当量齿数。实际齿数 z 与当量齿数 z_v 的关系为

$$z_v = \frac{z}{\cos^3\beta}$$

铣削斜齿轮时，应按当量齿数 z_v 选择齿轮铣刀的刀号。

第三节　其他类型铣床

一、立式升降台铣床

图4-11所示为立式升降台铣床。立式升降台铣床由床身1、底座7、立铣头2、主轴3、工作台4、升降台6及床鞍5等部件组成。床身1安装在底座7上，可根据加工需要在垂直面内调整角度的立铣头2安装在床身上，立铣头内的主轴3可以上下移动。可做纵向和横向运动的工作台4安装在升降台6上，升降台可做垂直运动。床鞍5及升降台6的结构和功能与卧式铣床基本相同，同样也适用于单件及成批生产。

二、龙门铣床

龙门铣床是一种大型高效的通用机床，常用于各类大型工件上的平面、沟槽等的粗铣、半精铣和精铣加工。

图4-12所示为龙门铣床。龙门铣床由横梁3、两个立式铣削主轴箱（立铣头）4和8、两个卧式铣削主轴箱（卧铣头）2和9、床身10、工作台1、顶梁6及两个立柱5和7等部件组成。床身10、顶梁6与立柱5和7使机床成框架结构，横梁3可以在立柱上升降，以适应工件的高度。四个铣削头均为一个独立的部件，内装主轴、主运动变速机构和操纵机构。工件安装在工作台1上，工作台可在床身10上做水平的纵向运动。立铣头4和8可在横梁上做水平的横向运动，卧铣头2和9可在立柱上升降。当工件从铣刀下通过后，工件就被加工出来。龙门铣床的生产率较高，适用于成批和大量生产中。

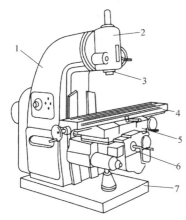

图4-11　立式升降台铣床
1—床身　2—立铣头　3—主轴　4—工作台
5—床鞍　6—升降台　7—底座

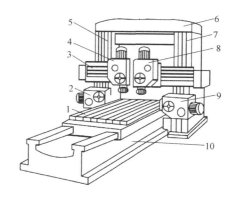

图4-12　龙门铣床
1—工作台　2、9—卧铣头　3—横梁　4、8—立铣头
5、7—立柱　6—顶梁　10—床身

思 考 题

1. 说明X6132型万能卧式升降台铣床主传动、进给传动的特点。
2. 为什么在X6132型万能卧式升降台铣床上要设置顺铣机构？试说明顺铣机构的工作原理。

3. 铣削加工的主要特点是什么？试分析主轴部件为适应这一特点在结构上采取了哪些措施。

4. 在铣床上使用 FW250 型万能分度头加工直齿圆柱齿轮，已知齿轮齿数如下，试选择分度方法，进行分度计算。

（1）$z = 35$；（2）$z = 26$；（3）$z = 83$；（4）$z = 200$；（5）$z = 249$。

5. 在 X6132 型万能卧式升降台铣床上用 FW250 型万能分度头铣削 $z = 32$，$m_n = 2$，$\beta = 28.7°$的右旋斜齿圆柱齿轮，试进行如下调整计算：

（1）计算零件导程。

（2）计算分度头交换齿轮。

（3）绘制工作台转动角度的示意图。

（4）分度头的分度计算。

（5）试说明利用分度头铣削螺旋槽时，要作哪些调整工作。

（6）使用 FW250 型万能分度头，在铣床上加工某圆盘上的 12 个槽，每个槽的间隔角度为 $11°6'$，试进行分度计算。

第五章 普通磨床

【能力目标】 了解磨床的分类及磨削加工工艺特点；认识外圆磨床的工作方法；掌握 M1432B 型万能外圆磨床的结构、运动及传动系统；了解其他类型磨床。

【内容简介】 磨削加工是一种历史悠久的加工方法，同时又是一种最有发展前途的加工方法。因为它既能加工普通材料又能加工超硬材料，既能作粗加工又能作精加工及超精加工。目前，磨削加工的公差等级可达 IT4 ~ IT7，表面粗糙度可达 $Ra0.01 ~ 1.25\mu m$，磨削加工对毛坯余量要求很小，特别适用于毛坯的模锻、模冲压和精密铸造等现代化生产方法中。现在有些工件可以从毛坯直接进行精磨加工。此外，磨削加工生产率高，容易实现生产过程自动化。因此磨削加工在机械制造工业中的地位日显重要。

【相关知识】

第一节 磨床分类及磨削加工工艺特点

磨床是用磨料磨具（如砂轮、砂带、油石、研磨料）为工具，对工件进行切削加工的机床。它们是由于精加工和硬表面加工的需要而发展起来的，目前也有少数应用于粗加工的高效磨床。磨床可以加工各种表面，如内外圆柱面、圆锥面、平面、渐开线齿廓面、螺旋面以及各种成形面等，还可以刃磨刀具和进行切断加工等，工艺范围非常广泛。

一、磨床分类

为了适应磨削各种加工表面、工件形状及生产批量的要求，磨床的种类很多，其中主要类型如下所述。

1. 外圆磨床

外圆磨床应用广泛，能加工各种圆柱形和圆锥形外表面以及轴肩端面。万能外圆磨床还带有内圆磨削附件，可以磨削内孔和锥度较大的内、外圆锥面。外圆磨床包括普通外圆磨床、万能外圆磨床、无心外圆磨床、数控外圆磨床等。

2. 内圆磨床

内圆磨床砂轮主轴转速较高，可以磨削圆柱、圆锥形内孔表面，普通内圆磨床主要用于单件和小批生产，在大批生产中可以使用半自动或自动内圆磨床。内圆磨床包括普通内圆磨床、无心内圆磨床、行星式内圆磨床、数控内圆磨床等。

3. 平面磨床

平面磨床一般用于加工平面，通常将工件通过电磁力固定在电磁工作台上，然后用砂轮圆周或者端面磨削零件上的平整表面。平面磨床包括普通平面磨床、精密平面磨床、卧轴矩台平面磨床、立轴矩台平面磨床、卧轴圆台平面磨床、立轴圆台平面磨床等。

4. 工具磨床

工具磨床专用于工具制造和刀具刃磨，多用于工具制造厂及机械制造厂的工具车间。工具磨床包括普通工具磨床、万能工具磨床、数控工具磨床、工具曲线磨床、钻头沟槽磨床。

5. 各种专门化磨床

专门用于磨削某一类零件的磨床，如曲轴磨床、凸轮轴磨床、花键轴磨床、叶片磨床、活塞环磨床、齿轮磨床和螺纹磨床等。

6. 其他磨床

包括珩磨机、抛光机、超精加工机床、砂带磨床、研磨机和砂轮机等。

二、磨削加工的特点

1. 精度高、表面粗糙度值小

由于砂轮具有极多切削刃，且切削刃的圆弧半径小，加工时实际上是多刃微量切削。同时，磨床精度、刚性和稳定性都较好，磨削时切削速度高，因此可以达到高的精度和小的表面粗糙度值。在一般磨削加工中，公差等级可达到 IT5 ~ IT7，表面粗糙度值可达 $Ra0.32 ~ 1.25\mu m$；在超精磨削和镜面磨削中，表面粗糙度值可分别达到 $Ra0.04 ~ 0.08\mu m$ 和 $Ra0.01\mu m$。

2. 砂轮具有自锐作用

砂轮在磨削过程中，磨粒在高速、高温和高压作用下逐渐磨损变得圆钝，切削力下降，作用在磨粒上的外力增大，该力超过磨粒的强度极限时，磨粒破碎，产生新的较锋利的棱角，露出一层新鲜锋利的磨粒继续磨削，这就是砂轮的自锐作用。由于砂轮的自锐作用，可以不必在加工中更换刀具，节约辅助加工时间。同时，砂轮可以始终维持锋利的切削刃进行切削，以提高加工质量和效率。

3. 背向磨削力大

砂轮磨削时，背向磨削力大于磨削力 F_c，而且材料塑性越小，其值越大。由于背向磨削力作用在由机床、夹具、工件和刀具组成的工艺系统刚度最差的方向上，因此容易使工艺系统产生变形，影响零件加工精度。上述砂轮磨削力分析如图 5-1 所示。

由于工艺系统的变形，在磨削细长零件时，工件弯曲将导致零件产生鼓形误差，如图 5-2 所示；同时，由于变形后实际背吃刀量比要求值小，所以磨削加工时，最后需要少进刀或不进刀，光磨走几次以消除由于变形产生的误差。

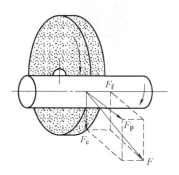

图 5-1　砂轮磨削力分析

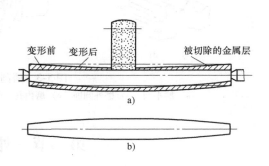

图 5-2　磨削加工误差分析

4. 磨削温度高

磨削的切削速度是普通切削的 10 ~ 20 倍，且磨削过程中挤压和摩擦严重，产生的切削热较多，加之砂轮传热性能差，因此磨削温度高。高的磨削温度容易烧伤工件表面，使淬火钢表面退火，硬度降低。同时，高温下工件变软易堵塞砂轮，影响工件表面质量。

在磨削加工时，应使用大量磨削液，除了冷却和润滑作用外，还可以冲洗砂轮，防止堵塞。磨削钢件时，广泛使用苏打水或乳化液作为磨削液。

三、磨削加工的应用

之前磨削一般常用于半精加工和精加工，随着机械制造技术的发展，磨床、砂轮、磨削工艺和冷却技术等都有了较大的改进，磨削已能经济地、高效地切除大量金属。又由于日益广泛地采用精密铸造、模锻、精密冷拔等先进的毛坯制造工艺，毛坯的加工余量较小，可不经车削、铣削等粗加工，直接利用磨削加工，达到较高的精度和表面质量要求。因此，磨削加工获得了越来越广泛的应用和迅速的发展，目前，在工业发达国家中磨床占机床总数的30% ~40%。

磨削可以加工的零件材料范围广泛，既可以加工铸铁、碳钢、合金钢等一般结构材料，又能够加工高硬度的淬硬钢、硬质合金、陶瓷和玻璃等难切削的材料。但是，磨削不宜精加工塑性较大的有色金属材料。

磨削可以加工外圆面、内孔、平面、成形面、螺纹、齿轮齿形等各种各样的表面，如图5-3 所示，还常用于各种刀具的刃磨。

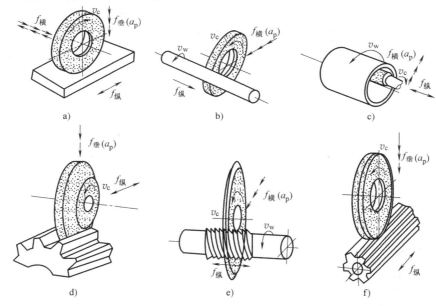

图 5-3　磨削加工的范围

a）磨平面　b）磨外圆面　c）磨内孔　d）磨齿轮齿形　e）磨螺纹　f）磨花键

第二节　外 圆 磨 床

一、外圆磨床的工作方法

外圆磨床主要用于磨削外圆柱面和圆锥面，基本的磨削方法有两种：纵磨法和切入磨法。纵磨时（图5-4a），砂轮旋转做主运动（n_t），进给运动有：工件旋转做圆周进给运动（n_w），工件沿其轴线往复移动做纵向进给运动（f_a），在工件每一纵向行程或往复行程终了时，砂轮周期地做一次横向进给运动（f_r），全部余量在多次往复行程中逐步磨去。切入磨时（图5-4b），工件只做圆周进给运动（n_w），而无纵向进给运动，砂轮则连续地做横向进给运动（f_r），直到磨去全部余量，达到所要求的尺寸为止。在某些外圆磨床上，还可用砂轮端面磨削工件的台阶面（图5-4c），磨削时工件转动（n_w），并沿其轴线缓慢移动（f_a），以完成进给运动。

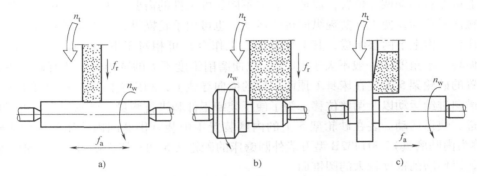

图5-4　外圆磨床的磨削方法

a）纵磨　b）切入磨　c）用砂轮端面磨削工件的台阶面

n_t—砂轮旋转速度　n_w—工件旋转速度　f_a—工件纵向进给量　f_r—砂轮横向进给量

　　外圆磨床的主要类型有普通外圆磨床、万能外圆磨床、无心外圆磨床、宽砂轮外圆磨床和端面外圆磨床等。

二、M1432B 型万能外圆磨床

　　图5-5 所示为 M1432B 型万能外圆磨床，它属于普通精度级机床，磨削加工公差等级可

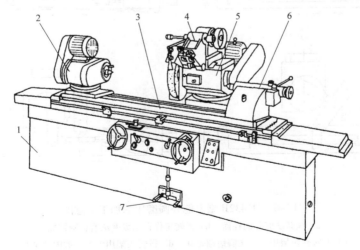

图5-5　M1432B 型万能外圆磨床

1—床身　2—头架　3—工作台　4—内磨装置　5—砂轮架　6—尾座　7—脚踏操纵板

达 IT6～IT7 级。它主要用于磨削内外圆柱面、内外圆锥面、阶梯轴及端面等。这种机床的万能性较大，自动化程度较低，磨削效率不高，适用于工具车间、机修车间、小批量生产的车间。

1. 机床的组成

M1432B 型万能外圆磨床的组成如图 5-5 所示。在床身 1 顶面前部的纵向导轨上装有工作台 3，工作台台面上装有头架 2 和尾座 6。被加工工件支承在头架和尾座的顶尖上，或夹持在头架主轴上的卡盘中，由头架上的传动装置带动旋转，实现圆周进给运动。尾座 6 在工作台 3 上可左右移动调整位置，以适应装夹不同长度工件的需要。工作台 3 由液压传动沿床身 1 导轨往复移动，使工件实现纵向进给运动，也可用手轮操纵，做手动进给或调整纵向位置。工作台 3 由上下两层组成，其上部（即上工作台）可相对于下部（即下工作台）在水平面内偏转一定角度（一般不大于 10°），以便磨削锥度不大的圆锥面。装有砂轮主轴及其传动装置的砂轮架 5 安装在床身 1 顶面后部的横向导轨上，利用横向进给机构可实现周期或连续的横向进给运动以及调整位移。为了便于装卸工件和进行测量，砂轮架 5 还可以做定距离的快进、快退运动。装在砂轮架 5 上的内磨装置 4 中装有供磨削内孔用的砂轮主轴部件（通常称为内圆磨具）。M1432B 型万能外圆磨床的砂轮架 5 和头架 2 都可绕垂直轴线转动一定角度，以便磨削锥度较大的圆锥面。

2. 机床的运动

图 5-6 所示为 M1432B 型万能外圆磨床的加工示意图。由图可知，为了实现磨削加工，机床应具有以下运动：砂轮旋转主运动、工件圆周进给运动、工件（工作台）纵向进给运动和砂轮横向进给运动。机床的传动原理如图 5-7 所示。

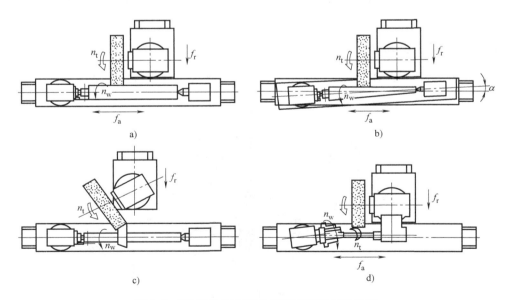

图 5-6 M1432B 型万能外圆磨床的加工示意图

a）纵磨法磨外圆柱面 b）扳转工作台用纵磨法磨长圆锥面
c）扳转砂轮架用切入法磨短圆锥面 d）扳转头架用纵磨法磨内圆锥面

（1）砂轮旋转主运动 n_t（r/min） 这是磨削加工的主运动，转速较高。通常由电动机通过 V 带直接带动砂轮主轴旋转。由于采用不同的砂轮磨削不同材料的工件时，磨削速度的变化范围不大，故主运动一般不变速。但当砂轮直径因修整而减少较多时，为了获得所需的磨削速度，可采用更换带轮变速。目前有些外圆磨床的砂轮主轴采用直流电动机驱动，可以无级调速，以保证砂轮直径变小时始终保持合理的磨削速度，实现所谓的恒速磨削。

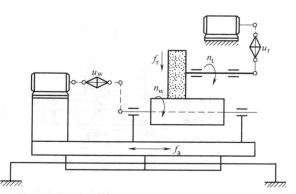

图 5-7　M1432B 型万能外圆磨床的传动原理图

（2）工件圆周进给运动 n_w（r/min）　转速较低，通常由单速或多速异步电动机经塔轮变速机构传动，也可用电气或机械无级变速装置传动。

（3）工件纵向进给运动 f_a（mm/min）　通常采用液压传动，以保证运动的平稳性，并便于实现无级调速和往复运动循环的自动化。

（4）砂轮周期或连续横向进给运动 f_r（mm/工作行程或 mm/往复行程或 mm/min）　由横向进给机构用手动或液压实现进给运动。

此外，机床还有两个辅助运动：砂轮架横向快速进退和尾架套筒缩回，以便装卸工件。这两个运动通常都由液压传动来完成。

三、其他类型外圆磨床

1. 普通外圆磨床和半自动宽砂轮外圆磨床

（1）普通外圆磨床　普通外圆磨床的结构与万能外圆磨床基本相同，不同的是：①头架和砂轮架不能绕轴心在水平面内调整角度位置。②头架主轴直接固定在箱体上不能转动，工件只能用顶尖支承进行磨削。③不配置内圆磨头装置。因此，普通外圆磨床工艺范围较窄，只能磨削外圆柱面和锥度较小的外圆锥面。但由于主要部件的结构层次少、刚性好，且可采用较大的磨削用量，因此生产率较高，同时也易于保证磨削质量。

（2）半自动宽砂轮外圆磨床　半自动宽砂轮外圆磨床的结构与普通外圆磨床类似，但其具有更好的结构和刚度。它采用大功率电动机驱动宽度很大的砂轮，按切入磨法工作。为了使砂轮磨损均匀和获得小的表面粗糙度值，某些宽砂轮外圆磨床的工作台或砂轮主轴可做短距离的往复抖动运动。这种磨床常配备有自动测量仪以控制磨削尺寸，按半自动循环进行工作，进一步提高了自动化程度和生产率。但由于磨削力和磨削热量大，工件容易变形，所以加工精度和表面粗糙度比普通外圆磨床差些，主要适用于成批和大量生产中磨削刚度较好的工件，如汽车和拖拉机的驱动轴、电动机转子轴和机床主轴等。

2. 端面外圆磨床

端面外圆磨床的主要特点是砂轮主轴轴线相对于头架、尾座顶尖中心连线倾斜一定角度（如 MB1632 型半自动端面外圆磨床为 26°36′）。端面外圆磨床的磨削原理如图 5-8 所示，砂轮架沿斜向进给（图 5-8a），且砂轮装在主轴右端，以避免砂轮架与尾座和工件相碰。这种磨床以切入磨法同时磨削工件的外圆和台阶端面，通常按半自动循环进行工作，由定程装置

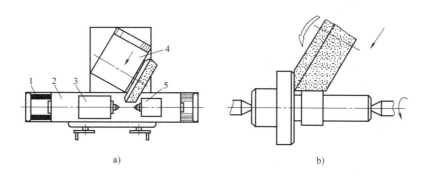

图 5-8　端面外圆磨床的磨削原理

a）砂轮架沿斜向进给　b）砂轮锥面磨削台阶端面

1—床身　2—工作台　3—头架　4—砂轮架　5—尾座

或自动测量仪控制工件尺寸，生产率较高，且台阶端面由砂轮锥面进行磨削（图 5-8b），砂轮和工件的接触面积较小，能保证较高的加工质量。这种磨床主要用于大批量生产中磨削带有台阶的轴类和盘类零件。

3. 无心外圆磨床

无心外圆磨床的工作原理如图 5-9a 所示。磨削时，工件不是支承在顶尖上或夹持在卡盘中，而是直接放在砂轮 1 和导轮 3 之间，由拖板 2 和导轮 3 支承，工件 4 被磨削外圆表面本身就是定位基准面。磨削时工件在磨削力以及导轮和工件间摩擦力作用下带动旋转，实现

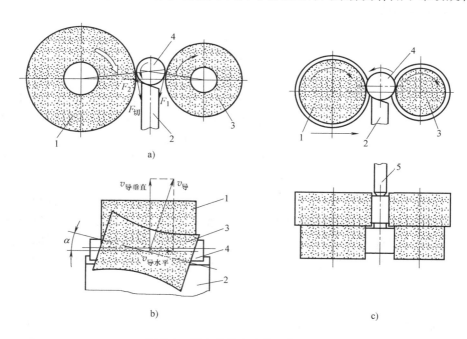

图 5-9　无心外圆磨床的工作原理

a）工作原理　b）纵磨法　c）横磨法

1—砂轮　2—拖板　3—导轮　4—工件　5—挡块

圆周进给运动。导轮是摩擦系数较大的树脂或橡胶结合剂砂轮，其线速度在 10～50m/min 之间；工件的线速度基本上等于导轮的线速度。磨削砂轮采用一般的外圆磨砂轮，通常不变速，线速度很高，一般为 35m/s 左右，所以在磨削砂轮与工件之间有很大的相对速度，这就是磨削工件的切削速度。无心磨削时，工件的中心必须高于导轮和砂轮的中心连线（高出的距离一般为 $(0.15～0.25)d$（d 为工件直径），使工件与砂轮和导轮间的接触点不在工件的同一直径线上，从而使工件在多次转动中逐渐被磨圆。

无心磨床有纵磨法和横磨法两种磨削方法。

（1）纵磨法（图 5-9b） 纵磨法是将工件 4 从机床前面放到导板上，推入磨削区；由于导轮 3 在垂直平面内倾斜 α，导轮 3 与工件 4 接触处的线速度 $v_导$，可分解为水平和垂直两个方向的分速度 $v_{导水平}$ 和 $v_{导垂直}$，$v_{导垂直}$ 控制工件 4 的圆周进给运动，$v_{导水平}$ 使工件 4 做纵向进给运动。所以，工件进入磨削区后，便既做旋转运动，又做轴向移动，穿过磨削区，从机床后面出去，完成一次走刀。磨削时，工件一个接一个地通过磨削区，加工是连续进行的。为了保证导轮和工件间为直线接触，导轮的形状应修整成回转双曲面。这种磨削方法适用于不带台阶的圆柱形工件。

（2）横磨法（图 5-9c） 横磨法是先将工件 4 放在拖板 2 和导轮 3 上，然后由工件 4（连同导轮 3）或砂轮做横向进给运动。此时导轮 3 的中心线仅倾斜微小的角度（约 30′），以便对工件产生一个不大的轴向推力，使之靠住挡块 5，得到可靠的轴向定位。此法适用于具有阶梯或成形回转表面的工件。

图 5-10 所示的无心外圆磨床是目前生产中使用最普遍的无心外圆磨床。砂轮架 3 固定在床身 1 的左边，装在其上的砂轮主轴通常是不变速的，由装在床身 1 内的电动机经传动带直接传动。导轮架装在床身 1 右边的拖板 9 上，它由转动体 5 和座架 6 两部分组成。转动体 5 可在垂直平面内相对座架 6 转位，以使装在其上的导轮主轴根据加工需要对水平线偏转一个角度。导轮可有级或无级变速，它的传动装置装在座架 6 内。在砂轮架 3 左上方以及导轮架转动体的上面，分别装有砂轮修整器 2 和导轮修整器 4。在拖板 9 的左端装有工件座架

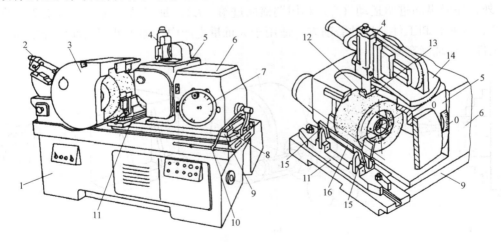

图 5-10 无心外圆磨床

1—床身 2—砂轮修整器 3—砂轮架 4—导轮修整器 5—转动体 6—座架 7—微量进给手轮 8—回转底座
9、16—拖板 10—快速进给手柄 11—工件座架 12—直尺 13—金刚石 14—底座 15—导板

11，其上装着支承工件用的拖板 16，以及使工件在进入与离开磨削区时保持正确运动方向的导板 15。利用快速进给手柄 10 或微量进给手轮 7，可使导轮沿拖板 9 上导轨移动（此时拖板 9 被锁紧在回转底座 8 上），以调整导轮和拖板间的相对位置；或者使导轮架、工件座架同拖板 9 一起，沿回转底座 8 上的导轮移动（此时导轮架被锁紧在拖板 9 上），实现横向进给运动。回转底座 8 可在水平面内扳转角度，以便磨削锥度不大的圆锥面。

修整导轮时，将导轮修整器 4 的底座 14 相对导轮转动体 5 偏转一角度（应等于或略小于导轮在垂直平面内倾斜的角度），并移动直尺 12，使金刚石 13 的尖端偏离导轮轴线一距离（应等于或略小于工件与导轮接触线在两轮中心连线上的高度），使金刚石尖端的移动轨迹与工件在导轮上的接触线相吻合。

第三节　其他类型磨床

一、内圆磨床

内圆磨床用于磨削各种圆柱孔（通孔、不通孔、阶梯孔和断续表面的孔等）和圆锥孔，其磨削方法有下列几种。

1. 普通内圆磨削

普通内圆磨削如图 5-11a 所示。工件 4 用卡盘或其他夹具装夹在机床主轴上，由主轴带动其旋转做圆周进给运动（n_w），砂轮高速旋转，实现主运动（n_t），同时砂轮或工件 4 往复移动做纵向进给运动（f_a），在每次（或 n 次）往复行程后，砂轮或工件 4 做一次横向进给运动（f_r）。这种磨削方法适用于形状规则，便于旋转的工件。

2. 无心内圆磨削

无心内圆磨削如图 5-11b 所示。工件 4 支承在滚轮 1 和导轮 3 上，压紧轮 2 使工件 4 紧靠导轮 3，工件 4 即由导轮 3 带动旋转，实现圆周进给运动（n_w）。砂轮除了完成主运动（n_t）外，还做纵向进给运动（f_a）和周期横向进给（f_r）。加工结束时，压紧轮 2 沿箭头方向摆开，以便装卸工件。这种磨削方式适用于大批量生产中，加工外圆表面已经精加工过的薄壁工件，如轴承套圈等。

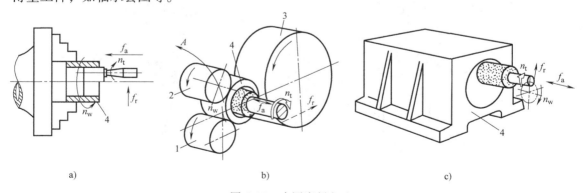

图 5-11　内圆磨削方法

a）普通内圆磨削　b）无心内圆磨削　c）行星内圆磨削

1—滚轮　2—压紧轮　3—导轮　4—工件

3. 行星内圆磨削

行星内圆磨削如图 5-11c 所示。工件固定不转，砂轮除了绕其自身轴线高速旋转实现主运动（n_t）外，同时还绕被磨内孔的轴线做公转运动，以完成圆周进给运动（n_w），纵向往复运动（f_a）由砂轮或工件完成。周期地改变砂轮与被磨内孔轴线间的偏心距，即增大砂轮公转运动的旋转半径，可实现横向进给运动（f_r）。这种磨削方式适用于磨削大型或形状不对称、不便于旋转的工件。

内圆磨床有普通内圆磨床、无心内圆磨床和行星内圆磨床等多种类型，用于磨削圆柱孔和圆锥孔。按自动化程度分，有普通、半自动和全自动内圆磨床三类。一般机械制造厂中以普通内圆磨床应用最普遍。磨削时，根据工件形状和尺寸不同，可采用纵磨法或切入磨法（图 5-12a、b）。有些普通内圆磨床上备有专门的端磨装置，可在工件一次装夹中磨削内孔和端面（图 5-12c、d），这样不仅易于保证内孔和端面的垂直度，而且生产率较高。

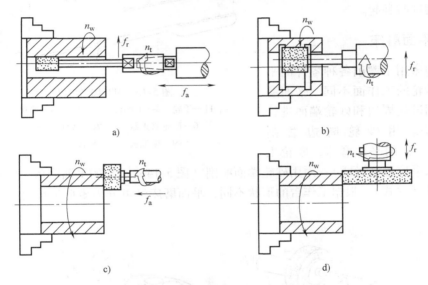

图 5-12　普通内圆磨床的磨削方法

图 5-13 所示为 M2110 型内圆磨床。它由床身 12、工作台 2、头架 5、内圆磨具 7 和砂轮修正器 6 等组成。

头架通过底板固定在工作台左端。头架主轴的前端装有卡盘或其他夹具，以夹持并带动工件旋转实现圆周进给运动。头架可相对于底板绕垂直轴线转动一定角度，以便磨削圆锥孔。底板可沿着工作台台面上的纵向导轨调整位置，以适应磨削各种不同工件的需要。磨削时，工作台由液压传动，沿床身纵向导轨做直线往复运动（由撞块 4 自动控制换向），使工件实现纵向进给运动。装卸工件或磨削过程中测量工件尺寸时，工作台需向左退出较大距离。为了缩短辅助时间，当工件退离砂轮一段距离后，安装在工作台前侧的挡块，可自动控制油路转换为快速行程，使工作台很快地退至左边极限位置。重新开始工作时，工作台先是快速向右，而后自动转换为进给速度。另外，工作台也可用手轮 1 传动。

内圆磨具安装在磨具座 8 中，其结构与 M1432B 型外圆磨床的内圆磨具相似。本机床设备有两套转速不同的内圆磨具（11000r/min 和 18000r/min），可根据磨削孔径的大小进行调换。砂轮主轴由电动机通过平胶带直接传动，实现内圆磨削的主运动。磨具座 8 固定在横拖

板 9 上，后者可沿固定于床身 12 上
的桥板 10 上的导轨移动，使砂轮实
现横向进给运动。砂轮的横向进给有
手动和自动两种，手动进给由手轮 11
实现，自动进给由固定在工作台 2 上
的撞块 4 操纵横向进给机构实现。

砂轮修正器 6 是修整砂轮用的，
它安装在工作台 2 中部的台面上，根
据需要可调整其纵向和横向位置。砂
轮修正器上的金刚石杆可随着砂轮修
正器的回旋头上下翻转，即修整砂轮
时放下，磨削时翻起。

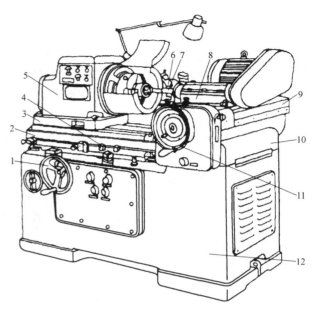

图 5-13　M2110 型内圆磨床
1、11—手轮　2—工作台　3—底板　4—撞块　5—头架
6—砂轮修正器　7—内圆磨具　8—磨具座
9—横拖板　10—桥板　12—床身

二、平面磨床

平面磨床用于磨削各种零件的平
面。根据砂轮的工作面不同，平面磨
床可分为用砂轮周边和砂轮端面进行
磨削两类。用砂轮周边磨削
（图 5-14a、b）的平面磨床，砂轮主
轴常处于水平位置（卧式）；而用砂轮端面磨削（图 5-14c、d）的平面磨床，砂轮主轴常处
于垂直位置（立式）。根据工作台的形状不同，平面磨床又可分为矩形工作台和圆形工作台

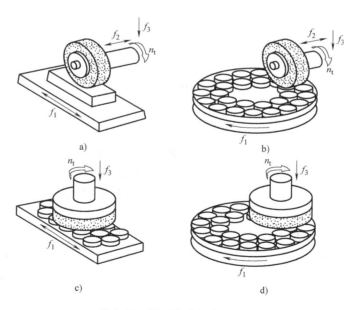

图 5-14　平面磨床的磨削方法
a）周边磨削：工件往复运动　b）周边磨削：工件圆周进给
c）端面磨削：工件往复运动　d）断面磨削：工件圆周进给

两类。所以，根据磨削方法和机床布局的不同，平面磨床主要有下列四种类型：卧轴矩台平面磨床、卧轴圆台平面磨床、立轴矩台平面磨床和立轴圆台平面磨床。其中，卧轴矩台平面磨床和立轴圆台平面磨床最为常见。

在上述四类平面磨床中，用砂轮端面磨削的平面磨床与用周边磨削的平面磨床相比较，由于端面磨削的砂轮直径往往比较大，能一次磨出工件的全宽，磨削面积较大，所以生产率较高，但端面磨削时砂轮和工件表面是成弧形线或面接触，接触面积大，冷却困难，且切屑不易排除，所以加工精度较低，表面粗糙度值较大；而用砂轮周边磨削，由于砂轮和工件接触面较小，发热量少，冷却和排屑条件较好，可获得较高的加工精度和较小的表面粗糙度值。另外，采用卧轴矩台的布局形式时，工艺范围较广，除了用砂轮周边磨削水平面外，还可用砂轮的端面磨削沟槽和台阶等的垂直侧平面。

圆台平面磨床与矩台平面磨床相比，圆台平面磨床生产率稍高些，这是由于圆台平面磨床是连续进给，而矩台平面磨床有换向时间损失。但是圆台平面磨床只适于磨削小零件和大直径的环形零件端面，不能磨削窄长零件，而矩台平面磨床可方便地磨削各类零件，包括直径小于矩台宽度的环形零件。

图 5-15 所示为最常见的两种卧轴矩台平面磨床的布局形式。图 5-15a 所示为砂轮架移动式，工作台只做纵向往复运动，而由砂轮架沿床鞍上的燕尾导轨移动来实现周期的横向进给运动；床鞍和砂轮架一起可沿立柱导轨移动，做周期的垂直进给运动。图 5-15b 所示为十字导轨式，工作台装在床鞍上，它除了做纵向往复运动外，还随床鞍一起沿床身导轨做周期的横向进给运动，而砂轮架只做垂直周期进给运动。这类平面磨床工作台的纵向往复运动和砂轮架的横向周期进给运动，一般都采用液压传动。砂轮架的垂直进给运动通常是手动的。为了减轻工人的劳动强度和节省辅助时间，有些机床具有快速升降机构，用以实现砂轮架的快速机动调位运动。砂轮主轴采用内连电动机直接传动。

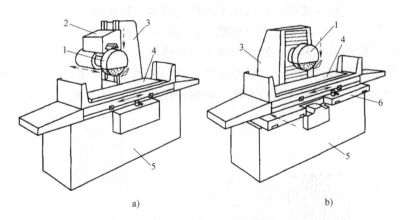

a)   b)

图 5-15 卧轴矩台平面磨床

1—砂轮架 2、6—床鞍 3—立柱 4—工作台 5—床身

图 5-16 所示为立轴圆台平面磨床。圆形工作台装在床鞍上，它除了做旋转运动实现圆周进给外，还可以随同床鞍一起，沿床身导轨纵向快速退离或趋近砂轮，以便装卸工件。砂轮的垂直周期进给，通常由砂轮架沿立柱导轨移动来实现，但也有采用移动装在砂轮架体壳中的主轴套筒来实现。砂轮架还可做垂直快速调位运动，以适应磨削不同高度工件的需要。

以上这些运动，都由单独电动机经机械传动装置传动。这类磨床的砂轮主轴轴线位置，可根据加工要求进行微量调整，使砂轮端面和工作台台面平行或倾斜一个微小的角度（一般小于10′）。粗磨时，常采用较大的磨削用量以提高磨削效率，为避免发热量过大而使工件产生热变形和表面烧伤，需将砂轮端面倾斜一些，以减少砂轮与工件的接触面积。精磨时，为了保证磨削表面的平面度与平行度，需使砂轮端面与工作台台面平行或倾斜一极小的角度。此外，磨削内凹或内凸的工作表面时，也需使砂轮端面在相应方向倾斜。砂轮主轴轴线位置可通过砂轮架相对立柱或立柱相对于床身底座偏斜一个角度来调整。

图 5-16　立轴圆台平面磨床
1—砂轮架　2—立柱　3—床身
4—工作台　5—床鞍

三、螺纹磨床

螺纹磨床是用砂轮来磨削螺纹的精密机床。它用于淬硬精密螺纹的精加工，如传动丝杠（特别是滚珠丝杠和螺母），用作测量基准的丝杠或螺杆以及丝锥、螺纹梳刀、螺纹滚子、螺纹量规等精密螺纹工具。对于螺距不大的精密螺纹，也可直接在工件毛坯上磨出螺纹。磨削螺纹的方法有两种：单线砂轮磨削和多线砂轮磨削。磨削时，机床的运动与螺纹铣床相似，所不同的是，纵向运动通常由工件来完成（图 5-17）。单线砂轮磨削的加工精度较高，砂轮修整简单，且通用性好，适于对较长的螺纹工件进行精加工。多线砂轮磨削的生产率高，但砂轮修整复杂，加工精度较低，适于加工批量大而长度较短的工件。

螺纹磨床的主要类型有万能螺纹磨床、丝杠磨床和内螺纹磨床等。生产中以万能螺纹磨床应用最普遍，它可用于磨削内外圆柱形螺纹、圆锥螺纹、蜗杆、环形沟槽、铲磨丝锥和小模数滚刀等；可用单线砂轮磨削，也可用多线砂轮磨削。这种螺纹磨床的总布局类似于万能外圆磨床，但工作台的纵向运动是由丝杠螺母机构传动，头架主轴与工作台之间由传动链联系，使两者保持严格的运动关系。砂轮架除了可做横向切入进给和调整位移外，铲磨刀具齿背时，还可做横向往复直线运动——铲磨运动。这一运动与头架主轴的旋转运动之间，也应保持确定的运动关系，即头架主轴转一转，砂轮架往复 z 次，z 为被铲磨刀具的齿数。

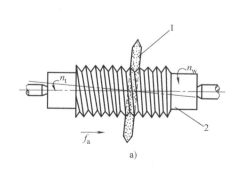
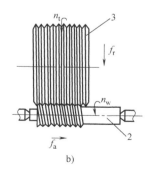

图 5-17　磨削螺纹
a）单线砂轮磨螺纹　b）多线砂轮磨螺纹
1—单线砂轮　2—工件　3—多线砂轮

四、工具磨床

工具磨床用于磨削批量大或有特殊要求的工具（主要是刀具），包括专用工具磨床和专门化工具磨床，如钻头沟槽磨床、钻头刃背磨床、丝锥沟机槽磨床、丝锥铲销磨床、丝锥方尾磨床、圆板牙铲磨床、锉刀磨床、可转位刀片双端面研磨机等。工具磨床主要适用于工具制造工厂，在大批量生产中应用，生产率高，自动化程度高。

图 5-18 所示为万能工具磨床示意图，可在相互垂直的三个方向进刀；有手动、半自动和全自动三种，床身有干磨型和湿磨型两种。工作台快慢速采用行星减速机构。导轨有滚珠和滚柱两种。适用于刃磨各种刀具。

图 5-19 所示为刀具磨削中心示意图，6 轴控制，采用特殊磨头对复杂刀具连续加工，一次装夹可完成多工序加工。有自动换砂轮机构，磨头安装在转塔上，有两个独立磨头主轴，可安装 3 组砂轮。X 轴为工作台纵向移动，A 轴为主轴回转，X、A 轴联动磨直槽、螺旋槽和后角；X、Y、Z 轴联动磨圆锥面、球面及异形刀具；X、Y、Z、A 轴联动磨螺旋槽刀具的端面多刃前角；Y、Z、A、B 轴联动磨多刃球头、阶梯、成形刀具；B_1 轴用于实现工件一次装夹，用多片不同砂轮磨削加工。

刀具磨削中心适用于磨削直槽、螺旋槽刀具。

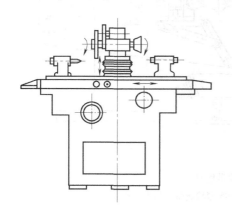

图 5-18　万能工具磨床示意图

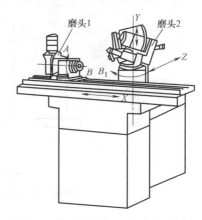

图 5-19　刀具磨削中心示意图

五、砂带磨床

砂带磨床是根据工件形状以相应的接触方式，用高速运动的砂带对工件表面进行磨削和抛光的机床。由于砂带长度和宽度比砂轮大得多，砂带宽度不受限制（10～5000mm），采用强力结合剂、高性能的布面基、静电植砂，每颗磨粒均参加磨削，因此砂带磨床已发展成高效、精加工设备。

砂带磨床的特点是：摩擦发热少，磨粒散热时间间隔长，能有效地减少工件变形烧伤，加工精度一般可达到普通砂轮磨床的加工精度，有的尺寸精度已达到 ±5μm，最高可达 1.2μm，平面度公差达 1μm，表面粗糙度可达 Ra0.2～0.5μm。

砂带磨床一般分为平面砂带磨床、外圆砂带磨床、内圆砂带磨床、宽砂带磨床和砂带研磨机等。

图 5-20 所示为平面及万能砂带磨床。按砂带宽度分成不同的规格，宽砂带磨床砂带宽度超过 1m，最宽可达 5m，而一般砂带宽度为 1m 或小于 1m。图 5-20a 所示为 2M95 型输送带式砂带磨床，可完成平面、圆弧及不规则形状零件表面的磨削、抛光加工，抛光后表面粗糙度为 $Ra0.8 \sim 3.2\mu m$。图 5-20b 所示为 2MA595 型输送带式砂带磨床，只是增加了一个压紧轮和一个支承轮，不仅可直接接触磨削抛光，也可用接触轮与支承轮之间的柔性部分进行磨削加工，常用于汽轮机叶片的磨抛加工。

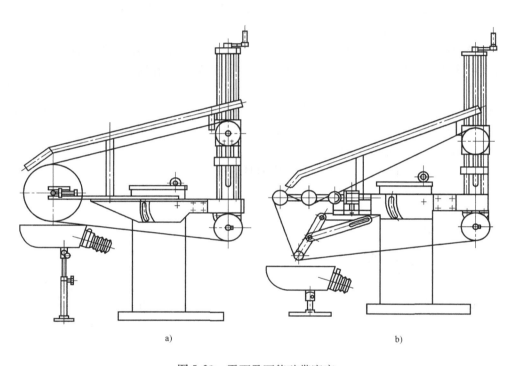

a)   b)

图 5-20 平面及万能砂带磨床
a) 2M95 型输送带式砂带磨床 b) 2MA595 型输送带式砂带磨床

外圆砂带磨床分两大类，一类是定心外圆砂带磨床，可在卧式车床上加装万能砂带磨削装置组成；另一类是无心外圆砂带磨床。图 5-21 所示为一种振动式（摇动式）外圆砂带磨床，这是一种卷收开卷式砂带磨床，砂带卷在送出轴 5 上，经张紧轮 4 到储气筒 3 支承的接触轮 2，与工件 1 相接触，再经张紧轮 4 卷回到卷进轴 6，接触轮 2 做横向摇头。磨削、抛光表面粗糙度的值较高，工效较高。

砂带研磨机可研抛外圆、平面、曲面等，图 5-22a 所示为开式砂带研磨机的工作原理图，工件做摇动加压进给，工件由压模块支承，开式研磨粉带由工件与压模块中间通过。图 5-22b 所示为复

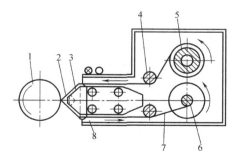

图 5-21 振动式（摇动式）外圆砂带磨床
1—工件 2—接触轮 3—储气筒 4—张紧轮
5—送出轴 6—卷进轴 7—砂带 8—摇动头

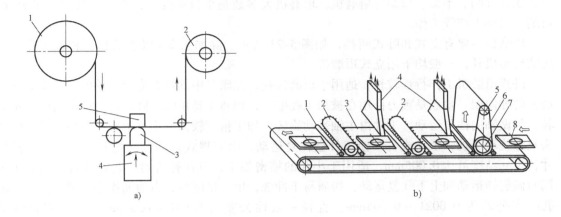

图 5-22　砂带研磨机

a）开式砂带研磨机

1—研磨微粉带送出轴　2—研磨微粉卷进轴　3—工件　4—摇摆加压机构　5—压模块

b）复合砂带—钢丝刷研磨机

1—加紧辊　2—磨刷　3—传送带　4—除尘罩　5—张紧轮　6—沙带　7—接触轮（软件控制）　8—工件

合砂带—钢丝刷研磨机，机床同时进行毛刺和光整加工。借助传送带可研抛薄型工件，如铝和不锈钢件的装饰研抛。

六、珩磨机

珩磨机是利用珩磨头对工件进行表面精加工的机床。主要用在汽车、拖拉机、液压件、轴承和航空等制造业中，珩磨套件、筒件、箱体件的通孔、不通孔或间断孔。除内圆珩磨机

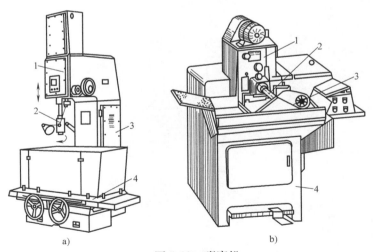

图 5-23　珩磨机

a）立式珩磨机

1—主轴箱　2—珩磨头　3—立柱　4—工作台

b）卧式珩磨机

1—主轴箱　2—珩磨头　3—工作台　4—底座

外，还有外圆、平面、球面等珩磨机。珩磨机大多数是半自动的，并常带有自动测量装置，可纳入自动生产线工作。

珩磨机主要有立式和卧式两种，如图 5-23 所示。除加工 2m 以上的长孔和较小孔采用卧式珩磨机外，一般均采用立式珩磨机。

卧式珩磨机工作行程较长，适用于珩磨深孔，在床身中部设有支承多件的中心架和支承磨杆的导向架，缺点是重力作用在被加工孔壁上，切屑不易排除。卧式珩磨机的珩磨头不旋转，只做轴向往复运动，工件由主轴带动旋转，加工精度较高。小型珩磨机采用卧式，珩磨头只做旋转运动，手动或机动使工件做往复运动，由塞规式自动尺寸控制装置保证工件尺寸，尺寸精度可达 0.005mm，适用于小孔的精密加工，可代替研磨。立式珩磨机珩磨头可同时做旋转运动和上下往复运动，切屑易于冲洗，珩磨精度高，占地面积小，便于操作，珩孔圆度公差为 0.0021 ~ 0.005mm，直径一致性公差为 0.001 ~ 0.01mm，表面粗糙度为 $Ra0.02 ~ 0.4\mu m$。

思 考 题

1. 简述磨床的种类及其工艺范围。

2. 在万能外圆磨床上磨削圆锥面有哪几种方法？各适用于什么场合？机床应如何调整？

3. 在万能外圆磨床上磨削内、外圆时，工件有哪几种装夹方法？采用不同装夹方法时，头架的调整状况有何不同？工件又是如何获得圆周进给运动的？

4. 以万能外圆磨床为例，说明为保证加工质量（尺寸精度、形状精度和表面粗糙度），机床在传动和结构方面采取了哪些措施。

5. 试说明无心外圆磨床的加工精度和生产率为什么比普通外圆磨床高。

6. 内圆磨床的加工方法有哪几种？可进行哪几种表面的加工？

7. 试分析卧轴矩台平面磨床与立轴圆台平面磨床在磨削方法、加工质量以及生产率等方面有何不同。它们的适用范围如何？

第六章 齿轮加工机床

【能力目标】 了解齿轮加工的方法、分类，齿轮加工机床的类型；了解滚齿机的滚齿原理，掌握滚切直齿和斜齿圆柱齿面的运动、传动原理和传动链分析；了解 Y3150E 型滚齿机的工作原理、传动系统分析及调整；了解其他齿轮加工机床。

【内容简介】 齿轮是现代机器和仪器中最常用的传动件，它具有传动比准确、传动力大、效率高、结构紧凑、可靠、耐用等优点，在各种工业部门中得到了广泛的应用。用于加工齿轮轮齿表面的机床，称为齿轮加工机床。一般齿轮轮齿的加工，按加工方法的不同，大体分为两种，即成形法和展成法。

齿轮加工机床的种类很多，大致可分为圆柱齿轮加工机床和锥齿轮加工机床两类。圆柱齿轮加工机床主要有滚齿机、插齿机、车齿机等；锥齿轮加工机床中的直齿锥齿轮加工机床又有刨齿机、铣齿机、拉齿机等；此外，还有精加工齿轮轮齿表面的磨齿机、研齿机和剃齿机。

【相关知识】

第一节　齿轮的加工方法及齿轮加工机床的分类

一、齿轮的加工方法

齿轮的加工方法很多，如铸造、锻造、热轧、冲压和切削加工等。目前，前四种方法的加工精度还不高，精密齿轮主要靠切削加工。

按形成齿轮的原理，切削齿轮的方法可分为两大类：成形法和展成法。

1. 成形法

成形法用于被加工齿轮齿槽形状相同的成形刀具切削齿轮，即所用刀具的切削刃形状与被切削齿轮的齿槽形状相吻合。例如，在铣床上用盘形铣刀或指形齿刀切削齿轮（图6-1），在刨床或插床上用成形刀具加工齿轮。

采用单齿廓成形刀具铣削齿轮时，每次只加工一个齿槽，然后用分度装置进行分度，依次加工下一个齿槽，直至全部轮齿加工完毕。这种加工方法的优点是机床较简单，可以利用通用机床加工，缺点是加工齿轮的精度低。因为对于同一模数的齿轮，只要齿数不同，齿廓形状就不相同，需采用不同的成形刀具。在实际生产中，为了减少成形刀具的数量，每一种模数通常只配八把刀，分别适应一定的齿数范围（表6-1）。铣刀的齿形曲线是按该范围内最小齿数的齿形制造的，对其他齿数的齿轮，均存在不同程度的齿形误差。另外，在通用机床上加工齿轮时，由于

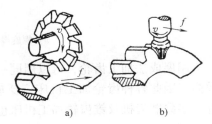

图6-1　成形法加工齿轮
a) 用盘形齿轮铣刀铣削齿轮
b) 用指形齿轮铣刀铣削齿轮

一般分度头的分度精度不高，会引起分齿不均匀，以及每加工一次齿槽，工件都需要进行分度，同时刀具必须回程一次，所以其加工精度和生产效率均不高。因此，单齿廓成加工形法只适用于单件小批量及修配业中加工对精度要求不高的齿轮。此外，在重型机器制造工业中加工大型齿轮时，为了使所用刀具及机床的结构简单化，也常用单齿廓成形法加工齿轮。

表6-1　齿轮铣刀的刀号

刀　　号	1	2	3	4	5	6	7	8
加工齿数范围	12～13	14～16	17～20	21～25	26～34	35～54	55～134	135以上

在大批量生产中，也可采用多齿廓成形刀具来加工齿轮，如用齿轮拉刀、齿轮推刀或多齿刀盘等刀具同时加工齿轮的各个齿槽。

用多齿廓成形刀具加工齿轮可以得到较高的加工精度和生产率，但要求所用刀具有较高的制造精度且结构复杂，同时每套刀具只能加工一种模数和齿数的齿轮，所用机床也必须是特殊结构的，因而成本较高，仅适用于大批量生产中。

2. 展成法

展成法加工齿轮是利用齿轮的啮合原理进行的，即把齿轮啮合副（齿条—齿轮、齿轮—齿轮）中的一个转化为刀具，另一个转化为工件，并强制刀具和工件做严格的啮合运动而展成切出齿廓。下面以滚齿加工为例加以进一步的说明。

在滚齿机上滚齿加工的过程，相当于一对交错轴斜齿轮相互啮合运动的过程（图6-2a），只是其中一个交错轴斜齿轮的齿数极少，且分度圆上的导程角也很小，所以它便成为蜗杆形状（图6-2b）。再将蜗杆开槽并铲背、淬火、刃磨，便成为齿轮滚刀（图6-2c）。一般蜗杆螺纹的法向截面形状近似齿条形状，因此，当齿轮滚刀按给定的切削速度转动时，它在空间便形成一个以等速移动着的假想齿条，当这个假想齿条与被切削齿轮按一定速比做啮合运动时，便在轮坯上逐渐切出渐开线的齿形。齿形的形成是由滚刀在连续旋转中依次对轮坯切削的数条切削刃线包络而成。

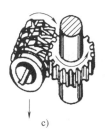

a)　　　　　　　　b)　　　　　　　　c)

图6-2　滚齿原理
a）螺旋齿轮传动　b）蜗杆传动　c）滚齿加工

用展成法加工齿轮，可以用同一把刀具加工模数相同的齿轮，且加工精度和生产效率也较高，因此各种齿轮加工机床广泛应用这种加工方法，如滚齿机、插齿机和剃齿机等。此外，多数磨齿机及锥齿轮加工机床也是按展成法原理进行加工的。

二、齿轮加工机床的类型及用途

齿轮加工机床的种类繁多，按照被加工齿轮种类的不同，齿轮加工机床可分为圆柱齿轮加工机床和锥齿轮加工机床两大类。

1. 圆柱齿轮加工机床

圆柱齿轮加工机床主要包括滚齿机、插齿机、剃齿机、珩齿机和磨齿机等。

（1）滚齿机　滚齿机主要用于加工直齿、斜齿圆柱齿轮和蜗杆。

（2）插齿机　插齿机主要用于加工单联及多联的内、外齿圆柱齿轮。

（3）剃齿机　剃齿机主要用于淬火前的直齿和斜齿圆柱齿轮的齿廓精加工。

（4）珩齿机　珩齿机主要用于对热处理后的直齿和斜齿圆柱齿轮的齿廓精加工。珩齿对齿形精度改善不大，主要是降低零件表面粗糙度的值。

（5）磨齿机　磨齿机主要用于淬火后的圆柱齿轮的轮廓精加工。

此外，还有花键轴铣床和车齿机等。

2. 锥齿轮加工机床

这类机床可分为直齿锥齿轮加工机床和弧齿锥齿轮加工机床两类。用于加工直齿锥齿轮的机床有锥齿轮刨齿机、铣齿机、拉齿机和磨齿机等；用于加工弧齿锥齿轮的机床有弧齿锥齿轮铣齿机、拉齿机和磨齿机等。

此外，齿轮加工机床还包括加工齿轮所需的倒角机、淬火机和滚动检查机等。

近年来，精密化和数控化的齿轮加工机床迅速发展，各种 CNC 齿轮机床、加工中心、柔性生产系统等相继问世，使齿轮加工精度和效率显著提高。此外，齿轮刀具制造水平和材料有了很大改进，使切削速度和刀具寿命普遍提高。

第二节　Y3150E 型滚齿机

在滚齿机上加工齿轮时，刀具与工件之间相当于一对螺旋齿轮的啮合。由机械原理可知，一对螺旋齿轮的正确啮合，它们的轮齿必须能与同一假想齿条正确啮合，因此，滚刀的法向模数和法向齿形角应与被切削齿轮的相应参数相同，且为标准值。滚切过程相当于被加工齿轮的分度圆沿齿条节线做纯滚动，设所用的滚刀为单头，被切削齿轮的齿数为 z，当滚刀绕自身轴线转 1r 时，相当于刀齿沿法向移动一个齿距，则被切削齿轮必须转过一个齿，渐开线齿形就是在滚刀旋转运动和工件旋转运动的复合中形成，这个复合运动称为展成运动。

一、主要组成部件

Y3150E 型滚齿机为中型立式通用滚齿机。该机床除可加工直齿、斜齿圆柱齿轮外，还可手动径向进给加工蜗轮，也可加工花键轴，图 6-3 所示为该机床的结构图。

床身 1 的左侧固定有立柱 2，它的内部安装有变速传动装置，刀架溜板 3 可沿立柱侧面导轨做垂直运动，刀架体 5 安装在刀架溜板 3 上，可绕其水平轴线调整一定角度，使滚刀与被切齿轮相当于一对轴线交叉的螺旋齿轮啮合。装夹滚刀的刀杆 4 安装在滚齿机主轴上，并由主轴带动做旋转运动。床鞍 10 上安装有可回转的工作台 9 和后立柱 8，床鞍 10 可在床身的导轨上作水平方向的移动，以便调整工件相对于滚刀的径向位置或实现径向进给法加工蜗轮时的进给运动。工件装夹在心轴 7 上，并由工作台 9 带动做旋转运动，支架 6 可通过轴套或顶尖支承心轴 7 的上端，以增加心轴 7 的刚度。

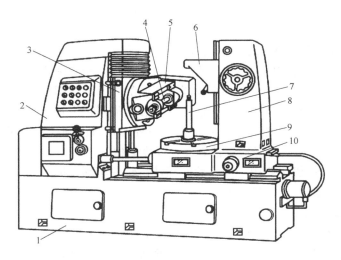

图 6-3　Y3150E 型滚齿机结构图
1—床身　2—立柱　3—刀架溜板　4—刀杆　5—刀架体
6—支架　7—心轴　8—后立柱　9—工作台　10—床鞍

二、主要技术参数（表6-2）

表 6-2　Y3150E 型滚齿机的主要技术参数

参　　数	规　　格
最大加工直径	500mm
最大加工模数	8mm
最大加工宽度	250mm
工件最少齿数	$z_{min} = 5K$（K 为滚刀头数）
主轴孔锥度	莫氏 5 号
允许安装的最大滚刀尺寸（直径×长度）	160mm×160mm
滚刀最大轴向移动距离	55mm
滚刀可换心轴直径规格	22mm、27mm、32mm
滚刀主轴转速（9 级）	40～250r/min
刀架轴向进给量（12 级）	0.4～4mm/r
主电动机功率	4kW
转速	1430r/min

三、传动系统分析

1. 传动系统和传动路线表达式

加工圆柱齿轮除需要滚刀旋转与工件旋转复合而成的展成运动外，还需要主运动、轴向进给运动，加工斜齿圆柱齿轮时形成螺旋线的附加运动。因此，滚齿机是一种运动比较复杂的机床，机床的整个传动系统也比较复杂。分析传动系统时，应在认真分析形成表面所需运动的基础上，确定实现各运动传动链的两端件和计算位移量，根据传动系统写出传动路线表达式，并由此列出运动平衡式，最后确定换置公式。

图 6-4 所示为 Y3150E 型滚齿机的传动系统图。

Y3150E 型滚齿机的传动路线表达式如下：

$$电动机 — \frac{\phi115}{\phi165} — I — \frac{21}{42} — II — \left[\begin{array}{c}\frac{31}{39}\\[4pt]\frac{35}{35}\\[4pt]\frac{27}{43}\end{array}\right] — III — \frac{A}{B} — IV — \frac{28}{28} — V — \frac{28}{28} — VI — \frac{28}{28} — VII — \frac{20}{80} — VIII（滚刀主轴）$$

$$\frac{42}{56} — IX — \boxed{\begin{array}{c}合\\成\\机\\构\end{array}} — X — \frac{e}{f} — \left[\begin{array}{c}（转向）\\ XI — \frac{36}{36}\\[4pt] —\end{array}\right] — XII — \frac{a}{b} \times \frac{c}{d} — XIII — \frac{1}{72} — 工作台主轴$$

$$\frac{2}{25} — XIV — \left[\begin{array}{c}（转向）\\ \frac{39}{39} — XV\\[4pt] —\end{array}\right] — \frac{a_1}{b_1} — XVI — \frac{23}{69} — XVII — \left[\begin{array}{c}\frac{39}{45}\\[4pt]\frac{30}{54}\\[4pt]\frac{49}{35}\end{array}\right] — XVIII — M_3 — \frac{2}{25} — XXI（刀架轴向进给丝杠）P = 3\pi$$

$$\frac{36}{72} — XX — \frac{c_2}{d_2} — \left[\begin{array}{c}（转向）\\ \frac{惰轮}{b_2} \times \frac{a_2}{惰轮}\\[6pt] \frac{a_2}{b_2}\end{array}\right] — XIX — \frac{2}{25} — \qquad \frac{13}{26} — \begin{array}{c}（快速电动机）\\ 1.1kW\\ 1410r/min\end{array}$$

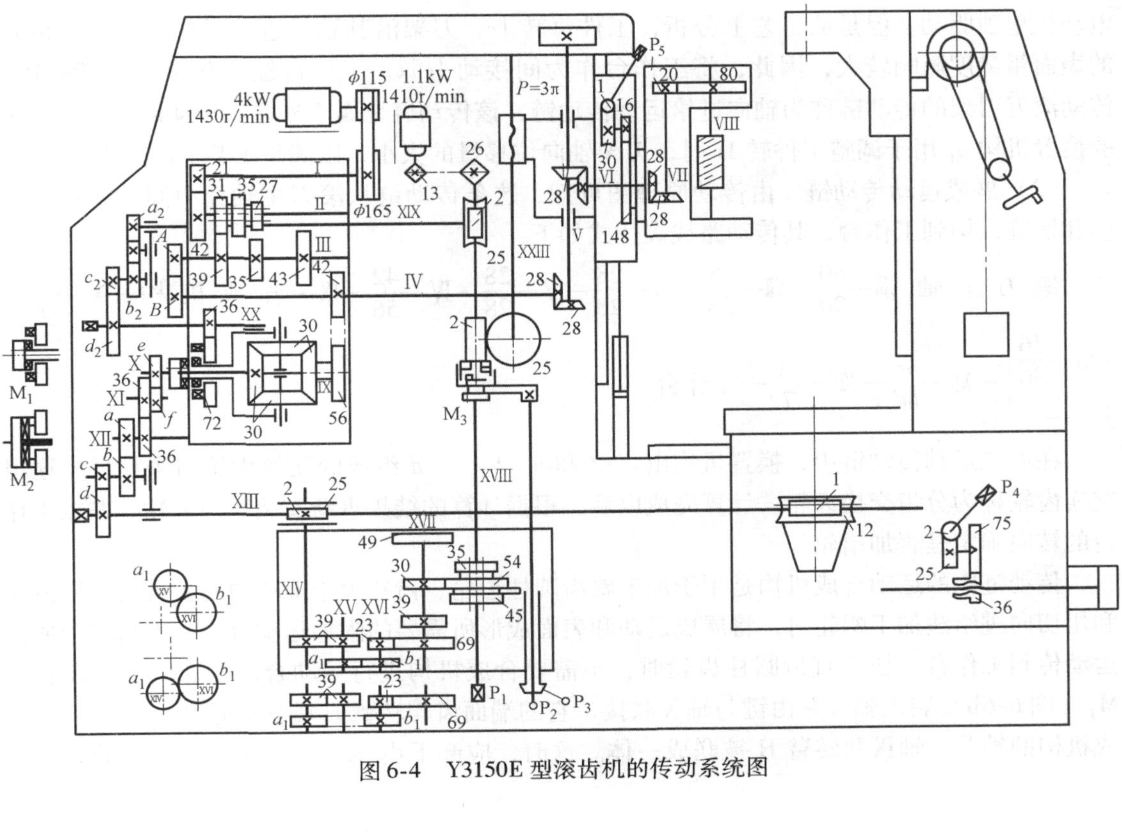

图 6-4　Y3150E 型滚齿机的传动系统图

2. 滚切直齿圆柱齿轮的传动链及其换置计算

（1）滚切直齿圆柱齿轮时所需的运动及传动原理图　滚切直齿圆柱齿轮时，轮齿表面成形运动有形成渐开线（母线）的运动和形成直线（导线）的运动，如图 6-5 所示，渐开线是在滚刀旋转（B_{11}）与工件旋转（B_{12}）两个运动单元复合的展成运动中形成；轮齿表面成形运动中所需要的直线是由滚刀的旋转（B_{11}）和刀架沿工件轴线的直线运动（A_2）形成，这两个运动属于简单运动。

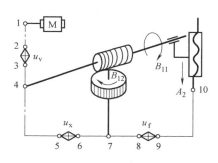

图 6-5　滚切直齿圆柱齿轮的传动原理图

由滚刀主轴经"4—5—u_x—6—7"传动工作台的传动链为展成运动传动链，该传功链可实现滚刀与工件之间严格的运动关系，这一传动联系为内联系传动链，u_x 为传动链的换置机构，是根据滚刀头数和被加工齿轮的齿数确定的，以保证展成运动所需的运动关系。滚切圆柱齿轮相当于一对螺旋齿轮啮合，因此，滚刀和工件的旋转方向必须符合螺旋齿啮合传动时的相对运动方向，并在调整换置机构传动比时通过惰轮使其符合这一要求。

上述展成运动传动链确定了滚刀与工件之间所需的准确运动关系，但要实现展成运动，还需接入动力源，使滚刀和工件获得所需的速度。这条传动链由动力源 M（电动机）经"1—2—u_v—3—4"传动滚刀主轴，通常将联系动力源 M 与滚刀主轴的传动链称为主运动传动链，该传动链属于外联系传动链。传动链中的换置机构 u_v 用于调整渐开线成形运动的快慢。

从理论上讲滚刀刀架沿工件轴线方向做轴向进给运动是一个独立的简单成形运动，可由电动机单独驱动。但是从工艺上分析，工件每转 1r，刀架沿其轴线进给量的大小，对齿轮的表面粗糙度影响较大，因此，将工作台作为间接动力源，工作台经"7—8—u_f—9—10"传动滚刀刀架的传动链称为轴向进给运动传动链，该传动链也属于外联系传动链。传动链中的换置机构 u_f 用于调整工件转 1r 时，刀架轴向位移量的大小，以满足工艺上的要求。

（2）展成运动传动链　由传动原理图可知，这条传动链从滚刀主轴经中间一系列的传动和换置机构到工作台，其传动路线表达式如下：

$$滚刀主轴\ \text{VIII}\frac{80}{20}\text{VII}\frac{28}{28}\text{VI}\frac{28}{28}\text{V}\frac{28}{28}\text{IV}\frac{42}{56}\text{IX}—合成机构—\text{X}\frac{e}{f}$$

$$\left|\begin{array}{c}\text{XI}\frac{36}{36}\\ —\end{array}\right|—\text{XII}\frac{ac}{bd}\text{XIII}\frac{1}{72}工作台$$

在展成运动传动链中，换置机构由 e、f 和 a、b、c、d 组成的交换齿轮组来担任，这组交换齿轮称为分齿交换齿轮。计算完成以后，根据计算的结果重新安装交换齿轮，并按工作台的转向确定是否加惰轮。

传动链中的运动合成机构是用于加工斜齿圆柱齿轮、齿数大于 100 的质数直齿圆柱齿轮和用切向进给法加工蜗轮时，将展成运动和表面成形所需要的附加运动合成，然后将合成的运动传到工作台。加工直齿圆柱齿轮时，不需要合成机构进行运动合成，这时，将离合器 M_1（图 6-6b）装入轴 X 并由键与轴 X 联接，它的端面齿与转臂 H 端面齿连接，这样运动合成机构的轴 X、轴 IX 和转臂 H 被联成一体。这时，应卸下由 a_2、b_2、c_2、d_2 组成的附加运动交换齿轮组。

图 6-6 所示为 Y3150E 型滚齿机运动合成机构。它由四个模数为 3、齿数为 30、螺旋角 β 为 0°的弧齿锥齿轮组成的行星机构构成，有两个自由度，运动分别由 z_x 与 z_y 输入，经合成由轴 X 输出，这时，应使用离合器 M_2。离合器 M_2 空套在套筒 G（用键与 X 轴联接）上，其端面齿与空套齿轮 z_y 端面齿、转臂 H 的端面齿相啮合，将它们联接起来，使 z_y 输入的运动驱动转臂 H 独立旋转。

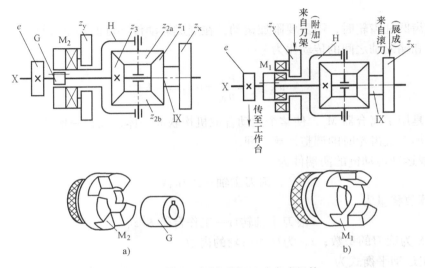

图 6-6　Y3150E 型滚齿机运动合成机构

由机械原理周转轮系的传动比计算方法，可得输入轴（轴 IX）和输出轴（轴 X）的传动比计算式

$$u_{IX-X} = \frac{n_X - n_H}{n_{IX} - n_H} = (-1)\frac{z_1 \times z_{2b}}{z_{2a} \times z_3}$$

其中，轴 IX、轴 X、转臂 H 的转速分别为 n_{IX}、n_X、n_H，"-1"由锥齿轮传动的旋转方向确定。将锥齿轮齿数 $z_1 = z_{2a} = z_3 = 30$ 代入上式可得

$$u_{IX-X} = \frac{n_X - n_H}{n_{IX} - n_H} = -1 \tag{6-1}$$

将上式整理后，可得运动合成机构的输出轴（轴 X）与两个运动输入轴（轴 IX 与转臂 H）之间的关系式

$$n_X = 2n_H - n_{IX} \tag{6-2}$$

在展成运动传动链的调整计算中，设 $n_H = 0$，滚刀的旋转运动经 z_x 输入，使运动合成机构的输入轴与输出轴之间的传动比为

$$u_{IX-X} = \frac{n_X}{n_{IX}} = u_{合1} = -1 \tag{6-3}$$

在附加运动传动链的调整计算中，设 $n_{IX}=0$，滚刀刀架的直线运动或工作台的旋转运动由 z_y 输入，使运动合成机构的输入轴（转臂 H）与输出轴之间的传动比为

$$u_{H-X}=\frac{n_X}{n_H}=u_{合2}=2 \tag{6-4}$$

综上所述，加工斜齿圆柱齿轮、大质数齿轮以及用切向法加工蜗轮时，展成运动和附加运动同时经合成机构传动，并分别按传动比 $u_{合1}=-1$ 及 $u_{合2}=2$ 经轴 X 和齿轮 e 传往工作台。

加工直齿圆柱齿轮时，不需要附加运动，在展成运动传动链的调整计算中，运动合成机构的输入轴和输出轴之间的传动比为

$$u_{IX-X}=\frac{n_X}{n_{IX}}=u_{合1}=-1 \tag{6-5}$$

其原因是用了离合器 M_1，使整个运动合成机构联成一体，成为一根轴。

现进行加工直齿轮时的调整计算，即

1）展成运动传动链的两端件为

滚刀主轴—工作台

2）计算位移量为

滚刀主轴转1r—工作台转 $K/z_工$

其中，K 为滚刀的头数；$z_工$ 为被切齿轮的齿数。

3）列出运动平衡式为

$$1\times\frac{80}{20}\times\frac{28}{28}\times\frac{28}{28}\times\frac{28}{28}\times\frac{42}{56}\times u_{合1}\times\frac{e}{f}\times\frac{ac}{bd}\times\frac{1}{72}=\frac{K}{z_工}$$

4）由上式导出换置公式为

$$u_x=\frac{ac}{bd}=\frac{f}{e}\times\frac{24K}{z_工} \tag{6-6}$$

式中的交换齿轮 f/e 用于调整传动比，使其成为较为合适的数值。因为在使用单头滚刀时能加工的最小齿数为 5，最大齿数可超过 250。换置公式中的分子与分母相差倍数过大，会出现小齿轮带动很大的齿轮，或者相反的情况，这对交换齿轮齿数的选择和安装都不利。

交换齿轮 f/e 根据被加工齿轮的齿数来选取：

$5\leqslant z_工/K\leqslant20$ 时，　　　　$e=48$，$f=24$；

$21\leqslant z_工/K\leqslant142$ 时，　　　　$e=36$，$f=36$；

$143\leqslant z_工/K$ 时，　　　　$e=24$，$f=48$。

（3）主运动传动链　　在电动机与轴 II 之间采用具有一定吸振能力的 V 带传动。换置机构采用三联滑移齿轮和交换齿轮组合的方案，即

1）主运动传动链的两端件为

电动机—滚刀主轴

2）计算位移量为

$n_电(\text{r/min})$—$n_刀(\text{r/min})$

3）列出运动平衡式为

$$1430 \times \frac{115}{165} \times \frac{21}{42} \times u_{\mathrm{II}-\mathrm{III}} \times \frac{A}{B} \times \frac{28}{28} \times \frac{28}{28} \times \frac{28}{28} \times \frac{20}{80} = n_{刀}$$

4）换置公式为

$$u_{\mathrm{v}} = u_{\mathrm{II}-\mathrm{III}} \frac{A}{B} = \frac{n_{刀}}{124.583} \tag{6-7}$$

式中　$u_{\mathrm{II}-\mathrm{III}}$——轴 II—III 之间变速组的传动比，有 $\frac{27}{43}$、$\frac{31}{31}$、$\frac{35}{35}$ 共三种；

$\dfrac{A}{B}$——交换齿轮传动比，有 $\frac{22}{44}$、$\frac{33}{33}$、$\frac{44}{22}$ 共三种。

滚齿时滚刀转速根据被加工齿轮材料、切削液种类及加工精度要求等因素来确定。

在机床说明书中通常都提供滚刀主轴转速的交换齿轮表，一般不必计算。

（4）轴向进给传动链　轴向进给传动链同样由三联滑移齿轮和交换齿轮组成其变速机构，其进给换向机构可使机床采用"顺铣"或"逆铣"。

1）轴向进给传动链的两端件为

工作台—滚刀刀架

2）计算位移量为

工作台转1r—滚刀刀架轴向移动 f（mm）

3）运动平衡式为

$$1 \times \frac{72}{1} \times \frac{2}{25} \times \frac{39}{39} \times \frac{a_1}{b_1} \times \frac{23}{69} \times u_{\mathrm{XVII}-\mathrm{XVIII}} \times \frac{2}{25} \times 3\pi = f$$

4）换置公式为

$$u_{\mathrm{f}} = \frac{a_1}{b_1} \times u_{\mathrm{XVII}-\mathrm{XVIII}} = \frac{f}{0.4608\pi} \tag{6-8}$$

式中　$\dfrac{a_1}{b_1}$——交换齿轮传动比（轴向）；

$u_{\mathrm{XVII}-\mathrm{XVIII}}$——轴 XVII—XVIII 之间变速组的传动比；有 $\frac{49}{35}$、$\frac{30}{54}$、$\frac{39}{45}$ 共三种。

进给量 f(mm/r) 根据被加工齿轮材料、表面粗糙度、加工精度以及铣削方式（顺铣或逆选）等因素选择。确定 f 以后，可依据机床上标牌或说明书，选定 $\dfrac{a_1}{b_1}$ 的齿数和变速手柄的位置。

3. 滚切斜齿圆柱齿轮的传动及其换置计算

（1）滚切斜齿圆柱齿轮时所需的运动及传动原理图　滚切斜齿圆柱齿轮所需的运动与滚切直齿圆柱齿轮的差别仅在于形成导线的运动不同，直齿的导线为直线，斜齿的导线为螺旋线。因此只需在滚切直齿圆柱齿轮所需运动的基础上，增加形成螺旋线的附加运动，就可滚切斜齿圆柱齿轮。这条附加运动传动链连接滚刀刀架与工作台，并保证滚刀刀架轴向进给一个工件螺旋线导程 Ph 时，工作台附加转一转。图 6-7a 所示为滚切斜齿圆柱齿轮时的情况，设滚刀和工件的螺旋线都为右旋，ac' 是斜齿圆柱齿轮轮齿的齿线。开始滚切时切削点在 a 点，滚刀轴向进给 f 后，滚切的切削点在 b 点，则滚切出的齿轮轮齿为直齿。若要滚切斜齿圆柱齿轮的轮齿，滚刀的切削点应在 b' 点，工件要在原有旋转运动（B_{12}）的基础上，再附加转动 bb' 圆弧，即工件的转速要比滚切直齿时快一些。如果滚刀轴向进给工件螺旋线的一个导程 Ph，工件上的 p' 点应转到 p 点，工件正好附加转一转。若滚刀旋向不变而滚切的工件螺旋线为左旋，问题的性质是类同的，则工件转速要比滚切直齿时慢一些，当滚刀轴向进给一个导程 Ph 时，工件正好附加转负一转。通过上述分析可知，滚切斜齿圆柱齿轮时，由滚刀的轴向进给运动 A_{21} 和工作台的附加运动 B_{22} 构成的复合运动，在滚刀轴向进给工件一个导程 Ph 时，工作台附加正、负一转。这条传动链称为附加运动传动链，正号是表示附加运动的方向与展成运动同向，负号表示相反。

图 6-7b 所示为滚切斜齿圆柱齿轮的传动原理，附加运动传动链是由"滚刀刀架—12—13—u_y—14—15—[合成]—6—7—u_x—8—9—工作台"构成。它由滚刀刀架的轴向进给运动与工作台的旋转运动复合而成，因此，这条传动链是内联系传动链。传动链中换置机构的传动比以及是否加惰轮，要根据工件螺旋线的导程 Ph 和旋向加以调整。滚切斜齿圆柱齿轮时形成螺旋线的运动，是在形成展成运动所需工作台旋转的基础上逐渐加到工作台中，在时间上是同时的，在空间上要通过同一根轴传给工作台。

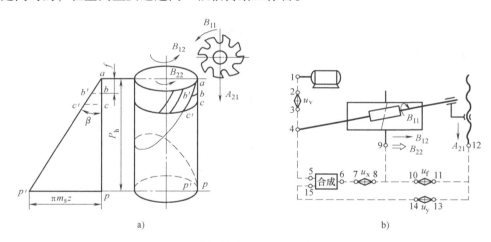

图 6-7　滚切斜齿圆柱齿轮的传动原理

（2）展成运动传动链　滚切斜齿圆柱齿轮时，展成运动传动链的传动路线及计算位移量都与加工直齿时相同。但加工斜齿需要运动合成，运动合成机构用离合器 M_2 联接，所以，运动平衡式中合成机构的传动比是以 $u_{合1} = -1$ 代入，所得换置公式为

$$u_x = \frac{ac}{bd} = -\frac{f}{e} \times \frac{24K}{z_工} \tag{6-9}$$

式中的负号只是说明运动输出轴 X 和输入轴 IX 的转向相反。因此，展成运动传动链的交换齿轮就配加惰轮。

（3）主运动传动链与轴向进给运动传动链　滚切斜齿圆柱齿轮时，主运动传动链、轴向进给传动链的调整计算与滚切直齿圆柱齿轮时相同。

（4）附加运动传动链　在传动系统中根据传动链的传动顺序，可列出附加运动传动链的传动路线表达式刀架轴向进给丝杠（$P = 3\pi$）$XXI - \dfrac{25}{2} - M_3 - XVIII - \dfrac{2}{25} - XIX -$

$$\left|\begin{array}{c} \dfrac{a_2}{\text{惰轮}} \times \dfrac{\text{惰轮}}{b_2} \\[2mm] -\dfrac{a_2}{b_2} - \end{array}\right| - \dfrac{c_2}{d_2} - XX \quad \dfrac{36}{72}（合成机构） - X - \dfrac{e}{f} - XI - \dfrac{ac}{bd} - XIII - \dfrac{1}{72} = \pm 1$$

1）附加运动传动链两端件为

滚刀刀架—工作台

2）计算位移量为

$$L(\text{mm}) - \pm 1(\text{r})$$

3）运动平衡式为

$$\frac{Ph}{3\pi} \times \frac{25}{2} \times \frac{2}{25} \times \frac{a_2 c_2}{b_2 d_2} \times \frac{36}{72} \times u_{合2} \times \frac{e}{f} \times \frac{ac}{bd} \times \frac{1}{72} = \pm 1$$

式中　Ph——被切斜齿圆柱齿轮螺旋线的导程（mm）；

　　　$u_{合2}$——运动合成机构在附加运动调整计算时的传动比，$u_{合2} = 2$；

　　　$\dfrac{ac}{bd}$——展成运动换置机构的传动比，且

$$\frac{ac}{bd} = -\frac{f}{e} \times \frac{24K}{z_工}$$

4）换置公式为

整理上两式得

$$u_y = \frac{a_2 c_2}{b_2 d_2} = \pm 9\frac{\sin\beta}{m_n K} \tag{6-10}$$

式中　m_n——法向模数；

　　　β——螺旋角。

由图 6-4 可看出，滚齿机的传动系统中附加运动和展成运动在运动合成机构以后有一公用传动段，并将展成运动的换置机构置于该公用段，这样产生两个有用的结果：

1）当加工一对相啮合的斜齿圆柱齿轮时，参数 β、m_n、K 均相同，只是齿轮的齿数 $z_工$ 和螺旋线旋向不同。由于附加运动换置公式中不包含齿轮齿数 $z_工$，所以加工一对相啮合的斜齿圆柱齿轮时，u_y 不需另行调整，只需根据螺旋线旋向调整附加运动的方向。

2）换置公式中包含了 $\sin\beta$ 无理数，调整计算不可能十分精确，但由此而引起的 β 角的误差对相啮合的斜齿轮是一样的，因而，仍能保证这对齿轮良好的啮合。

4．交换齿轮齿数的选择

（1）交换齿轮传动比的精度　从滚齿机的传动和调整计算分析中可知，在滚切圆柱齿轮时，需确定主运动、展成运动、轴向进给运动和附加运动等交换齿轮的齿数。其中主运动、轴向进给运动属于简单运动，实现这些运动的传动链为外联系传动链。其交换齿轮的传

动比确定了滚刀旋转的快慢和进给量的大小，影响滚刀的刀具寿命及轮齿的表面粗糙度，但几乎不影响渐开线齿形和轮齿的分布情况，所以，在选择主运动交换齿轮和轴向进给运动交换齿轮时允许取近似值。展成运动属于复合运动，实现这个运动的传动链为内联系传动链，展成运动交换齿轮传动比的误差，将影响渐开线齿形和轮齿的分布情况，所以，展成运动交换齿轮传动比不允许取近似值。为了在有限个交换齿轮范围内保证展成运动交换齿轮传动比绝对准确，在调整过程中，应首先选定展成运动交换齿轮。附加运动也属于复合运动的内联系传动链，附加运动交换齿轮传动比的误差使斜齿轮的螺旋角产生齿向误差，因此，附加运动交换齿轮必须按一定的精度要求进行配算。但是，换置公式无理数 $\sin\beta$，会给计算和选配交换齿轮 a_2c_2/b_2d_2 带来困难。由于交换齿轮个数有限，齿数也有一定范围，因此只能近似配算。实际获得的附加运动交换齿轮传动比与按换置公式计算出来的理论传动比的误差，对于加工 8 级精度斜齿轮，要准确到小数点后第四位数字；对于 7 级精度斜齿轮，要准确到小数点后第五位数字。

配算交换齿轮的方法有查表法和计算法两类。查表法所得交换齿轮传动比的精度不一定能满足使用要求，但方便可行。用计算法确定交换齿轮，应将理论传动比的小数化成能分解因数的近似分数，再将分子和分母分解为现有交换齿轮的齿数。

（2）配算的交换齿轮应是机床所配备的　在 Y3150E 型滚齿机上共配备交换齿轮 47 个，配算时应在现有交换齿轮的齿数范围内选择。Y3150E 型滚齿机配备交换齿轮的齿数分别为：20（两个）、23、24、25、26、30、32、34、35、37、40、41、43、45、46、47、48、50、52、53、55、57、58、59、60（两个）、61、62、65、67、70、71、73、75、79、80、83，85、89、90、92、95、97、98、100。

（3）交换齿轮要能挂得上　在配算交换齿轮时除满足传动比要求外，还必须满足交换齿轮架结构上的要求。如图 6-8 所示，为使 c 轮不碰到轴 I，b 轮不碰到轴Ⅲ，所选交换齿轮齿数之间应满足下列条件

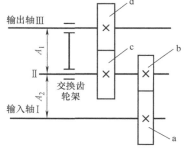

图 6-8　交换齿轮齿数与
交换齿轮轴的关系

$$z_a + z_b > z_c + (15 \sim 20)$$

$$z_c + z_d > z_b + (15 \sim 20)$$

5. 刀架快速移动的传动路线

刀架快速移动主要用于调整刀架的位置，以及滚切齿轮时滚刀快速趋近或快速退出。此外，这条快速移动传动链在滚切斜齿圆柱齿轮以前，可起动快速电动机，经蜗杆副传动附加运动传动链，以便判断工作台的转向是否符合滚切斜齿的要求。

滚刀刀架的快速移动传动路线如下：

$$\text{快速电动机} \frac{13}{26} M_3 \frac{2}{25} \text{XXI（刀架轴向进给丝杠）}$$

在起动快速电动机前，要断开主电动机与附加运动传动链之间的传动，以防止快速电动机起动后有两个不同转速的运动同时传入附加运动而导致事故。为此，在起动快速电动机前，应将操纵手柄 P_3（图 6-4）放在"快速移动"位置上，将轴ⅩⅢ上的三联滑移齿轮置于空挡，以断开轴ⅩⅦ和轴ⅩⅢ之间的传动。为了确保操作安全，机床上设置了电气互锁装置，

操纵手柄 P_3 不在"快速移动"位置上，表明主电动机与附加运动传动链没有断开，就无法起动快速电动机。刀架快速移动的方向由快速电动机的正反转来实现。

当起动快速电动机实现刀架快速退回时，主电动机开动与不开动都可以。例如，滚切斜齿轮，若刀架快速退回时，主电动机仍在转动，这时刀架带动以 B_{11} 旋转的滚刀一起退回，工作台以 $(B_{12} + B_{22})$ 的合成运动旋转；如果退回时，主电动机停止，刀架带着不旋转的滚刀一起退回，工作台以 B_{22} 旋转，由主电动机驱动的展成运动则停止。在滚动齿轮时，往往需要几次进给，在每次进给后，需将刀架退回到起始位置，在整个过程中展成运动传动链和附加运动传动链都不可脱开，否则将损坏滚刀和机床，使被加工齿轮产生乱齿及轮齿破坏等现象。

四、机床的工作调整及主要部件结构

1. 滚刀旋转方向和展成运动方向的确定

滚切齿轮时，不仅要解决各传动链两端件相对运动的数量关系，即配算符合相对运动所需传动比的交换齿轮，还需确定各运动的旋转方向，如果旋转方向不正确，则不能加工出符合要求的齿轮。

在滚刀与被切齿轮做啮合运动时，滚刀的旋转方向由滚刀安装后的前、后刀面的位置确定，如图 6-9 所示。工作台旋转的方向通常称为展成运动方向，可由以下方法确定：当选用右旋滚刀时，用左手法则判定展成运动方向，其方法是除大拇指外，其余四个手指表示滚刀的旋转方向，大拇指所指方向为切削点上齿轮的速度方向，如图 6-9a 所示，这时工作台带动工件逆时针回转。当选用左旋滚刀时，用右手法则判定展成运动方向，其方法是除大拇指外，其余四个手指表示滚刀的旋转方向，大拇指所指方向为切削点上齿轮的速度方向，如图 6-9b 所示，这时工作台带动工件顺时针回转。从以上分析可知，当滚刀的旋转方向一定时，展成运动的方向只与滚刀的螺旋线方向有关。

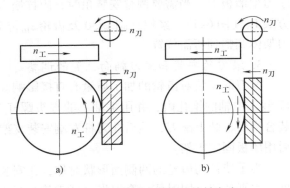

图 6-9 滚刀和展成运动的旋转方向

2. 滚刀刀架扳动角度的方法

在滚齿机上加工齿轮，相当于一对螺旋齿轮的啮合。一对螺旋齿轮的正确啮合，必须要求两个齿轮在同一假想的法向剖面中具有相等的齿距和齿形角，其参数亦为标准值。为此，滚刀轴线应该与齿轮端面倾斜一个 $\gamma_{安}$ 角（安装角）。图 6-10 所示为滚切直齿和斜齿圆柱齿轮时滚刀与被加工齿轮间的安装角，其安装角 $\gamma_{安}$ 为

$$\gamma_{安} = \beta_f \pm \lambda_f$$

式中　β_f——被切齿轮的螺旋角；

　　　λ_f——滚刀的螺旋角。

在滚切直齿圆柱齿轮时（图 6-10a），因 $\beta_f = 0$，滚刀安装角 $\gamma_{安} = \lambda_f$。

在滚切斜齿圆柱齿轮时（图 6-10b、c），滚刀与被切齿轮的螺旋方向相反时取"＋"

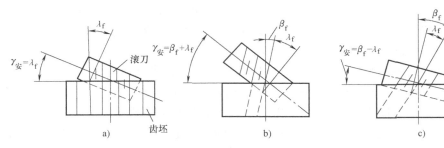

图 6-10　滚刀的安装角

号，相同时取"－"号。

由此可见，当滚刀螺旋线方向与被切斜齿圆柱齿轮的螺旋线方向相同时，滚刀安装角较小，加工时刀具边缘刀齿不会因过载而影响其刀具寿命，还可消除工作台分度蜗轮间的啮合间隙，减少滚齿时的振动，从而提高滚齿的精度和表面质量。

滚刀轴线相对于被加工齿轮端面的安装角，是通过调整整个刀架体在垂直平面内倾斜的角度来实现的。图 6-11 所示为 Y3150E 型滚齿机滚刀刀架结构。它由刀架溜板（图中未画出）和刀架体两大部分组成。刀架溜板用于实现整个刀架沿立柱导轨做轴向进给运动，刀架体主要用于安装主轴部件，并保证其外传动。刀架体由安装在 T 形槽内的六个螺钉固定于刀架溜板上。当需要调整安装角时，应拧松六个紧固螺钉，然后转动安装在刀架溜板上的方头 P_5（图 6-4），经蜗杆副 1/30 及齿轮 z_{16} 传动，驱动固定在刀架体上的齿轮 z_{148}，从而使刀架体调整到所需位置。

3. 滚刀的安装和滚刀轴向位置的调整

滚刀的安装对齿轮的加工质量有直接影响。安装滚刀时（图 6-11），先将带锥柄的刀杆 17 装入主轴的锥孔内，并用主轴上的方头螺杆 7 拉紧，使刀杆通过锥面准确定位。刀杆安装合格后，装上滚刀，然后在刀杆左端安装支架 16（支架可随主轴一起调整轴向位置），最后用压板固定支架。

为了使被切齿轮的两侧面形状对称，在安装滚刀时要进行对中。对中时，滚刀的前刀面处于水平位置，同时使一个刀齿（或刀槽）的对称中心线通过齿坯的中心（图 6-12）。滚刀对中是通过调整主轴部件的轴向位置来实现的。此外，为了提高滚刀的使用寿命，使滚刀在全长上均匀磨损，也需调整滚刀的轴向位置，这就是所谓的串刀。在进行对中或串刀时，拧松螺钉 2（图 6-11），转动方头轴 3，由方头轴上的齿轮传动轴承座上的齿条，使轴承座与滚刀主轴的轴向位置得到调整。调整妥当以后，拧紧所有螺钉。

对 8 级以下精度的齿轮，可用试切法进行对中，即滚刀在齿坯上先切出一圈很浅的刀痕，观察刀痕的两侧是否对称，如不对称，微调滚刀的轴向位置，再换一个位置进行试切，直至两侧刀痕对称为止。对 7 级以上精度的齿轮，可用对中架进行对中（图 6-13），对中时，应使用与滚刀模数相同的对中样板，调整滚刀主轴的轴向位置，使对中样板紧贴滚刀齿槽两侧的切削刃即可。

在机床使用一定时间以后，主轴轴承磨损，间隙增大，若主轴的径向圆跳动和轴向窜动超过允许值，需调整主轴轴承的间隙。拆下垫片 10 和 12（图 6-11），磨去同样厚度，可调整用于承受径向力的滑动轴承 13 的间隙，直至径向圆跳动值小于允许值。如果调整用于承

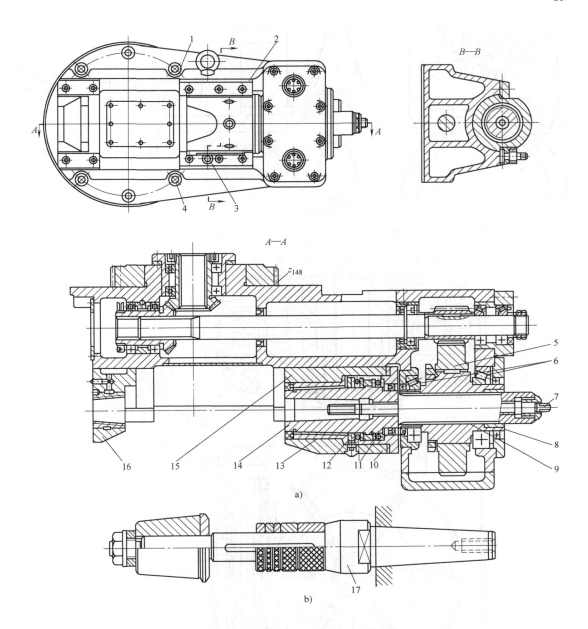

图 6-11 Y3150E 型滚齿机滚刀刀架结构

1—刀架 2、4—螺钉 3—方头轴 5—齿轮 6—圆柱滚子轴承 7—方头螺杆 8—铜套 9—套筒
10、12—垫片 11—推力球轴承 13—滑动轴承 14—主轴 15—轴承座 16—支架 17—刀杆

受轴向力的推力轴承间隙，可修磨垫片 10 的厚度，直至轴向窜动值小于允许值。

4. 工件的装夹和工作台的结构

图 6-14 所示为 Y3150E 型滚齿机工作台结构。工作台主轴轴承采用整体式内锥外柱滑动轴承，以保证工作台的回转精度，同时承受作用在工作台上的径向力。工作台的轴向力由平面圆导轨 M 和 N 承受。传动工作台的分度蜗杆副具有较高的精度，蜗杆由 D7510 型和 D210 型滚动轴承支承在支架上。蜗杆副采用压力喷油润滑。

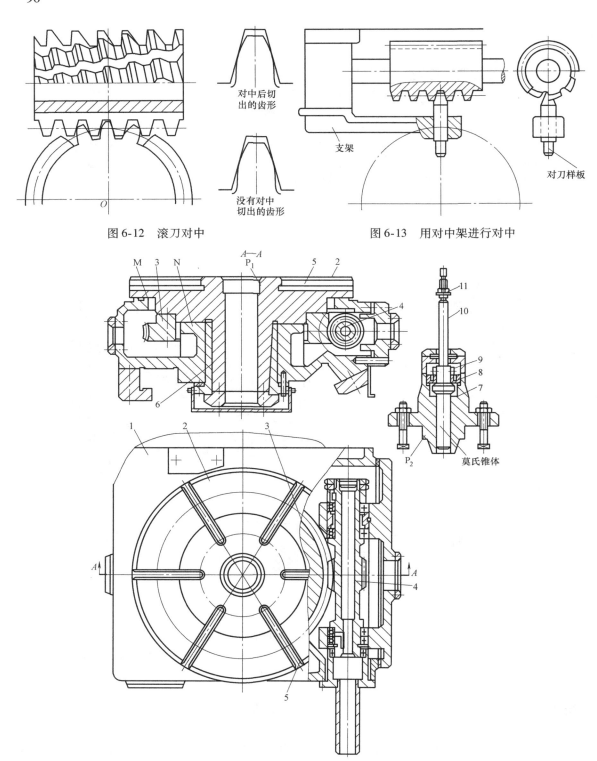

对中后切
出的齿形

没有对中
切出的齿形

支架

对刀样板

图 6-12　滚刀对中　　　　　　　　　图 6-13　用对中架进行对中

图 6-14　Y3150E 型滚齿机工作台结构
1—溜板　2—工作台　3—分度蜗轮　4—蜗杆　5—T 形槽　6—锥形滑动轴承
7—心轴底座　8—压紧螺母　9—锁紧套　10—心轴　11—螺母

心轴底座 7 安装在工作台 2 的中心上，由位于工作台中心的圆柱面定位，并用螺钉紧固在工作台上。心轴 10 由压紧螺母 8 压紧在心轴底座的莫氏锥孔中，保证心轴与工作台回转中心同轴，并用锁紧套 9 两边的锁紧螺钉锁紧，防止在切削加工过程中松动。

加工较小直径的齿轮时，可将工件直接装夹在心轴上，用压紧螺母锁紧，如图 6-15a 所示。加工较大直径的齿轮时，一般采用直径较大的底座，并在靠近加工部位的轮缘处夹紧，如图 6-15b 所示。被加工齿轮的两端面中，至少有一个端面是定位端面，如图 6-15 中 E 为定位端面，它应装在下面。装夹齿轮坯时所使用的垫圈、垫套等，其两端面平行度公差应小于 0.005mm，压紧螺母接触端面与轴线的垂直度公差应小于 0.02mm，以保证工件装夹的精度。下面介绍一个滚齿机的调整实例。

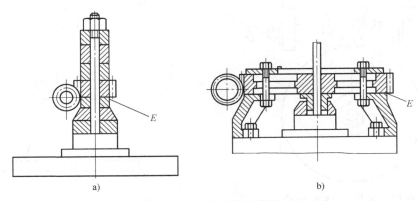

图 6-15　工件装夹示意图

【例 6-1】　使用 Y3150E 型滚齿机滚切右旋斜齿圆柱齿轮，其法面模数 $m_n = 4$，法面压力角 $\alpha_n = 20°$，分度圆螺旋角 $\beta_f = 16°55'$，齿数 $z = 76$，8 级精度，齿轮材料为 45 钢，调质硬度 210～230HBW，使用右旋单头滚刀。试对滚齿机进行调整计算。

解：齿轮加工是在机床—刀具—工件组成的工艺系统中完成的，这个系统以及调整操作等不可避免地存在误差，因此，要保证加工精度，就必须在这些方面采取措施，控制好原始误差，正确调整机床。

（1）滚刀的选择与安装　滚刀本身的制造精度，对被切齿轮的齿形精度和基节精度都有很大的影响，为了保证加工精度，必须正确选择齿轮滚刀的精度等级。滚刀精度等级分为AA、A、B、C 级，分别适用于加工 7、8、9、10 级精度的齿轮。滚刀的前角为 0°，材料为高速工具钢，法面模数 $m_n > 7$ 的滚刀，镶硬质合金作为刀齿部分。根据本例要求，选择 A 级精度滚刀，法面模数为 4，其螺纹升角为 3°20'，滚刀内、外径分别为 27mm、80mm，长度为 75mm。

要保证滚刀的安装精度，首先必须保证刀杆的安装精度，刀杆安装到滚刀主轴上之后，应按图 6-16 所示检验刀杆在 a、b 位置的径向圆跳动，c 位置的轴向窜动，根据齿轮精度（8 级）的要求，应分别控制在 0.025mm（a 位置）、0.03mm（b 位置）、0.02mm（c 位置）之内。刀杆安装

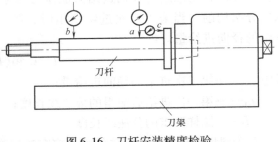

图 6-16　刀杆安装精度检验

合格后装上滚刀、刀垫和活动支架。应检查滚刀凸台 a、b 位置的径向圆跳动和 c 位置的轴向窜动（图6-17）。a、b 两位置的径向圆跳动应在同一轴向平面内，尽量避免"对角跳动"，其值分别在 0.03mm、0.035mm 之内，c 位置在 0.005 ~ 0.01mm 之内。

在滚刀安装过程中，应进行滚刀对中，以保证被加工齿轮齿形对称。

（2）心轴的安装　如图6-18所示，必须检测心轴上 a、b、c 三点的跳动量，当 a、b 之间的距离为 150mm，被切齿轮为 8 级精度时，a 点的径向圆跳动量公差应小于 0.025mm，b 点小于 0.015mm、c 点小于 0.01mm。

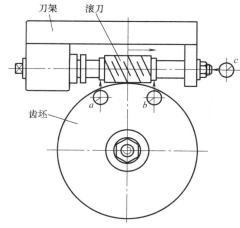

图6-17　滚刀安装精度检验

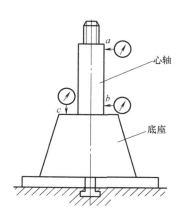

图6-18　心轴安装后的精度检验

（3）调整计算

1）调整安装角，安装角 $\gamma_{安}$ 为

$$\gamma_{安} = \beta_f - \lambda_f = 16°55' - 3°20' = 13°35'$$

滚刀安装角的误差会使滚刀产生一个附加的轴向窜动，引起被加工齿轮的齿形误差。调整时，先根据刀架的刻度值来调整，然后再按刀架滑板上的游标尺作精确调整，游标尺每格数值为 6'。

2）主运动传动链的调整计算。首先要确定被加工齿轮是一次进给切出全齿高，还是二次进给切出全齿高。若采用二次进给切出全齿高，第一次进给可采用较大的轴向进给量，较低的切削速度；第二次进给用较小轴向进给量，较高的切削速度，以保证齿轮的加工精度。滚切齿轮时，总的径向进给量为 2.25 倍模数，但是齿坯外圆的精度通常不高，以外圆为基准进行径向进给只能作为参考。加工模数较大或精度要求很高的齿轮时，采用分次切削。当采用二次进给切出时，第一次进给后，测量公法线长度，确定第二次进给的径向进给量。即

$$t = 1.46(L_1 - L) \tag{6-11}$$

式中　t——第二次进给的径向进给量；

　　　L_1——第一次进给后测得的公法线长度；

　　　L——图样要求的公法线长度。

对于斜齿圆柱齿轮，公法线长度应在法向测量。

第二次进给的径向进给量也可通过测量固定弦齿厚确定，即

$$t = \frac{s_1 - s}{0.73} \qquad (6\text{-}12)$$

式中　s_1——第一次进给后测得的固定弦齿厚；

　　　s——图样要求的固定弦齿厚。

对于斜齿圆柱齿轮，固定弦齿厚同样在法向测量。

根据以上分析，滚切第一个齿轮采用二次径向进给，查相关手册，第一次径向进给量为 2mm，第二次滚切到全齿深。根据工件材料为 45 钢，滚刀材料为高速工具钢，滚刀寿命为 600min，查相关手册，第一次进给的切削速度 $v_1 = 23\text{m/min}$（其轴向进给量 $f'_1 = 2.5\text{mm/r}$）；第二次进给的切削速度 $v_2 = 36.5\text{m/min}$（其轴向进给量 $f'_2 = 1.25\text{mm/r}$）。轴向进给量的大小、通常根据工件材料，齿面的表面粗糙度要求，粗、精加工情况确定，一般为 $0.5 \sim 3\text{mm/r}$。

计算第一次进给的主轴转速为

$$n_{\text{刀}1} = \frac{1000v_1}{\pi D_{\text{刀}}} = \frac{1000 \times 23}{\pi \times 80} = 91.51\text{r/min}$$

查机床使用说明书，最接近的转速为 100r/min，其变速齿轮和交换齿轮为

$$u_{\text{II}-\text{III}} = \frac{31}{39}, \frac{A}{B} = \frac{33}{33}$$

计算第二次进给的主轴转速为

$$n_{\text{刀}2} = \frac{1000v_2}{\pi D_{\text{刀}}} = \frac{1000 \times 36.5}{\pi \times 80} = 145.23\text{r/min}$$

查机床使用说明书，最接近的转速为 160r/min，其变速齿轮和交换齿轮为

$$u_{\text{II}-\text{III}} = \frac{27}{43}, \frac{A}{B} = \frac{44}{22}$$

3）展成运动传动链的调整计算为

$$\frac{ac}{bd} = -\frac{f}{e} \times \frac{24K}{z_{\text{工}}} = -\frac{36}{36} \times \frac{24}{76} = -\frac{6}{19} = -\frac{6 \times 4 \times 3 \times 15}{15 \times 4 \times 19 \times 3} = -\frac{24 \times 45}{60 \times 57}$$

4）附加运动传动链的调整计算为

$$\frac{a_2 c_2}{b_2 d_2} = \pm 9\frac{\sin\beta_\text{f}}{m_\text{n}K} = 9\frac{\sin 16°55'}{4 \times 1} = 0.654706 \approx \frac{55 \times 50}{60 \times 70}$$

根据附加运动交换齿轮传动比的调整要求，对于 8 级精度齿轮，其交换齿轮传动比与计算值的小数点后四位应相同。附加运动的方向与展成运动相同，查机床使用说明书，确定是否加装惰轮，然后起动快速电动机，检查附加运动转向。

5）轴向进给传动链的调整计算。查相关手册获得的轴向进给量，是加工直齿圆柱齿轮时的轴向进给量，而滚切斜齿圆柱齿轮是沿斜齿的螺旋线方向进给，齿槽方向的进给量要比轴向进给大些，因此应乘修正系数。查相关手册：$\beta_\text{f} = 15° \sim 25°$ 时，取直齿圆柱齿轮轴向进

给量$f_{精}$的90%。

$$f_1 = 0.9f'_1 = 0.9 \times 2.5\text{mm/r} = 2.25\text{mm/r}$$
$$f_2 = 0.9f'_2 = 0.9 \times 1.25\text{mm/r} = 1.125\text{mm/r}$$

第一次进给时轴向进给交换齿轮和变速齿轮为

$$\frac{a_1}{b_1}u_{XVII-XVIII} = \frac{f_1}{0.4608 \times \pi} = \frac{2.25}{0.4608 \times \pi} = 1.5542 = \frac{41 \times 49}{37 \times 35}$$

第二次进给时轴向进给交换齿轮和变速齿轮为

$$\frac{a_1}{b_1}u_{XVII-XVIII} = \frac{f_2}{0.4608 \times \pi} = \frac{1.125}{0.4608 \times \pi} = 0.7771 \approx \frac{52 \times 39}{58 \times 45}$$

（4）其他问题

1）在整个加工过程中，展成运动传动链和附加运动传动链不可脱开。

2）各种参数是根据相关手册和机床使用说明书提供的有关数据进行选择，而生产实际中的情况是多种多样的。例如，实际使用滚齿机的刚度情况、工件装夹的刚度情况、加工经验的不同等都会影响各种参数的选择，因此，应根据调整计算的原则结合实际情况综合考虑。

3）根据渐开线的形成原理，基圆是决定渐开线形状的唯一参数，而被加工齿轮的基圆是在机床、刀具和工件组成的工艺系统的相对位置和运动关系中形成的，展成运动关系的误差，滚刀齿形角的误差，工件装夹的几何误差等，都会使被加工齿轮的基圆半径产生误差。抓住这一基本问题，就会对调整中的各种要求认识得更加清楚。

五、滚切齿数大于100的质数直齿圆柱齿轮

由前面的分析知道，Y3150E型滚齿机展成运动的置换公式为

$$\frac{ac}{bd} = \frac{24K}{z}(z \leqslant 142); \quad \frac{ac}{bd} = \frac{48K}{z}(z \geqslant 143)$$

当被加工齿轮的齿数z为质数时，由于质数不能分解因子，所以展成运动交换齿轮中b或d必须选用齿数为质数或质数整数倍的交换齿轮，才能加工出质数交换齿轮。通常滚齿机不配备100以上的质数齿交换齿轮，因此，加工齿数为101、103、107、109、113、127、139、149等100以上的质数齿轮，就没有所需的展成交换齿轮。为了加工齿数大于100的质数齿轮，保证展成运动的相对运动关系，需将原来的由一条传动链改为由两条传动链通过运动合成机构合成后来实现。

其实现方法如下：先选一个既能选到交换齿轮又与被加工质数齿轮齿数z相接近的齿数z_0来计算展成交换齿轮，这时展成运动两端件的计算位移量为滚刀转1r，工作台转K/z_0转。显然，按展成运动的相对关系，在滚刀转1r时，工作台少转了（$K/z - K/z_0$）转。这一运动差值要通过附加运动传动链，由运动合成机构合成后"附加"到工作台上，附加运动传动链要在工作台转K/z转中，使工作台为补差而正好附加转（$K/z - K/z_0$）转，从而达到加工齿数为z的质数齿轮所要求的展成运动关系。

加工齿数大于100的质数直齿圆柱齿轮的传动原理如图6-7b所示。其附加运动传动链

由工作台，经"9—10—u_f—11—13—u_y—14—15—[合成机构]—6—7—u_x—8—9"传动键传动工作台。由此可见，与加工斜齿圆柱齿轮时，用于联系滚刀刀架轴向进给与工作台附加转 1r，以形成螺旋线的传动链不同。

附加运动传动链的传动路线表达式如下：

$$
\text{工作台主轴} - \frac{72}{1} - \text{XIII} - \frac{2}{25} - \text{XIV} - \left[\begin{array}{c}(换向)\\ \frac{39}{39} - \text{XV}\\ -\end{array}\right] - \frac{a_1}{b_1} - \text{XVI} - \text{XVII} - \left[\begin{array}{c}\frac{39}{45}\\ \frac{30}{54}\\ \frac{49}{35}\end{array}\right] - \text{XVIII} - \frac{2}{25} - \text{XIX} -
$$

$$
\left[\begin{array}{c}\frac{惰轮}{b_2} \times \frac{a_2}{惰轮}\\ \frac{a_2}{b_2}\end{array}\right] - \frac{c_2}{d_2} - \text{XIX} - \frac{36}{72} - [\text{合成机构}] - \text{X} - \frac{e}{f} - \left[\begin{array}{c}\text{XI} - \frac{36}{36}\\ (换向)\end{array}\right] - \text{XII} - \frac{a}{b} \times \frac{c}{d} - \text{XIII} - \frac{1}{72} - \text{工作台主轴}
$$

传动链的调整计算：

1）主运动和轴向进给运动传动链的调整计算与加工直齿轮时相同。

2）展成运动传动链调整计算中的两端件、计算位移量与加工直齿时不同，其两端件和计算位移量为滚刀主轴转 1r—工作台主轴转 K/z_0 转。换置公式为

$$u_x = \frac{ac}{bd} = -\frac{24K}{z_0}（z \leqslant 142）; u_x = \frac{ac}{bd} = -\frac{48K}{z_0}（z \geqslant 143）$$

式中　z_0——接近被加工齿轮齿数，又能配换展成运动交换齿轮的数值（z_0 与 z 的差值通常为 1/50～1/5，可正可负）。

3）附加运动传动链的调整计算。

两端件：工作台—工作台。

计算位移量：工作台转 K/z 转—工作台附加转（$K/z - K/z_0$）转，附加运动传动链的运动平衡式为

$$\frac{K}{z} \times \frac{72}{1} \times \frac{2}{25} \times \frac{39}{39} \times \frac{a_1}{b_1} \times \frac{23}{69} \times u_{\text{XVII-XVIII}} \times \frac{2}{25} \times \frac{a_2}{b_2} \times \frac{c_2}{d_2} \times \frac{36}{72} \times u_{合2} \times \frac{e}{f} \times \frac{ac}{bd} \times \frac{1}{72} = \frac{K}{z} - \frac{K}{z_0}代$$

入上式经整理后得附加运动的置换公式

$$u_y = \frac{a_2 c_2}{b_2 d_2} = \frac{9\pi(z_0 - z)}{fK} \tag{6-13}$$

式中　f——滚刀刀架轴向进给量（mm/r）。

由附加运动的换置公式可知，附加运动交换齿轮传动比与轴向进给量有关，在附加运动调整计算时应先确定轴向进给量，然后进行附加运动的调整计算。如果轴向进给量改变，就会改变附加运动交换齿轮传动比，因此，不可随意更改轴向进给量。

在附加运动传动链调整计算时，还需确定附加运动的方向，当 $z_0 > z$ 时，由于 $K/z_0 < K/z$，使得工件的转速小于所需展成运动的转速，因此，附加运动要使工件转速加快，即附加运动的方向与展成运动方向相同；当 $z_0 < z$ 时，附加运动的方向与展成运动方向相反。

【例6-2】　在 Y3150E 型滚齿机上滚切齿数为 139 的直齿圆柱齿轮，滚刀为单头，轴向

进给量为 1mm/r。试计算展成运动和附加运动交换齿轮的齿数。

解：（1）计算展成运动交换齿轮的齿数

取 $z_0 = 139 + \dfrac{1}{40}$，这时 $\dfrac{e}{f} = 1$，$u_x = \dfrac{ac}{bd} = \dfrac{24K}{z_0} = \dfrac{24 \times 1}{139 + 1/40} = \dfrac{24 \times 40}{139 \times 40 + 1} = \dfrac{24 \times 40}{5561} = \dfrac{24 \times 40}{67 \times 83}$

也可查交换齿轮表，所获传动比相同。

（2）计算附加运动交换齿轮的齿数　根据所需轴向进给量 $f = 1$mm/r 查机床说明书，得

$$u_f = \frac{a_1}{b_1} u_{XVII-XVIII} = \frac{37 \times 49}{75 \times 35}$$

然后按照所获传动比计算出机床实际轴向进给量 f'，则

$$f' = 0.4608\pi \times \frac{37}{75} \times \frac{49}{35} = 0.9998407 \text{mm/r}$$

将实际轴向进给量 f' 代入附加运动置换公式，以提高计算精度，则

$$u_y = \frac{a_2 c_2}{b_2 d_2} = \frac{9\pi(z_0 - z)}{f'K} = \frac{9\pi(139 + 1/40 - 139)}{0.999840764 \times 1} = 0.7069710$$

所选交换齿轮齿数为

$$\frac{a_2 c_2}{b_2 d_2} = \frac{62 \times 37}{59 \times 55} = 0.7069337$$

六、滚切蜗轮

在滚齿机上滚切蜗轮时，蜗轮滚刀的轴线应位于被加工蜗轮的中心平面内，刀架不需转动角度。所使用的蜗轮滚刀的头数，要与工作蜗杆的头数相等。蜗轮轮齿表面的成形方法和所需的成形运动，与滚切齿轮时的轴向切入进给不同，蜗轮滚刀的切入进给只能作相对于被加工蜗轮的径向进给或切向进给。

用径向进给法加工蜗轮时，除需要滚刀旋转的主运动和工件旋转的展成运动外，还需要径向切入运动，机床的传动原理如图 6-19a 所示。径向进给法加工蜗轮的特点是：进给行程小，生产率高；但轮齿两端易产生顶切现象；加工时机床不需切向进给溜板，可在一般滚齿机上进行。

用切向进给法加工蜗轮，应预先调整蜗轮滚刀与被加工蜗轮的中心距，使其等于蜗杆蜗轮啮合的中心距，加工中始终保持不变。加工时，应使用带有切削锥的蜗轮滚刀，沿被加工蜗轮的切线方向进给，依靠蜗轮滚刀的切削锥逐渐切至全齿深。由于滚刀的切向进给运动，使滚刀旋转与工件旋转的展成运动关系发生了变化，为了保证准确的展成运动关系，在滚刀切向进给一个齿距的同时，使工件附加转 $1/z$ 转，附加运动的方向与滚刀切向进给方向一致。附加运动的两端件是滚刀切向进给溜板和工作台，因此，切向进给法加工蜗轮与加工斜齿圆柱齿轮类似，由传动系统中的运动合成机构，将展成运动与附加运动合成后传给工作台。图 6-19b 所示为切向进给法加工蜗轮时的机床传动原理。切向进给法加工蜗轮的主要特点是：加工过程中中心距保持不变，容易调整准确；滚刀粗切和精切刀齿不同，加工精度可长期保持；由于切向进给参与滚切同一轮齿的刀齿数目比径向进给法多，因此，齿形精度较

高，表面粗糙度值小；但进给行程较长，生产率低；且滚齿机的刀架必须有切向进给溜板。

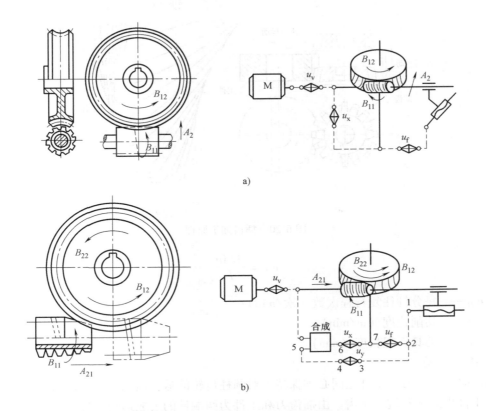

图 6-19　加工蜗轮时的机床传动原理

第三节　其他齿轮加工机床简介

一、插齿机

插齿机也是圆柱齿轮加工中最常用的机床，可加工外啮合圆柱齿轮，特别适合加工内啮合齿轮和多联齿轮。

插齿属于展成法加工，插齿刀和工件相当于一对轴线相互平行的圆柱齿轮做无侧隙啮合。插齿刀就是一个具有前、后角以形成切削刃的齿轮。被加工齿轮的导线和母线是在插齿刀沿工件轴线往复直线运动，插齿刀和工件被强制按照传动速比保持展成运动关系中形成的。齿轮轮齿的渐开线齿形，就是插齿刀依次切削加工中各瞬时位置的包络线。图 6-20 所示为插齿加工原理。

1. 主运动

主运动是指插刀上下往复的直线运动，以每分钟的往复行程次数来表示。向下为切削行程，向上为返回行程。每分钟往复行程次数可按下式计算

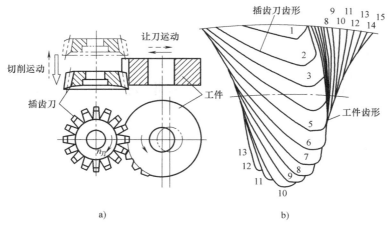

图 6-20 插齿加工原理

$$n_刀 = \frac{1000v}{L} \tag{6-14}$$

式中　$n_刀$——每分钟往复行程次数（次/min）；

v——切削速度（m/min）；

L——刀具行程长度（mm）。

2. 展成运动

插齿时，插齿刀与工件之间必须保持一对圆柱齿轮的啮合运动关系，即插齿刀每转过一个齿，工件也必须转过一个齿。由插齿刀和工件为两端件的展成运动，传动链的计算位移量为插齿刀转过 $1/z_刀$ 转（$z_刀$ 为插齿刀齿数），工件转 $1/z_工$ 转（$z_工$ 为被加工齿轮的齿数）。

3. 径向进给运动

为使插齿刀逐步加工至全齿深，则插齿刀必须有径向进给运动。径向进给量是用插齿刀每次往复行程中工件或刀具径向移动的毫米数来表示。当径向移动至全齿深时，径向进给运动自行停止。插齿刀和工件必须对滚一周，直至加工出全部轮齿。

4. 圆周进给运动

展成运动只确定插齿刀和工件的相对运动关系，而运动地快慢由圆周进给运动来确定。插齿刀每一往复行程在分度圆上所转过的弧长称为圆周进给量，单位为 mm；圆周进给量的大小与加工生产率、刀具载荷、切削过程所形成的包络线密度等有关。圆周进给量越小，包络线密度越大，渐开线齿形的精度越高，刀具载荷也越小，但是生产率也就越低。

5. 让刀运动

为了避免插齿刀在返回行程中擦伤已加工的齿面和增加刀齿的磨损，应使刀具和工作台让开一段距离，在切削行程开始前恢复原位，这种刀具和工件之间的避让，称为让刀运动。让刀运动可由工作台往复直线运动或刀具主轴摆动来实现。由于工作台的惯量大，让刀的往复频度较高，容易引起振动，不利于切削速度的提高，而主轴的惯量小，因此大尺寸和新型号中小尺寸的插齿机，都由主轴摆动来实现让刀运动。

图 6-21 所示为插齿机的传动原理。主运动传动链由"电动机—1—2—u_v—3—4—5—曲

柄偏心盘 A—插齿刀主轴（往复直线运动）"组成，曲柄偏心盘 A 将旋转运动转换成往复直线运动，每分钟的往复次数由换置机构 u_v 来调整。圆周进给运动传动链由"插齿刀主轴（往复直线运动）—曲柄偏心盘 A—5—4—6—u_f—7—8—9—蜗杆副 B—插齿刀主轴（旋转运动）"组成，圆周进给量的大小由换置机构 u_f 来调整。展成运动传动链由"插齿刀主轴（旋转运动）—蜗杆副 B—9—8—10—u_x—11—12—蜗杆副 C—工作台主轴（旋转运动）"组成，插齿刀与工件所需的准确相对运动关系由换置机构 u_x 来调整。插齿机的展成运动传动链中比滚齿机多了一个刀具蜗杆副，即多了一部分传动误差，因此，插齿的运动精度一般比滚齿的低。

插齿机的布局可按径向进给运动和调位运动的不同分为两种基本形式：一种为工作台移动式，另一种为刀架移动式。图 6-22 所示为工作台移动式插齿机。

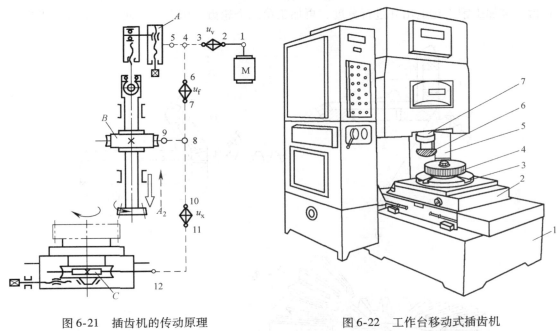

图 6-21　插齿机的传动原理

图 6-22　工作台移动式插齿机
1—床身　2—床鞍　3—工作台　4—工件
5—立柱　6—插齿刀　7—刀具主轴

二、刨齿机

按锥齿轮轮齿表面的成形原理，锥齿轮的加工方法主要有两种：一种为成形法，通常是使用盘形铣刀或指形齿轮铣刀和分度头在万能铣床上切齿。这种方法不但费时，而且加工精度较低；另一种是在锥齿轮加工中使用较多的展成法，刨齿机属于展成法加工直齿锥齿轮的机床。

展成法加工锥齿轮的基本原理，相当于一对啮合传动的锥齿轮，将其中一个锥齿轮转化为可对工件进行切削加工的刀具，并使它们保证准确的展成运动关系，即可加工出齿轮的渐开线齿形。为使刀具制造容易，机床结构简单，构成刀具的锥齿轮应采用平面齿轮或平顶齿轮。

100

图 6-23a 所示为一对锥齿轮相啮合的情况。如果将锥齿轮 2 转化为加工另一锥齿轮的刀具，则希望该刀具切削刃的线形越简单越好。将锥齿轮背锥展开后所形成的当量齿轮的齿形为渐开线，且大端到小端各截面上的齿廓并不相同，将这样的锥齿轮做成刀具，并要形成切削运动是很困难的。如图 6-23b 所示，现将锥齿轮 2 的节锥角 δ_2' 增大至 90°，其节锥面变为一圆平面，这时其背锥则变为一圆柱面，当量齿轮的节圆半径为无穷大，由背锥展开后所形成的当量齿轮的齿形为齿条，锥齿轮 2 转化成平面齿轮。平面齿轮在任意截面上的齿形都是直线。因此制造刀具容易，而且可获较高的精度。

刨齿机就是按这一原理对锥齿轮进行加工，如图 6-23c 所示。切齿时，两把相当于平面齿轮一个齿槽两齿廓的刨刀，沿平面齿轮半径方向做直线运动 A_1，形成切削加工的主运动，同时与被切锥齿轮做啮合运动，即 B_{22} 与 B_{21} 的旋转运动，形成渐开线齿廓。每加工完一个轮齿，被加工锥齿轮退出并进行分度，再加工第二个轮齿，依次进行便可加工出全部轮齿。

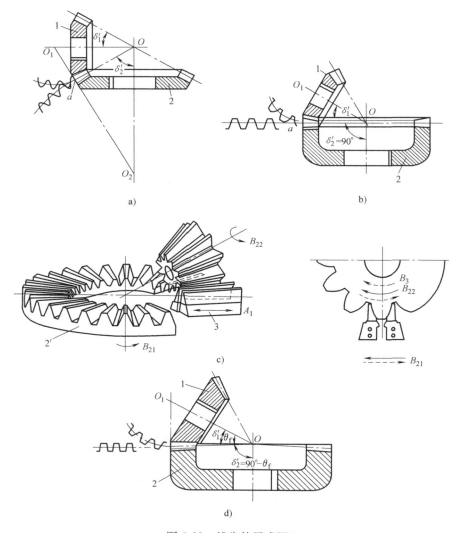

图 6-23　锥齿轮展成原理

按照上述原理加工锥齿轮虽然刀具易于制造，但由于平面齿轮的顶锥角是（$90° + \theta_f$）（θ_f 是被加工锥齿轮的齿根角），如图 6-23d 所示刀具的刀尖必须沿平面齿轮的顶锥面运动，或者说必须沿被加工锥齿轮的齿根运动。锥齿轮的齿根角不同，则刀具的运动轨迹也不相同，这就使得机床的结构较为复杂。在实际应用中，将上述原理中的平面齿轮改为"近似平面齿轮"的平顶齿轮，其顶锥角为 $90°$，节锥角为（$90° - \theta_f$），顶面为平面。这时加工锥齿轮的刀尖的运动轨迹沿齿顶平面运动，而且固定不变，不考虑被加工锥齿轮的齿根角的变化，使机床结构简化，减少刀架调整。平顶齿轮的当量圆柱齿轮的齿形，非常接近直线，但在理论上仍为渐开线。为了使刀具制造、刃磨方便，切削刃仍然制成直线，虽然存在理论误差，但由于齿根角一般都很小，对加工精度影响很小。

三、剃齿机

剃齿加工是对滚（插）齿后，未经淬火的直齿和斜齿圆柱齿轮进行齿形精加工的方法。剃齿刀是一个精度很高的斜齿轮，只是在齿面沿渐开线方向开有许多小槽，以形成切削刃，如图 6-24a 所示。

用圆盘剃齿刀加工直齿圆柱齿轮的原理如图 6-24c 所示。被剃直齿圆柱齿轮装夹在心轴上，它与剃齿刀啮合并由剃齿刀驱动其旋转，如同一对斜齿轮双面紧密啮合的齿轮副，因此，剃齿加工是一种自由啮合的展成加工。

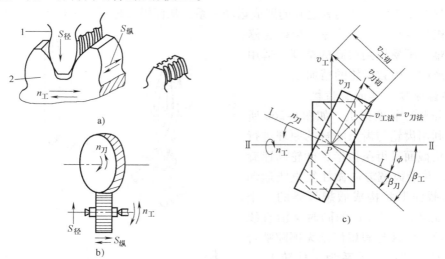

图 6-24　剃齿加工工作原理

剃齿所需的切削速度就是螺旋齿啮合传动中齿面相对滑动速度。图 6-24b 所示为一把左旋剃齿刀对右旋齿轮进行剃齿的情况，$v_刀$ 和 $v_工$ 分别为啮合点 P 剃齿刀旋转的圆周速度与工件旋转的圆周速度，$v_刀$ 和 $v_工$ 都可分解成切向分量和法向分量，在啮合点上的法向分量相等，两个切向分量不等，因而产生齿面相对滑动，这个相对滑动速度就是剃齿时的切削速度，可按下式计算

$$v_{切削} = v_{工切} \pm v_{刀切} = \frac{v_刀}{\cos\beta_工}\sin\phi \tag{6-15}$$

式中　ϕ——剃齿刀轴线与工件轴线的夹角，$\phi = \beta_工 \pm \beta_刀$；

$\beta_{\text{工}}$、$\beta_{\text{刀}}$——分别是工件与剃齿刀的螺旋角。

剃齿刀与被加工齿轮是点接触。如果剃齿时，工件不沿轴线做纵向进给，齿面上只能加工出一条接触点的痕迹，因此要加工出齿面的全齿宽，工作台必须带动工件沿其轴线做纵向往复运动。工作台每往复一次，剃齿刀应沿工件径向进给一次，直至被加工齿轮得到所需的齿厚。

普通的剃齿机应具备的运动是：剃齿刀的高速旋转；工作台沿工件轴线的纵向往复运动；每次往复后剃齿刀沿工件径向做进给运动。剃齿机的结构简单，调整方便。

四、磨齿机

磨齿机主要用于淬硬齿轮的精加工。磨齿可修正齿轮预加工中的各项误差，因此，磨齿的精度较高，一般可达 6 级精度或更高，但磨齿机的生产率较低。

1. 连续分度工作的磨齿机

连续分度磨齿机的工作原理如图 6-25 所示，它与滚齿的工作原理相似，砂轮呈蜗杆状，相当于滚刀。加工时，砂轮与工件保持严格的展成运动关系，轴向进给的往复运动一般由工件来完成。由于砂轮的线速度很高，砂轮的转速也就很高，使砂轮与工件的内联系传动中各传动件的转速很高，如用机械传动，则对各传动件提出很高的精度要求。目前较多的采用电气传动，由两个同步电动机分别传动砂轮与工件，用电气校正系统保证两者之间的展成运动关系，从而极大地简化了传动链。连续分度工

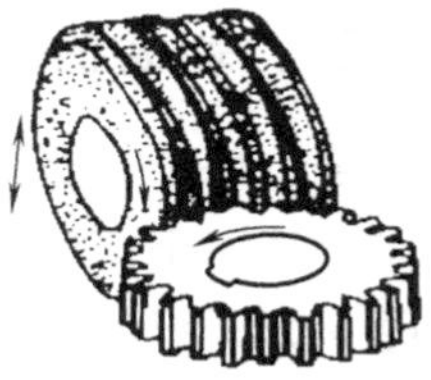

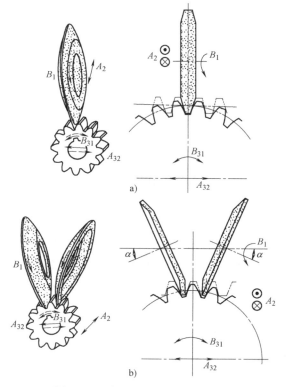

图 6-25　连续分度工作的磨齿原理

作的磨齿机具有较高的生产率，但砂轮修整较为困难，不易得到很高的精度，适用于大量生产中小模数齿轮的精加工。

2. 单齿分度工作的磨齿机

（1）锥形砂轮磨齿机　如图 6-26a 所示，它是利用齿轮与齿条啮合的原理进行磨齿。砂轮截面呈齿条齿形，砂轮高速旋转（B_1），并沿齿宽方向做往复直线运动（A_2），其截面形状构成假想齿条的一个齿。工件在旋转（B_{31}）的同时又沿直线移动（A_{32}），实现与假想齿条无侧隙啮合的展成运动。其运动关系为工件转 $1/z_{\text{工}}$ 转时，工件沿啮合节线方向移动一个齿距 πm。

用锥形砂轮磨齿时，在工件一个往复的纯滚动中，分别磨削一个齿槽的两个齿面。工件向右滚动时，砂轮右锥面从被加工齿轮的根部至顶部磨削一个齿槽的右齿面；然后工件反向向左滚动，砂轮左锥面从根部至顶部磨削这个齿槽的左齿面，整个齿面磨出以后工件分度并反向，当工件

图 6-26　单齿分度工作的磨齿原理

a）锥形砂轮型磨齿机　b）双碟形砂轮型磨齿机

再次向右滚动时，开始磨削下一个齿槽的循环。工件每往复滚动一次，磨削一个齿槽，经多次往复和分度后磨出全部轮齿。

由以上分析可知，用锥形砂轮磨齿时所需的运动是砂轮高速旋转运动 B_1 和砂轮沿工件齿宽方向的直线往复运动 A_2，这两个运动都是简单运动。模拟齿轮在齿条上做纯滚动的运动是工件的旋转运动 B_{31} 和直线运动 A_{32}，这两个运动构成展成运动，且为复合运动。

图 6-27 所示为锥形砂轮型磨齿机的传动原理图。砂轮旋转的主运动传动链由"M_1—1—2—u_v—3—4—砂轮主轴"构成，换置机构 u_v 用于调整砂轮的转速。砂轮的往复直线运动传动链由"M_2—8—7—u_{f1}—6—5—曲柄偏心盘 P—砂轮架溜板"构成，换置机构 u_{f1} 用于调整往复直线运动的速度。展成运动传动链由"回转工作台主轴—22—21—［合成机构］—19—18—u_x—11—10—9—纵向工作台"构成，换置机构 u_x 根据工件参数的变化调整传动比保证展成关系。展成速度的传动链"M_3—14—13—u_{f2}—12—10"组成，换置机构 u_{f2} 除调整展成速度以外，还是工件往复滚动的自动换向机构。工件分度运动传动链由"分度机构—15—16—u_i—17—20—［合成机构］—21—22—回转工作台主轴"构成，换置机构 u_i 用于调整每次分度时工作台转过的角度。每次分度时，由控制系统使其自动接通分度，然后脱开并由分度盘准确定位。

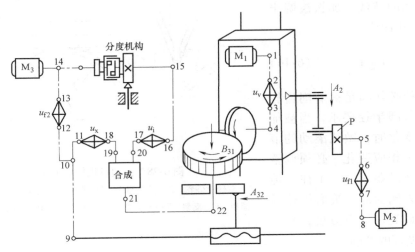

图 6-27　锥形砂轮型磨齿机的传动原理图

这种磨齿方法的机床，由于传动链由一系列齿轮、蜗杆副、丝杠等构成，传动精度不高，因此磨齿精度较低。与其他磨齿方法相比，其生产率仍属较高。

（2）双碟形砂轮型磨齿机　双碟形砂轮型磨齿机的工作原理与上述相似，用两个碟形砂轮构成假想齿条的两个齿侧面（图 6-26b），同时磨削工件的两齿侧面。砂轮的工作棱边很窄（其工作宽度约 0.5mm），棱边垂直于砂轮旋转轴线，虽然很容易修整，但较易磨损。为了保证有较高的工作精度，机床上备置有自动修整和自动补偿装置，可使砂轮工作表面所形成的假想齿条的齿面非常准确。同时为了缩短传动链，消除由于传动误差和间隙对加工精度带来的不利影响，采用滚圆盘和钢带组成的模拟纯滚动的机构，来实现加工所需的展成运动。由于砂轮工作棱边很窄，磨削时的切削力和磨削热都很小，因此用这种方法磨齿可获较高的精度，齿轮的精度可达 5 级以上，是磨齿机中磨齿精度最高的一种。但其切削用量很小，生产率很低。

滚圆盘机构的工作原理如图6-28所示。装夹工件11的主轴10支承在横向溜板2上，主轴10后端通过分度机构9与滚圆盘7连接。在滚圆盘7上有两根水平方向收紧的钢带4、8，一端固定在滚圆盘7上，另一端分别固定在支架6的两端，支架6被固定在纵向溜板5上。当曲柄盘3驱动横向溜板2做垂直于工件轴线的横向直线往复运动时，滚圆盘7在收紧钢带的约束下，带动工件一起模拟齿轮在齿条节线上做纯滚动。设钢带厚度为 δ，滚圆盘半径为 $r_{盘}$，将钢带长度不变的中间层作为纯滚动的节线，那么滚圆半径 $r_{滚}$ 可按下式计算

$$r_{滚} = r_{盘} + \frac{\delta}{2} \qquad (6\text{-}16)$$

滚圆半径必须满足被磨削齿轮做纯滚动的节圆半径要求，当被加工齿轮参数变化时，做纯滚动的节圆半径也发生相应变化，必须调整滚圆半径以满足要求。一个往复纯滚动磨出两齿侧面后，被磨齿轮横向移动脱离砂轮，进行分度，然后再进行下一循环的磨削。

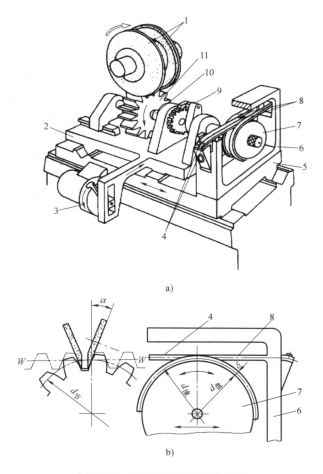

图6-28　滚圆盘机构的工作原理

1—双碟形砂轮　2—横向溜板　3—曲柄盘　4、8—钢带　5—纵向溜板　6—支架　7—滚圆盘　9—分度机构　10—主轴　11—工件

思 考 题

1. 试分析用成形法和展成法加工圆柱齿轮各有什么特点。

2. 为什么在机床传动链中需设置换置机构？机床传动链中的换置机构是否可以放里在传动链中的任何位置，试举例说明机床传动链的换置计算一般可分为几个步骤。

3. 试画出在滚齿机上加工直齿、斜齿、齿数大于100的质数直齿圆柱齿轮时的传动原理图，并说明哪些传动链是内联系传动链，写出各条传动链的两端件与计算位移量。

4. 在滚齿机上滚切斜齿圆柱齿轮时，附加运动和垂直进给运动传动链的两端件都是工作台和刀架，这两条传动链是否可以合并为一条传动链，为什么？

5. 在滚齿机上滚切斜齿圆柱齿轮时，如何判断展成运动和附加运动的方向？

6. 如果改变下列某一条件（其他条件不变），滚齿机上哪些传动链的换向机构应变向：

（1）加工直齿圆柱齿轮改为加工斜齿圆柱齿轮；

（2）由逆铣滚齿改为顺铣滚齿；

（3）使用右旋滚刀改为左旋滚刀；

（4）由滚切右旋斜齿轮改为滚切左旋斜齿轮。

7. 在滚齿机上滚切斜齿圆柱齿轮所产生的螺旋角误差与哪些因素有关？如何保证一对相互啮合的斜齿圆柱齿轮的螺旋角相等？

8. 在 Y3150E 型滚齿机上滚切下列齿轮，使用滚刀的参数为 $K=1$，$\lambda_f=3°20'$，外直径为 100mm，切削速度为 20m/min，工件每转垂直进给量为 1mm/r。试确定滚刀安装角及各换置机构的交换齿轮，并说明调整步骤和注意的问题。

（1）直齿圆柱齿轮，$m_n=4$mm，$z=127$；

（2）斜齿圆柱齿轮，$m_n=4$mm，$z=78$，$\beta=15°$，右旋。

9. 在滚齿机上加工齿轮时，为什么要对滚刀进行对中？如何对中？对滚刀的选择和安装精度有什么要求？

10. 对比滚齿机和插齿机的加工方法，试说明它们各自的特点及应用范围。

11. 试说明应用成形法、连续分度展成法、单齿分度展成法磨削齿轮，各有什么特点。磨削内齿轮应采用哪一种方法加工？

12. 为什么锥齿轮加工机床的工作原理有假想平面齿轮和假想平顶齿轮之分？在机床上，如何实现假想齿轮与工件的啮合关系，并把工件的全部轮齿切出？

13. 在磨齿机上采用滚圆盘钢带机构产生展成运动有什么优点？

第七章　其他类型机床

【能力目标】　了解各种金属切削机床的组成、功用、运动和加工特点；熟悉各种机床的构造、用途及工艺范围。使学生能够根据加工零件的工艺要求，结合本机床的特点，合理地选择机床。

【内容简介】　切削加工是将金属毛坯加工成具有较高精度的形状、尺寸和较高表面质量零件的主要加工方法。金属切削机床是切削加工机器零件的主要设备。本章学习的目的在于开阔学生的眼界，学习机床的选用，为合理选择机械零件的加工方法奠定基础。

【相关知识】

第一节　钻　床

钻床主要用于加工一些尺寸不是很大，精度要求不是很高，外形较复杂，没有对称回转线的孔。在钻床上可以进行的工作如图 7-1 所示。加工时，刀具一面旋转做主运动，一面沿其轴线移动做进给运动。加工前，须调整机床，使刀具轴线对准被加工孔的中心线；在加工过程中，工件是固定不动的。

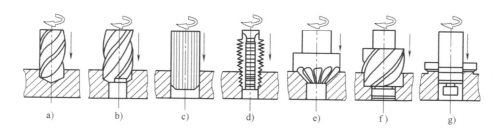

图 7-1　钻床的加工方法

通常，表明钻床加工能力的主参数是最大钻孔直径。钻床按结构的不同可分为立式钻床、摇臂钻床、深孔钻床等。

一、立式钻床

图 7-2 所示为立式钻床。它由变速箱 4、进给箱 3、主轴 2、立柱 5、工作台 1 和底座 6 等组成。主轴 2 的旋转运动是由电动机经变速箱 4 传动的。加工时，工件直接或通过夹具安装在工作台上，主轴既旋转又做轴向进给运动。进给箱 3 和工作台 1 可沿立柱 5 的导轨调整上下位置，以适应加工不同高度的工件。

在立式钻床上，加工完一个孔后再加工另一个孔时，需要移动工件，使刀具与另一个孔对准，这对于大而重的工件，操作很不方便，因此，立式钻床仅适用于单件、小批量生产的中、小型零件。立式钻床的主参数是最大钻孔直径。

二、摇臂钻床

一些大而重的工件在立式钻床上加工很不方便，这时希望工件固定不动，移动主轴，使主轴中心对准被加工孔的中心，因此就产生了摇臂钻床。

图7-3 所示为摇臂钻床。它由外立柱3、内立柱2、摇臂4、主轴箱5、主轴6 和底座1 等组成。主轴箱5 可沿摇臂4 的导轨横向调整位置，摇臂4 可沿外立柱3 的圆柱面上下调整位置，此外，摇臂4 及外立柱3 又可绕内立柱2 转动至不同的位置。通过摇臂绕立柱的转动和主轴箱在摇臂上的移动，使钻床的主轴可以找正工件的待加工孔的中心。找正后，应将内外立柱之间、摇臂与外立柱之间、主轴箱与摇臂之间的位置分别固定，再进行加工。工件可以安装在工作台底座上。摇臂钻床广泛应用于单件和中、小批量生产的大、中型零件的加工。摇臂钻床的主参数是最大跨距。

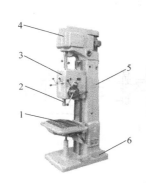

图 7-2　立式钻床
1—工作台　2—主轴　3—进给箱
4—变速箱　5—立柱　6—底座

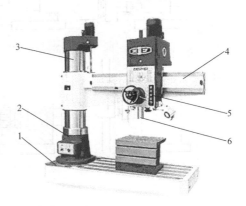

图 7-3　摇臂钻床
1—底座　2—内立柱　3—外立柱
4—摇臂　5—主轴箱　6—主轴

三、深孔钻床

深孔钻床是专门化机床，专门用于加工深孔（孔的长度大于其直径的5 倍以上），如加工枪管、炮筒和机床主轴等零件的深孔。这种机床的总布局与车床类似，通常呈卧式布局，是因为被加工孔较深，而且工件往往又较长，为了便于排屑及避免机床过于高大，为了减少孔中心线的偏斜，加工时通常由工件的转动来实现主运动，而深孔钻头并不转动，只做直线的进给运动。在深孔钻床中备有切削液输送装置及周期退刀排屑装置。

深孔钻床的主参数是最大钻孔深度。

第二节　镗　床

镗床主要用于加工工件上已经有了铸造的孔或加工的孔，常用于加工尺寸较大及精度较高的场合，特别适宜于加工分布在不同表面上、孔距尺寸精度和位置精度要求十分严格的孔系，如各种箱体、汽车发动机缸体的孔系。镗床主要用镗刀进行镗孔，还可进行钻孔、铣平面和车削等工作，适用于批量较小的加工。

镗床的主要类型有卧式镗床、坐标镗床、金刚镗床等。

一、卧式镗床

卧式镗床的加工范围很广，除镗孔外，还可以车端面、车外圆、车螺纹、车沟槽、铣平面、铣成形表面及钻孔等。对于体积较大的复杂的箱体类零件，卧式镗床能在一次安装中完成各种孔和箱体表面的加工，且能较好地保证其尺寸精度和几何公差。卧式镗床的工艺范围如图7-4所示。

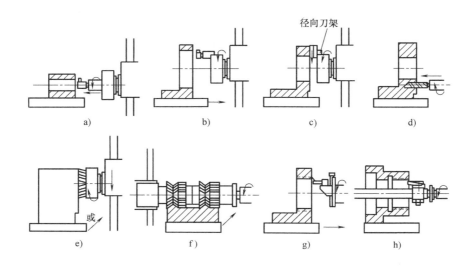

图 7-4　卧式镗床的工艺范围

图7-5所示为卧式镗床。它由主轴箱1、前立柱2、镗杆3、平旋盘4、工作台5、上滑座6、下滑座7、带后支承9的后立柱10等组成。加工时，刀具装在主轴箱1的镗杆3或平旋盘4上，主轴箱可获得各种转速和进给量。主轴箱可沿前立柱2的导轨上下移动。工件安装在工作台5上，可与工作台一起随下滑座7或上滑座6做纵向或横向移动。工作台还可绕上滑座的圆导轨在水平平面内调整至一定的角度位置，以便加工互相成一定角度的孔或平面。后立柱10上的后支承9用于支承悬伸长度较大的镗杆的悬伸端，以增加刚性。后支承可沿后立柱上的导

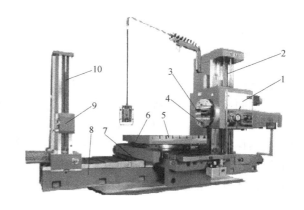

图 7-5　卧式镗床

1—主轴箱　2—前立柱　3—镗杆　4—平旋盘
5—工作台　6—上滑座　7—下滑座　8—床身
9—后支承　10—后立柱

轨与主轴箱1同步升降，以保持后支承9的支承孔与镗杆在同一轴线上。后立柱10可沿床

身 8 的导轨移动，以适应镗杆的不同悬伸。卧式镗床的主参数是镗轴直径。

二、坐标镗床

坐标镗床属于高精度机床，主要用在尺寸精度和位置精度都要求很高的孔及孔系的加工中。它的特点是：主要零部件的制造精度和装配精度都很高，而且还具有良好的刚性和抗振性；机床对使用环境温度和工作条件提出了严格要求；机床上配备有精密的坐标测量装置，能精确地确定主轴箱、工作台等移动部件的位置，一般定位精度可达 0.2μm。

坐标镗床有卧式、立式单柱及立式双柱等类型。

1. 卧式坐标镗床

图 7-6 所示为卧式坐标镗床。它由横向滑座 1、纵向滑座 2、回转工作台 3、主轴箱 5、床身 6 及立柱 4 等组成。横向滑座 1 沿床身 6 的导轨横向移动和主轴箱 5 沿立柱 4 的导轨上下移动来实现机床两个坐标方向的移动。回转工作台 3 可以在水平面内回转角度，进行精密分度。进给运动由纵向滑座 2 的纵向移动或主轴的轴向移动来实现。

卧式坐标镗床的主参数是工作台台面的宽度。

2. 立式单柱坐标镗床

图 7-7 所示为立式单柱坐标镗床。它由主轴箱 5、工作台 3、床身 1、立柱 4 及床鞍 2 等组成。主轴由高精度轴承支承在主轴套筒中，它的旋转运动是由立柱 4 内的电动机经装在立柱内的变速箱及 V 带传动的。主轴套筒可在垂直方向做机动或手动进给。立柱 4 是一个矩形柱，主轴箱 5 装在立柱 4 的垂直导轨上，可上下调整其位置，以适应不同高度工件的加工。工件固定在工作台 3 上，工作台 3 沿床鞍 2 的导轨做纵向移动及床鞍 2 沿床身 1 的导轨做横向移动，实现了两个坐标方向的移动。

立式单柱坐标镗床属于中小型机床，它的主参数是工作台台面的宽度。

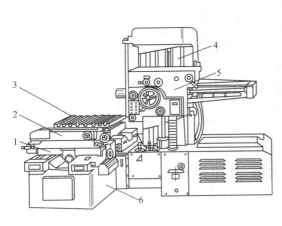

图 7-6　卧式坐标镗床

1—横向滑座　2—纵向滑座　3—回转工作台
4—立柱　5—主轴箱　6—床身

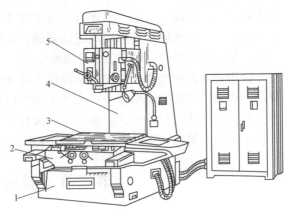

图 7-7　立式单柱坐标镗床

1—床身　2—床鞍　3—工作台　4—立柱　5—主轴箱

3. 立式双柱坐标镗床

图7-8所示为立式双柱坐标镗床。它由主轴箱2、工作台4、双立柱3、横梁1及床身5等组成。机床两个坐标方向的移动分别由主轴箱2沿横梁1导轨的横向移动和工作台4沿床身5导轨的纵向移动来实现。横梁1可沿立柱3的导轨上下调整位置，以适应不同高度工件的加工需要。

立式双柱坐标镗床的优点是：立柱是双柱框架式结构，刚度好；工作台和床身之间的层次比单立柱式的少，增加了刚度；主轴中心线的悬伸距离也可以小一些，这对保证加工精度有利。因此，大型坐标镗床常采用双柱式结构。

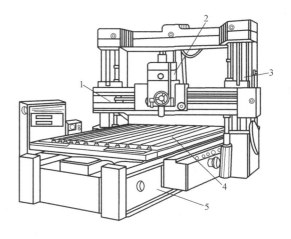

图7-8 立式双柱坐标镗床
1—横梁 2—主轴箱 3—双立柱 4—工作台 5—床身

三、金刚镗床

金刚镗床是一种高速精密镗床，它的主轴短而粗，由电动机经 V 带直接带动而做高速旋转，进行镗削，所用的镗刀多由金刚石或硬质合金材料制成。金刚镗床的特点是：切削速度高，切削深度和进给量较小，因此，可以获得很高的加工精度和表面质量。

图7-9所示为金刚镗床。它由主轴箱1、工作台3、主轴2及床身4等组成。主轴箱1固定在床身4上，由电动机经 V 带传动直接带动而做主运动，主轴2的端部设有消振器，由于其结构短粗，刚性高，故主轴运转平稳而精确。工件通过夹具安装在工作台3上，工作台3沿床身4导轨做平稳的低速纵向移动以实现进给运动。工作台上一般为液压驱动，可实现半自动循环。

金刚镗床的种类很多，按其布局形式可分为单面、双面和多面的金刚镗床；按其主轴的位置可分为立式、卧式和倾斜式金刚镗床；按其主轴的数量可分为单轴、双轴和多轴的金刚镗床。

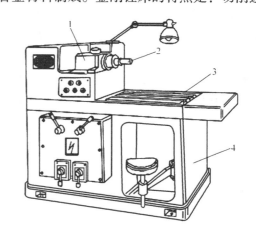

图7-9 金刚镗床
1—主轴箱 2—主轴 3—工作台 4—床身

第三节 刨床、插床和拉床

一、刨床

刨床是直线运动机床，刨床类机床主要用于加工各种平面和沟槽。刨床的主运动和进给运动均为直线运动，由刀具的移动实现主运动，由工件的移动实现进给运动。它的特点是：

机床和刀具的结构较简单，通用性较好，生产率较低，加工精度一般可达 IT7 ~ IT8，表面粗糙度可控制在 $Ra1 \sim 6.3\mu m$。

刨床的主要类型有：牛头刨床、龙门刨床等。

1. 牛头刨床

图 7-10 所示为牛头刨床。它由床身 5、滑枕 4、刀架 3、滑座 2、工作台 1 及底座 6 等组成。床身 5 装在底座 6 上，滑枕 4 带动刀架 3 做往复主运动，滑座 2 带动工作台 1 沿床身上的垂直导轨上下升降，以适应不同高度的工件加工。工作台 1 带着工件沿滑座 2 做间歇的横向进给运动。刀架 3 可在左右两个方向上调整角度，以便加工斜面。牛头刨床适用于加工单件小批量生产的中小型零件。

牛头刨床的主参数是最大刨削长度。

2. 龙门刨床

图 7-11 所示为龙门刨床。它由立柱 3 和 7、床身 10、顶梁 4、横梁 2、两个立刀架 5 和 6、工作台 9 及两个横刀架 1 和 8 等组成。立柱 3 和 7 固定在床身 10 的两侧，由顶梁 4 连接；横梁 2 可在立柱上升降，从而组成一个"龙门"式框架。龙门刨床有 3 个进给箱：一个在横梁 2 的右端，驱动两个立刀架；其余两个分别装在左、右横刀架上。工作台、进给箱及横梁升降等，都由单独的电动机驱动。工作台 9 可在床身 10 上做纵向直线往复运动。两个横刀架 1 和 8 可分别在两根立柱上作升降运动。

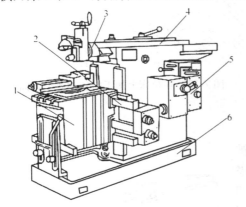

图 7-10　牛头刨床
1—工作台　2—滑座　3—刀架
4—滑枕　5—床身　6—底座

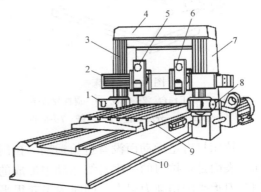

图 7-11　龙门刨床
1、8—横刀架　2—横梁　3、7—立柱　4—顶梁
5、6—立刀架　9—工作台　10—床身

龙门刨床主要用于中、小批量生产及修理车间，加工大平面，特别是长而窄的平面；也可在工作台上安装几个中、小型零件，同时切削。

二、插床

插床实质上是立式刨床。主要用于加工工件的内表面，如内孔中的键槽及多边形孔等，有时也用于加工成形内、外表面。插床的主运动是滑枕带动刀架沿垂直方向做直线往复运动。图 7-12 为插床。滑枕 2 向下移功为工作行程，向上为空行程。滑枕导轨座 3 可以绕销轴 4 在小范围内调整角度，以便加工倾斜的内、外表面。床鞍 6 及溜板 7 可分别做横向及纵向进给，回转工作台 1 可绕垂直轴线旋转，完成圆周进给或进行分度。回转工作台在上述各方向的进给运动是在滑枕行程结束后的短时间内进行的。回转工作台的分度用分度装置 5 来实现。

插床适用于单件小批量生产。

三、拉床

拉床是用拉刀进行加工的机床，主要用于加工各种形状的通孔、平面及成形表面等，图 7-13 所示为在拉床上加工的各种典型表面。

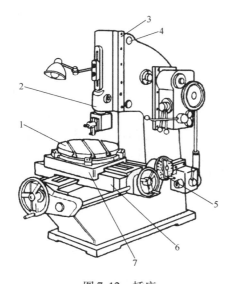

图 7-12　插床
1—回转工作台　2—滑枕　3—滑枕导轨座
4—销轴　5—分度装置　6—床鞍　7—溜板

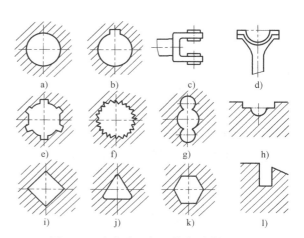

图 7-13　在拉床上加工的各种典型表面

拉床只有主运动而没有进给运动。拉削时，被加工表面是在拉刀的一次直线运动中形成的，考虑到拉刀承受的切削力很大，同时为了获得平稳的切削运动，因此，拉床的主运动速度较慢，通常采用液压驱动。

拉床按用途可分为内拉床和外拉床；按机床布局可分为卧式、立式和链条式等。图 7-14 所示为卧式内拉床，床身 1 内装有液压缸 2，由液压泵供给液压油驱动活塞。活塞杆带动拉刀沿水平方向做主运动。加工时，工件以其端面紧靠在支承座 3 的平面上，护送夹头 5 及滚柱 4 向左移动，护送拉刀穿过工件预制孔，并将拉刀左端柄部插入拉刀夹头。加工时滚柱 4 下降不起作用。

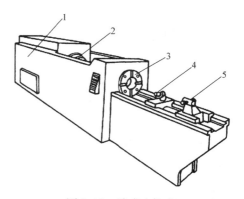

图 7-14　卧式内拉床
1—床身　2—液压缸　3—支承座
4—滚柱　5—护送夹头

拉削加工的生产率高，并可获得较高的加工精度和较小的表面粗糙度值。但刀具结构复杂，制造与刃磨费用较高，因此，仅适用于大批量的生产中。

思 考 题

1. 各类机床中，可用于加工内孔、平面和沟槽的各有哪些机床？它们的适用范围有何区别？
2. 钻床和镗床都是孔加工机床，试说明他们的区别。
3. 坐标镗床在结构和使用条件方面有什么特点？
4. 为什么在坐标镗床和金刚镗床上能加工出精密孔？这两种机床的应用范围有何区别？

第八章 数控机床概述

【能力目标】 了解数控机床的组成、工作原理、特点及应用范围，重点掌握数控机床的工作原理、组成和分类。使学生能够根据零件的类型合理地选择数控机床。

【内容简介】 数控机床也称为数字程序控制机床，是一种用数字化的代码作为指令，由数字控制系统对机床及其加工过程进行控制的自动化机床，它是综合应用了电子技术、计算机技术、自动控制、精密测量技术和机床设计等领域的先进技术而发展起来的一种自动化机床。数控机床具有较大的灵活性，特别适用于生产对象经常改变的地方，并能方便地实现对复杂零件的高精度加工，它是实现柔性生产自动化的重要设备。

【相关知识】

第一节 数控机床的组成及其工作原理

一、数控机床的组成

数控机床主要由以下几个部分组成，如图 8-1 所示。

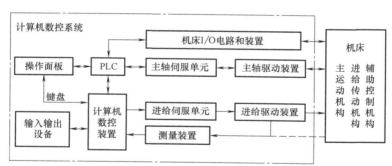

图 8-1 数控机床的组成

1. 计算机数控装置（CNC 装置）

计算机数控装置是计算机数控系统的核心，如图 8-2 所示。其主要作用是根据输入的加工程序或操作命令进行相应的处理，然后输出控制命令到相应的执行部件（伺服单元、驱动装置和 PLC 等），完成加工程序或操作人员所要求的工作。所有这些都是在 CNC 装置协调控制、合理组织下，使整个系统有条不紊地工作。CNC 装置主要由计算机系统、位置控制板、PLC 接口板、通信接口板、扩展功能模块以及相应的控制软件等模块组成。

2. 伺服系统

伺服系统是数控系统和机床本体之间的电传动联系环节，如图 8-3 所示。它主要由伺服电动机、驱动控制系统、位置检测反馈装置组成。伺服系统包括主轴伺服驱动装置、主轴电动机、进给伺服驱动装置及进给电动机。主轴伺服驱动装置的主要作用是实现零件加工的切

图 8-2 计算机数控装置

削运动，其控制量为速度。进给伺服驱动装置的主要作用是实现零件加工的成形运动，其控制量为速度和位置，特点是能灵敏、准确地实现 CNC 装置的位置和速度指令。

图 8-3 伺服系统

3. 控制面板

控制面板又称为操作面板，是操作人员与数控机床（系统）进行信息交互的工具。操作人员可以通过它对数控机床（系统）进行操作、编程、调试或对机床参数进行设定和修改，也可以通过它了解或查询数控机床（系统）的运行状态。它是数控机床的一个输入输出部件，主要由按钮站、状态灯、按键阵列（功能与计算机键盘一样）和显示器等部分组成。

4. 控制介质与程序输入输出设备

控制介质是记录加工程序的媒介，是人与机床建立联系的介质。程序输入输出设备是 CNC 系统与外部设备进行信息交互的装置，其作用是将记录在控制介质上的加工程序输入到 CNC 系统中，或将已调试好的加工程序通过输出设备存放或记录在相应的介质上。目前，数控机床常用的控制介质和程序输入输出设备是软盘和磁盘驱动器等。

此外，现代数控系统一般可利用通信方式进行信息交换。这种方式是实现计算机辅助设计（CAD）/计算机辅助制造（CAM）的集成、柔性制造系统（FMS）和计算机集成制造系统（CIMS）的基本技术。目前，在数控机床上常用的通信方式有：

1）串行通信。

2）自动控制专用接口。

3）网络技术。

5. PLC、机床输入/输出（I/O）电路和装置

PLC 是用于进行与逻辑运算、顺序动作有关的 I/O 控制，它由硬件和软件组成。机床 I/O 电路和装置是用于实现 I/O 控制的执行部件，是由继电器、电磁阀、行程开关、接触器等组成的逻辑电路。它们共同完成以下任务：

1）接受 CNC 系统的 M、S、T 指令，对其进行译码并转换成对应的控制信号，控制辅助装置完成机床相应的开关动作。

2）接收操作面板和机床侧的 I/O 信号，送入 CNC 装置，经其处理后，输出指令控制 CNC 系统的工作状态和机床动作。

6. 机床本体

机床本体是数控系统的控制对象，是实现加工零件的执行部件。它主要由主运动部件（主轴、主运动传动机构）、进给运动部件（工作台、拖板及相应的传动机构）、支承件（立柱、床身等）以及特殊装置、自动工件交换（APC）系统、自动刀具交换（ATC）系统和辅助装置（如冷却、润滑、排屑、转位和夹紧装置等）组成。

二、数控机床的工作原理

数字控制（Numerical Control，简称 NC）是相对于模拟控制而言的。在数字控制系统中，处理信息的量主要是离散的数字量，而不是像模拟控制系统中主要处理连续的模拟量。早期的数字控制系统是采用数字逻辑电路连接成的，而目前是采用计算机数控系统（Computer Numerical Control），即 CNC 系统。机床数控技术就是以数字化 的信息实现机床的自动控制的一门技术。其中，刀具与工件运动轨迹的自动控制，刀具与工件相对运动的速度自动控制，是机床数字控制最主要的控制内容。

数控机床进行加工时，首先必须将工件的几何数据和工艺数据等加工信息，按规定的代码和格式编制成加工程序，并用适当的方法将加工程序输入数控系统。数控系统对输入的加工程序进行数据处理，输出各种信息和指令，控制机床各部分按规定有序地动作。最基本的信息和指令包括：各坐标轴的进给速度、进给方向和进给位移量，各状态控制的 I/O 信号等。

数控机床的运行处于不断地计算、输出、反馈等控制过程中，从而保证刀具和工件之间相对位置的准确性。

虽然数控加工与传统的机械加工相比，在加工方法和内容上有许多相似之处，但由于采用了数字化的控制形式和数控机床，许多传统加工过程中的人工操作被计算机和数控系统的自动控制取代。

如图 8-4 所示，数控机床加工零件的具体工作过程如下：

1）按照图样的技术要求和工艺要求，编写加工程序。

2）将加工程序输入到数控系统中。

3）数控系统对加工程序进行处理、运算。

4）数控系统按各坐标轴分量将命令信号送到各轴驱动电路。

5）驱动电路对命令信号进行转换、放大后，输入到伺服电动机，驱动伺服电动机旋转。

6）伺服电动机带动各轴运动，并进行反馈控制，使刀具、工件以及辅助装置严格按照加工程序规定的顺序、轨迹和参数工作，完成零件轮廓加工。

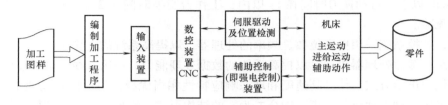

图 8-4　数控机床加工零件的工作过程

第二节　数控机床的特点及分类

一、数控机床的特点

1. 数控机床的加工特点

（1）适应性强　适应性即所谓的柔性，是指数控机床随生产产品变化而变化的适应能力。在数控机床上改变零件时，只需要新编制加工程序，输入新的加工程序后就能实现对新零件的加工，而不需改变机械部分和控制部分的硬件，且生产过程是自动完成的。这就为复杂结构零件的单件小批量生产以及试制新产品提供了极大的方便。适应性强是数控机床最突出的优点，也是数控机床得以生产和迅速发展的主要原因。

（2）精度高、产品质量稳定　数控机床是按数字形式给出的指令进行加工的，一般情况下工作过程不需要人工干预，这就消除了操作者人为产生的误差。在设计制造数控机床时，采取了许多措施，使数控机床的机械部分达到了较高的精度和刚度。数控机床工作台的移动精度普遍达到了 0.01 ~ 0.0001mm，而且进给传动链的反向间隙与丝杠螺距误差等，均可由数控装置进行补偿，高档数控机床采用光栅尺进行工作台移动的闭环控制。数控机床的加工精度由过去的 ±0.01mm 提高到 ±0.005mm 甚至更高。在 20 世纪 90 年代初、中期定位精度已经达到 ±0.002 ~ ±0.005mm。此外，数控机床的传动系统与机床结构都具有很高的刚度和热稳定性。通过补偿技术，数控机床可获得比本身精度更高的加工精度；尤其能提高同一批零件生产的一致性，产品合格率高，加工质量稳定。

（3）高速度、高效率　零件的加工时间主要包括机动时间和辅助时间两部分。数控机床的主轴转速和进给量的变化范围比普通机床大，因此，数控机床的每一道工序都可选用最有利的切削用量。由于数控机床结构刚性好，因此允许进行大切削量的强力切削，这就提高了数控机床的切削效率，节省了机动时间。数控机床的移动部件空行程运动速度快，工件装夹时间短，刀具可自动更换，辅助时间比一般机床大为减少。

数控机床更换加工零件时几乎不需要重新调整机床，节省了零件安装调整时间。数控机床加工质量稳定，一般只作首件检验和工序间关键尺寸的抽样检验，因此节省了停机检验时间。在加工中心机床上加工时，一台机床实现了多道工序的连续加工，生产效率的提高更为显著。

目前，高速数控机床的车削和铣削的切削速度已达到 9000 ~ 20000m/min，主轴转速在

40000 ~ 100000r/min，数控机床能在极短时间内实现升速和降速，以保持很高的定位精度；工作台的移动速度，在分辨率为 1μm 时，可达 100m/min 以上，在分辨率为 0.1μm 时，可达 240m/min 以上；自动换刀时间在 1s 以内，工作台交换时间在 2.5s 以内，并且高速化的趋势有增无减。

目前，数控系统采用更高位数、频率的处理器，以提高系统的运算速度；采用超大规模的集成电路和多微处理器机构，以提高系统的数据处理能力；采用直线电动机直接驱动工作台的直线伺服进给方式，使其高速度和动态响应特性相当优越；为适应超高速加工的要求，数控机床采用主轴电动机与机床主轴合二为一的结构形式，实现了变频电动机与机床主轴的一体化；主轴电动机的轴承采用磁浮轴承、液体动静压轴承或陶瓷滚动轴承等形式；目前，陶瓷刀具和金刚石涂层刀具已普遍得到应用。

（4）能实现复杂的运动　普通机床难以实现或无法实现的轨迹为三次以上的曲线或曲面的运动，如螺旋桨、汽轮机叶片之类的空间曲面；而数控机床则可实现几乎是任意轨迹的运动和加工任何形状的空间曲面，适应于复杂异形零件的加工。

（5）良好的经济效益　数控机床虽然设备昂贵，加工时分摊到每个零件上的调和折旧费较高，但在单件小批量生产的情况下，使用数控机床加工可节省划线工时，可减少调整、加工和检验时间，可节省直接生产费用。数控机床加工零件时一般不需制作专用夹具，则节省了工艺装备费用。数控机床的加工精度稳定，减少了废品率，使生产成本进一步下降。此外，数控机床可实现一机多用，则节省了厂房面积和建厂投资。因此，使用数控机床可获得良好的经济效益。

（6）有利于生产管理的现代化　数控机床使用数字信息与标准代码处理、传递信息，特别是在数控机床上使用计算机控制，为计算机辅助设计、制造以及管理一体化奠定了基础。

2. 数控机床的使用特点

（1）对维修人员的技术水平要求较高　数控机床采用计算机控制，驱动系统具有较高的技术复杂性，机械部分的精度要求也比较高。因此，要求数控机床的操作、维修及管理人员具有较高的文化水平和综合技术素质。数控机床的加工是根据程序进行的，零件形状简单时可采用手工编制程序。当零件形状比较复杂时，编程工作量大，手工编程较困难且易出错，因此必须采用计算机自动编程。所以，数控机床的操作人员除了应具有一定的工艺知识和普通机床的操作经验之外，还应对数控机床的结构特点、工作原理非常了解，具有熟练操作计算机的能力，须在程序编制方面进行专门的培训，考核合格才能上机操作。正确的维护和有效的维修也是使用数控机床中的一个重要问题。数控机床的维修人员应有较高的理论知识和维修技术，要了解数控机床的机械结构，懂得数控机床的电气原理及电子电路，还应有比较广泛的机、电、气、液专业知识，这样才能综合分析、判断故障的根源，正确地进行维修，保证数控机床的良好运行。因此，数控机床维修人员和操作人员一样，必须进行专业培训。

（2）对夹具和刀具的要求较高　数控机床对夹具的要求比较高，单件生产时一般采用通用夹具。而批量生产时，为了节省加工工时，应使用专用夹具。数控机床的夹具应定位可靠，可自动夹紧或松开工件。夹具还应具有良好的排屑、冷却性能。

数控机床的刀具应该具有以下特点：

1) 具有较高的精度、刀具寿命，几何尺寸稳定、变化小。

2) 刀具能实现机外预调和快速换刀，加工高精度孔时要经试切削确定其尺寸。

3) 刀具的柄部应满足柄部标准的规定。

4) 很好地控制切屑的折断和排出。

5) 具有良好的冷却性能。

3. 数控机床的结构特点

（1）高刚度和高抗振性 由于数控机床经常在高速和连续重载切削条件下工作，所以要求机床的床身、工作台、主轴、立柱、刀架等主要部件均需有很高的刚度，工作中应无变形和振动。例如，床身各部分合理分布加强肋，以承受重载与重切削力；工作台与拖板应具有足够的刚性，以承受工件重量，并使工作平稳；主轴在高速下运转，应具有较高的径向转矩和轴向推力；立柱在床身上移动时应平稳，且能承受大的切削力；刀架在切削加工中应平稳而无振动等。

（2）高灵敏度 数控机床在加工过程中，要求运动部件具有高的灵敏度。导轨部件通常采用滚动导轨、塑料导轨、静压导轨等，以减少摩擦力，在低速运动时无爬行现象。由电动机驱动，经滚珠丝杠或静压丝杠带动数控机床的工作台、刀架等部件的移动，主轴既要在高刚度、高速下回转，又要有高灵敏度，因而多数采用滚动轴承和静压轴承。

（3）热变形小 为保证部件的运动精度，要求机床的主轴、工作台、刀架等运动部件的发热量要小，以防止产生热变形。为此，立柱一般采取双壁框式结构，在提高刚度的同时使零件结构对称，防止因热变形而产生倾斜偏移。通常采用恒温冷却装置，减少主轴轴承在运转中产生的热量。为减少电动机运转发热的影响，在电动机上安装有散热装置和热管消热装置。

（4）高精度保持性 在高速、强力切削下满载工作时，为保证机床长期具有稳定的加工精度，要求数控机床具有较高的精度保持性。除了应正确选择有关零件的材料，以防止使用中的变形和快速磨损外，还要求采取一些工艺性措施，如淬火、磨削导轨、粘贴抗磨塑料导轨等，以提高运动部件的耐磨性。

（5）高可靠性 数控机床应能在高负荷下长时间无故障地连续工作，因而对机床部件和控制系统的可靠性提出了很高的要求。柔性制造系统中的数控机床可在24h运转中实现无人管理，可靠性显得更为重要。为此除保证运动部件不出故障外，频繁动作的刀库、换刀机构、托盘、工件交换装置等部件，必须保证能长期而可靠地工作。

（6）工艺复合化和功能集成化 所谓"工艺复合化"，简单地说，就是"一次装夹、多工序加工"。"功能集成化"主要是指数控机床的自动换刀机构和自动托盘交换装置的功能集成化。随着数控机床向柔性化和无人化发展，功能集成化的水平更高地体现在工件自动定位、机内对刀、刀具破损监控、机床与工件精度检测和补偿等功能上。

由于生产率发展的需要，数控机床的机械结构随着数控技术的发展，两者相互促进，相互推动，发展了不少不同于普通机床的、完全新颖的机械结构和部件。

二、数控机床的分类

数控机床的品种很多，根据其加工、控制原理、功能和组成，可以从以下几个不同的角度进行分类。

1. 按工艺用途分类

（1）切削类　切削类数控机床是指具有切削加工功能的数控机床。

1）普通型数控机床。最常用的普通型数控机床有数控车床、数控铣床、数控钻床、数控镗床、数控磨床和数控齿轮加工机床等金属切削类机床。

① 典型的数控车床，如图8-5所示。从布局上看，刀架结构与普通车床相比变化较大，工件装夹在主轴前端，随主轴旋转；刀具安装在回转刀架上，刀架做纵向和横向两个坐标轴的移动。在数控车床上除了能够完成普通车床上的工艺内容外，还能完成各种复杂的内、外回转表面的加工。如加工如图8-6所示的手把零件。

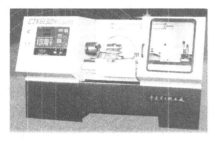

图8-5　数控车床

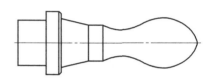

图8-6　手把零件

② 典型的数控铣床，如图8-7所示。其布局和结构与普通立式铣床相同，主轴带动刀具旋转，升降工作台可以做纵向、横向和垂直方向三个坐标轴的移动。除普通铣床所能完成的工艺内容之外，由于数控系统通过伺服进给机构可以同时控制两个或三个坐标轴的运动，数控铣床还可以加工如图8-8所示的具有曲线轮廓的平面凸轮零件以及复杂的三维曲面凸模。数控铣床主轴前端的结构与普通铣床不同，可以分别安装铣刀、钻头和镗刀，因此还具有数控钻床和数控镗床的加工功能，图8-9所示为利用数控铣床加工的连接板零件。

图8-7　数控铣床

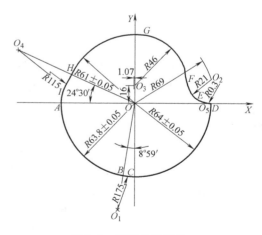

图8-8　平面凸轮零件

③ 图8-10所示为带有转塔主轴头的钻削中心，转塔上安装有多个主轴头，主轴头上预先安装有各工序所需要的旋转刀具，加工过程中各主轴头依次转到加工位置，并带动刀具旋转。此时，处于非加工位置的主轴头均与主运动脱开。钻削中心主要完成钻孔、扩孔、铰孔、锪孔和攻螺纹等工艺内容，还可以完成简单的铣削功能。

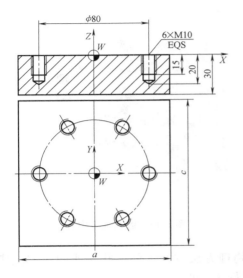

图 8-9 连接板零件

图 8-10 钻削中心

④ 图 8-11 所示为数控平面磨床。它主要用于高硬度、高精度零件的平面加工。随着砂轮半径补偿技术、砂轮自动修整技术和磨削固定循环技术的发展，数控磨床的加工功能会越来越强。

⑤ 数控齿轮加工机床主要有数控滚齿机、数控插齿机、数控弧齿锥齿轮铣齿机等。图 8-12 所示为数控滚齿机。它主要用于加工直齿圆柱齿轮、斜齿圆柱齿轮和蜗轮。

图 8-11 数控平面磨床

图 8-12 数控滚齿机

2）加工中心　普通数控机床一般只能完成 1~2 种工艺的加工，适用于单件小批量和多品种的零件加工。在普通数控机床上加装刀库和自动换刀装置，构成一种带自动换刀系统的数控机床，称为加工中心。以镗铣加工中心为例，它将数控铣床、数控钻床和数控镗床的功能组合在一起，工件在一次装夹后，可以对其大部分的加工表面进行铣削、镗削、钻孔、扩孔、铰孔和攻螺纹等多种加工，如图 8-13 所示为立式加工中心，主轴垂直放置，安装在主轴左上侧的刀库为圆盘式刀库；再如图 8-14 所示为卧式加工中心，主轴水平放置，圆盘式刀库安装主轴上方，主轴可以垂直移动，工作台可以做纵向和横向移动，卧式加工中心上一般都配置有回转工作台，一种是分度回转工作台，用于完成工件分度；另一种是数控回转工作台，用于完成圆周进给运动。

图 8-13　立式加工中心　　　　　　　　　　　图 8-14　卧式加工中心

（2）成形类　成形类数控机床是指具有通过物理方法改变工件形状功能的数控机床。它是采用挤、冲、压、拉等成形工艺方法对零件进行加工的。

1）图 8-15 所示为 J92K-30A 型数控冲模回转头压力机，该机床是一台高精密数控钣金加工设备。它主要由冲压主体、送进工作台和数控柜三大部分组成。装在防护罩 2 里面的主传动部件、回转头转盘选模系统、转盘驱动部件等构成了冲压主体。转盘选模系统的作用是将需要加工的模具转到打击器下，本机床转盘上设有 40 个模具位置，上转盘装上模具，下转盘装下模具。送进工作台包括了中心工作台 3、前工作台 9 和补充工作台 10、滑动托架 4（X 轴传动）、基座 5（Y 轴传动）、板材夹钳 6 及 X 轴、Y

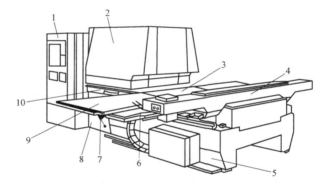

图 8-15　J92K-30A 型数控冲模回转头压力机
1—数控柜　2—防护罩　3—中心工作台　4—滑动托架　5—基座　6—板材夹钳　7—机床原点定位器　8—机身　9—前工作台　10—补充工作台

轴的传动系统与气动系统。送进工作台的作用是将板材的冲压部位准确地定位在上、下模之间的冲模打击器处。8 是机身，7 是机床原点定位器。利用这台压力机可以在板材上加工中心孔、冲圆孔、多边孔和曲线孔；可以进行起伏成形加工，如百叶窗、压筋、浅拉深、翻边成形等，还可以进行压标和半切断加工。

2）图 8-16 所示为 WC67K 系列数控折弯机，该机床主要由床身 1、滑块 4、凸模 3、凹模 7、工作台（凹模固定在工作台上）、前托料架 2、挡块机构 5 及悬挂式操作台 6 等组成。8 是电器箱，9 是脚踏开关。数控折弯机的加工方式是利用通用或专业模具，在冷态下将板材折弯成各种几何截面形状的工件。如图 8-17 所示，数控折弯机工作时先将板材放到前托料架 5 上，再推入凸模 3 和凹模 4 之间，当板材碰到后挡料器 7 的挡块时，踩下脚踏开关，滑块 1（凸模用压板 2 固定在滑块上）带动凸模下移，板材便在凹、凸模之间被弯曲成要求的角度。

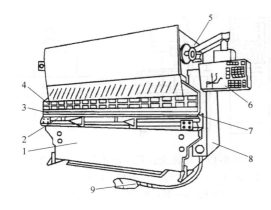

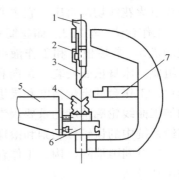

图 8-16　WC67K 系列数控折弯机
1—床身　2—前托料架　3—凸模　4—滑块　5—挡块机构
6—悬挂式操作台　7—凹模　8—电器箱　9—脚踏开关

图 8-17　数控折弯机工作部位简图
1—滑块　2—压板　3—凸模　4—凹模
5—前托料架　6—工作台　7—后挡料器

（3）电加工类　电加工类数控机床是指采用电加工技术加工零件的数控机床，常见的有数控电火花成形机床、数控电火花线切割机床、数控火焰切割机床、数控激光加工机床等。

图 8-18 所示为数控电火花成形机床，它主要由主机、电源箱、工作液循环过滤系统三大部分组成，如果采用液压伺服进给系统，则还包括液压系统。电火花加工的原理是基于工具和工件（正、负电极）之间脉冲性火花放电时的电腐蚀现象来蚀除多余的金属，以达到对零件的尺寸、形状及表面质量的加工要求。适合于加工难切削的材料，甚至超硬材料，特殊及复杂形状的零件。按其数控电火花成形机床的大小可分为小型（D7125 以下）、中型（D7125 ~ D7163）和大型（D7163 以上）；按数控系统控制的轴数分为单轴数控型或三轴数控型；按机床的精度等级分为标准精度型和高精度型。

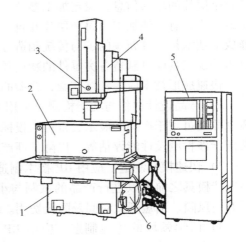

图 8-18　数控电火花成形机床
1—床身　2—工作液槽　3—主轴头
4—立柱　5—电气控制柜　6—液压油箱

电火花线切割加工的基本原理是利用移动的细金属丝（铜丝或钼丝）作为工具电极，对工件进行脉冲火花放电、切割成形，电极丝接高频脉冲电源的负极，工件接高频脉冲电源的正极，当电极丝和工件之间维持一定间隙时，即产生火花放电。电火花线切割机床常用于加工淬火钢和硬质合金等材料的零件。

根据电极丝的运行速度，电火花线切割机床通常分为两大类：一类是高速走丝电火花线切割机床，这类机床的电极丝做高速往复运动，一般走丝速度为 8 ~ 12m/s，这是我国生产和使用的主要机种，也是我国独创的电火花线切割加工模式；另一类是低速走丝电火花线切割机床，这类机床的电极丝做低速单向运动，一般走丝速度为 0.2m/s，这是国外生产和使用的主要机种。图 8-19 所示为高速走丝数控电火花线切割机床，它主要由床身 1、工作台 2、丝架 3、储丝筒 4、走丝电动机 5、数控柜 6 和工作液循环系统 7 组成。床身顶面安装有 X 向和 Y 向工作台，工作台的定位精度和灵敏度是影响加工曲线轮廓精度的重要因素，一般进给系统中的齿轮传动副和滚珠丝杠螺母副均有间隙消除机构，工作台导轨采用滚动导轨。

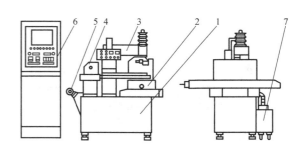

图 8-19　高速走丝数控电火花线切割机床
1—床身　2—工作台　3—丝架　4—储丝筒　5—走丝电动机　6—数控柜　7—工作液循环系统

（4）快速成形　快速成形（Papid Prototyping，简称 RP）是一项新的制造技术，其过程是：首先设计出被加工零件的计算机三维模型；然后根据工艺要求，按一定的规则将该模型离散为一系列有序的单元，通常是在 Z 向按一定厚度进行离散（也称为分层），即原来的 CAD 三维模型变成一系列的层片；再根据每个层片的轮廓信息，设定加工参数，自动生成数控代码；最后由快速成形机床以平面加工的方式，有序地加工出每个层片并自动将它们粘接起来，得到一个的物理实体。可见，快速成形技术是一种新颖的、与传统制造方式迥然不同的制造技术，它开辟了不使用刀具、模具等传统工具即可制造各类零件的新途径。

快速成形技术应用领域广泛，典型的有以下几方面：

1）产品设计评估与功能检测。采用 RP 技术制造产品的概念原型与功能原型，产品的概念原型可用于产品的展示、宣传、投标等；产品的功能原型可用于产品的结构设计检查、装配干涉检测及性能评估等，以降低新产品研发成本和研制周期。

2）快速模具制造。应用 RP 技术制造快速模具，在最终制造模具之前可以进行产品的试制与小批量生产，以降低开模风险、缩短开发时间及降低费用。

3）医学领域的仿生制造。应用 RP 技术实现颅骨修复、牙齿修复或植入等。

4）艺术品的制造。将 RP 技术应用于雕塑、数码艺术造型等，为艺术家提供最佳的设计环境和成形条件。图 8-20 所示为国内生产的 HTS 系列熔融挤压台式快速成形机床，它利用熔融成形工艺制造速度快且经济；尺寸精度较高、表面质量较好，材料利用率高，不存在热、激光、毒性辐射等，可在办公室环境使用。但成形时间长。目前，熔融成形工艺在快速成形领域发展速度很快。

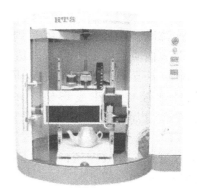

图 8-20　HTS 系列熔融挤压台式快速成形机床

2. 按运动方式分类

（1）点位控制数控机床　如图 8-21 所示，点位控制数控机床的特点是，机床移动部件只能实现由一个位置到另一个位置的精确定位，在移动和定位过程中不进行任何加工。机床数控系统只控制行程终点的坐标值，不控制点与点之间的运动轨迹，因此几个坐标轴之间的运动无任何联系。可以几个坐标同时向目标点运动，也可以各个坐标单独依次运动。

这类数控机床主要有数控坐标镗床、数控钻床、数控冲床、数控点焊机等。点位控制数控机床的数控装置称为点位数控装置。

（2）直线控制数控机床　如图8-22所示，直线控制数控机床可控制刀具或工作台以适当的进给速度，沿着平行于坐标轴的方向进行直线移动和切削加工，进给速度根据切削条件可在一定范围内变化。

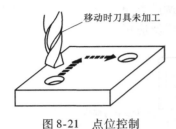

图8-21　点位控制　　　　　　　　图8-22　直线控制

直线控制的简易数控车床，只有两个坐标轴，可加工阶梯轴。直线控制的数控铣床，有三个坐标轴，可用于平面的铣削加工。现代组合机床采用数控进给伺服系统，驱动动力头带有多轴箱的轴向进给进行钻镗加工，它也可算是一种直线控制数控机床。

数控镗铣床、加工中心等机床，它的各个坐标方向的进给运动的速度能在一定范围内进行调整，兼有点位和直线控制加工的功能，这类机床应该称为点位/直线控制的数控机床。

（3）轮廓控制数控机床　轮廓控制数控机床能够对两个或两个以上运动的位移及速度进行连续相关的控制，使合成的平面或空间的运动轨迹能满足零件轮廓的要求。它不仅能控制机床移动部件的起点与终点坐标，而且能控制整个加工轮廓每一点的速度和位移，将工件加工成要求的轮廓形状，如图8-23所示。

常用的数控车床、数控铣床、数控磨床就是典型的轮廓控制数控机床。数控火焰切割机床、电火花加工机床以及数控绘图机床等，也采用了轮廓控制系统。轮廓控制系统的结构要比点位/直线控系统更为复杂，在加工过程中需要不断进行插补运算，然后进行相应的速度与位移控制。

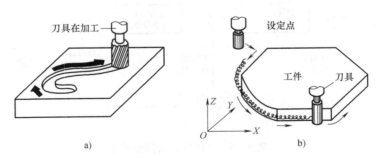

图8-23　轮廓控制

现代计算机数控装置的控制功能均由软件实现，增加轮廓控制功能不会带来成本的增加。因此，除少数专用控制系统外，现代计算机数控装置都具有轮廓控制功能。

3. 按伺服系统的类型分类

按数控系统的进给伺服子系统有无位置测量反馈装置，可分为开环数控机床和闭环数控机床。在闭环数控系统中，根据位置测量装置安装的位置，又可分为全闭环和半闭环两种。

（1）开环控制数控机床 开环控制数控机床采用开环进给伺服系统。图 8-24 所示为开环进给伺服系统简图。由图可知，开环进给伺服系统没有位置测量反馈装置，信号流是单向的（数控装置—进给系统），故系统稳定性好。但由于无位置反馈，精度（相对闭环系统）不高，其精度主要取决于伺服驱动系统和机械传动机构的性能和精度。该系统一般以步进电动机作为伺服驱动元件，它具有结构简单、工作稳定、调试方便、维修简单、价格低廉等优点，在精度和速度要求不高、驱动力矩不大的场合得到广泛应用。

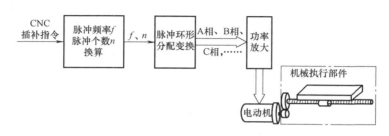

图 8-24　开环进给伺服系统简图

（2）半闭环控制数控机床 半闭环控制数控机床的进给伺服系统如图 8-25 所示。半闭环数控系统的位置检测点是从电动机（常用交、直流伺服电动机）或丝杠端引出，通过检测电动机和丝杠旋转角度来间接检测工作台的位移量，而不是直接检测工作台的实际位置。由于在半闭环环路内不包括或只包括少量机械传动环节，可获得较稳定的控制性能，其系统稳定性虽不如开环系统，但比闭环要好。另外，在位置环内各组成环节的误差可得到某种程度的纠正，位置环外不能直接消除的如丝杠螺距误差、齿轮间隙引起的运动误差等，可通过软件补偿这类误差来提高运动精度，因此在现代 CNC 机床中得到了广泛应用。

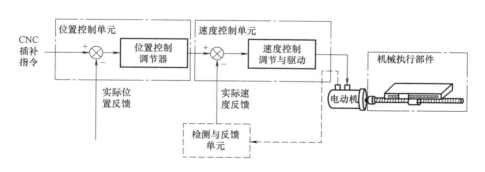

图 8-25　半闭环进给伺服系统

（3）闭环控制数控机床 闭环进给伺服系统的位置检测点如图 8-26 所示，它直接对工作台的实际位置进行检测。理论上讲，可以消除整个驱动和传动环节的误差、间隙和矢动量，具有很高的位置控制精度。但由于位置环内的许多机械传动环节的摩擦特性、刚性和间隙都是非线性的，很容易造成系统不稳定。因此闭环系统的设计、安装和调试都有相当的难度，对其组成环节的精度、刚性和动态特性等都有较高的要求，且价格昂贵。这类系统主要用于精度要求很高的铣床、超精车床、超精磨床以及较大型的数控机床等。

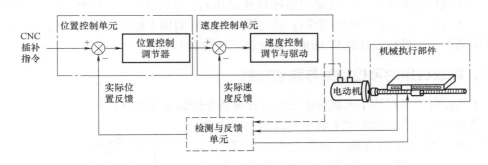

图 8-26　闭环进给伺服系统

第三节　数控机床的主要性能指标

一、数控机床的精度

精度是数控机床的重要技术指标之一。精度主要是指定位精度和重复定位精度以及加工精度等。

1. 定位精度和重复定位精度

定位精度是指数控机床工作台等移动部件实际运动位置与指令位置的一致程度，其不一致的差量即为定位误差。

定位误差包括伺服系统、检测系统、进给系统等误差，还包括移动部件导轨的几何误差等。定位误差将直接影响零件加工的位置精度。

重复定位精度是指在同一台数控机床上，应用相同程序、相同代码加工一批零件，所得到的连续结果的一致程度。重复定位精度受伺服系统特性、进给系统的间隙与刚性以及摩擦特性等因素的影响。一般情况下，重复定位精度是成正态分布的偶然误差，它影响一批零件加工的一致性，是一项非常重要的性能指标。

2. 分度精度

分度精度是指分度工作台在分度时，实际回转角度与指令回转角度的差值。分度精度既影响零件加工部位在空间的角度位置，也影响孔系加工的同轴度等。

3. 分辨率与脉冲当量

分辨率是指可以分辨的最小位移间隔。对测量系统而言，分辨率是可以测量的最小位移；对控制系统而言，分辨率是可以控制的最小位移增量或角位移量，即数控装置每发出一个脉冲信号，反映到数控机床各运动部件的移动量，一般称为脉冲当量。脉冲当量是设计数控机床的原始数据之一，其数值的大小决定数控机床的加工精度和表面质量。经济型数控机床的脉冲当量一般采用 0.01mm；普通数控机床的脉冲当量一般采用 0.001mm；精密型数控机床的脉冲当量一般小于 0.0001mm；最精密的数控系统的分辨率已经达到 0.001μm。脉冲当量越小，数控机床的加工精度和加工表面质量越高。

4. 加工精度

伴随着数控机床的发展和机床结构特性的提高，数控机床的性能与质量都有了大幅度的提高。中等规格的加工中心，其定位精度普通级达到（±0.005～±0.008）mm/300mm，精密级达到（±0.001～±0.003）/全程；普通级加工中心的加工精度达到±1.5μm，超精密级数控车床的加工精度已经达到0.1μm，表面粗糙度为Ra0.3μm。

二、数控机床的可控轴数与联动轴数

由于数控机床是以数字形式给出相应的脉冲指令控制运动部件进行加工的，所以数控机床控制的轴数与普通机床中的主轴及传动轴的概念截然不同。图8-27所示为五轴控制数控机床，其中工作台可以做X、Y两个方向的直线运动和绕C方向的转动；主轴箱可以做Z方向的直线运动和绕B方向的摆动；主轴带动刀具旋转。主轴的旋转是工件表面成形运动中的主运动，其他五种运动是工件表面成形运动中的进给运动，而且都有各自的伺服驱动控制单元，数控装置发出的控制信息，通过伺服驱动控制单元转换成坐标轴的运动。数控机床的可控轴数（或称坐标数）是指机床数控装置能够控制的坐标数目。五轴控制数控机床包含了三个移动坐标轴和两个转动坐标轴。数控机床完成的运动越多，控制轴数就越多，对应的功能就越强，同时机床结构的复杂程度与技术含量也就越高。

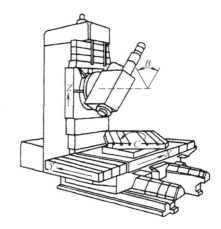

图8-27　五轴控制数控机床

数控机床实现了对多个坐标轴的控制，并不等于就可以加工出任何形状的零件。直线控制机床和轮廓控制数控机床，需要对两个或两个以上的运动同时协调地进行控制，才能满足零件的加工要求。将机床数控装置控制各坐标轴协调动作的坐标轴数目称为联动轴数。目前有两轴联动、两轴半联动、三轴联动、四轴联动、五轴联动等。当然，数控机床联动轴数越多，控制系统就越复杂，加工能力就越强。通常两轴联动用于数控车床加工回转曲面或数控铣床加工，如图8-28所示；两轴半联动是三个坐标轴中有两个轴联动，另外一个坐标轴只做周期性的进给，加工如图8-29所示的三维空间曲面时，X、Z两坐标轴联动，Y轴控制每次进给量ΔY；三轴联动数控机床可以用球头铣刀加工如图8-30所示的三维空间曲面；四轴联动、五轴联动数控机床可以加工叶轮、螺旋桨等零件。

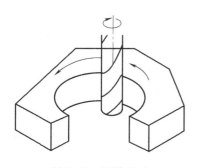

图8-28　两轴联动
加工曲面

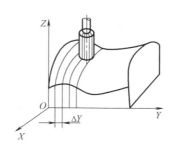

图8-29　两轴半联动
加工空间曲面

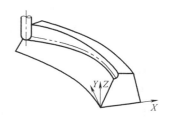

图8-30　三轴联动加
工空间曲面

三、数控机床的运动性能指标

数控机床的运动性能指标主要包括主轴转速、进给速度和加速度、坐标行程、回转轴的转角范围、刀库容量及换刀时间等。

1. 主轴转速

随着刀具、轴承、冷却、润滑及数控系统等相关技术的发展，数控机床主轴转速已普遍提高。以中等规格的数控机床为例，数控车床从过去 1000～2000r/min 提高到 5000～8000r/min，加工中心从过去的 2000～3000r/min 提高到现在的 10000r/min 以上，甚至更高。在高速加工的数控机床上，通常采用电动机和主轴一体的电主轴，可以使主轴达到每分钟几十万转。这样对各种小孔加工以及提高零件加工质量和表面质量都极为有利。

2. 进给速度和加速度

数控机床的进给速度和切削速度一样，是影响零件加工质量、加工效率和刀具寿命的主要因素。国内数控机床的进给速度可达 10～15m/min，国外一般可达 15～30m/min。

进给加速度是反映进给速度提速能力的性能指标，也是反映机床加工效率的重要指标。国外厂家生产的加工中心加速度可达 2g。

3. 坐标行程

数控机床坐标轴 X、Y、Z 的行程大小，构成数控机床的空间加工范围，即加工零件的大小。坐标行程是直接体现机床加工能力的指标参数。

4. 转角范围

具有转角坐标的数控机床，其转角大小也直接影响到加工零件空间部位的能力。但转角太大，对造成机床的刚度下降，因此给机床设计带来许多困难。

5. 刀库容量和换刀时间

刀库容量和换刀时间对数控机床的生产有直接影响。刀库容量是指刀库能存放加工所需要的刀具数量。常见的中小型数控加工中心多为 16～60 把刀具，大型数控加工中心达 100 把刀具。

换刀时间是指带有自动交换刀具系统的数控机床，将主轴上使用的刀具与装在刀库上的下一工序需要的刀具进行交换所需要的时间。国内数控机床均在 3～10s 内完成换刀。国外不少数控机床的换刀时间仅为 2～5s，甚至已有在 1s 内完成。

第四节　数控机床的典型部件

一、主运动传动部件

1. 数控机床主传动系统的特点

主传动部分是数控机床的重要组成部分之一。在数控机床上，主轴夹持工件或刀具旋转，直接参加表面成形运动。主轴部件的刚度、精度、抗振性和热变形直接影响加工零件的精度和表面质量。主运动的转速高低及范围、传递功率大小和动力特性，决定了数控机床的切削加工效率和加工工艺能力。数控机床的主传动系统具有如下特点：

（1）主轴转速高、调速范围宽并实现无级调速　由于数控机床工艺范围宽、工艺能力强，为了保证加工时能选用合理的切削用量，从而获得最高的生产率以及较好的加工精度和表面质量，必须具有较高的转速和较大的调速范围。它能使数控机床进行大功率切削和高速切削，实现高效率加工。通常，数控机床主轴最高转速比同类型普通机床主轴最高转速高出两倍左右。

（2）主轴部件具有较大的刚度和较高的精度　零件在数控机床上一次装夹要完成全部或绝大部分切削加工，包括粗加工和精加工，以及为提高效率的强力切削。并且数控机床加工工艺范围广、使用刀具种类多，这样使数控机床的切削负载非常复杂，因此要求机床主轴部件必须有较大的刚度和较高的精度。在加工过程中，机床是在程序控制下自动运行的，取消了人为调整机床和对加工过程的干扰，就更需要主轴部件刚度和精度有较大裕量，从而保证数控机床使用过程中的可靠性。

（3）良好的抗振性和热稳定性　数控机床加工时，由于断续切削、加工余量不均匀、运动部件不平衡，以及切削过程中的自振等原因引起冲击力和交变力，使主轴产生振动，影响加工精度和表面粗糙度，严重时甚至可能破坏刀具和主轴系统中的零件，使其无法工作。主轴系统的发热使其中所有零部件产生热变形，降低传动效率，破坏零部件之间的相对位置精度和运动精度，从而造成加工误差。因此，主轴部件要有较高的固有频率，较好的动平衡，且要保持合适的配合间隙，并要进行循环润滑。

（4）特有的刀具安装结构　为实现刀具的快速或自动装卸，数控机床主轴具有特有的刀具安装结构，主轴上设计有刀具自动装卸、主轴定向停止和主轴孔内的切屑清除装置。这些结构与同类型普通机床刀具卡紧结构完全不同。

2. 数控机床主轴的传动方式（图 8-31）

数控机床的主传动要求具有较大的调速范围，以保证加工时能选用合理的切削用量，从而获得最佳的生产率、加工精度和表面质量。数控机床的变速是按照控制指令自动进行的，因此变速机构必须适应自动操作的要求，故大多数数控机床采用无级变速系统。

（1）齿轮传动方式（图 8-31a）　大、中型数控机床大多采用此方式。它通过几对齿轮降速，确保低速时的转矩，以满足主轴输出转矩特性的要求。但有一部分小型数控机床也采用这种传动方式，以获得强力切削时所需要的转矩。

机械变速机构常采用的是滑移齿轮变速机构。用液压拨叉移动滑移齿轮变速，它传递的功率和转矩大，也有采用电磁离合器切换的齿轮变速机构。

（2）带传动方式（图 8-31b）　带传动是一种传统的传动方式，常见的传动带有 V 形带、平带、多楔带和齿形带。带传动主要应用在小型数控机床上，可克服齿轮传动时引起振动和噪声的缺点，但它只能适用于低转矩特性的要求。

数控机床上应用的多楔带又称为复合三角带，横向断面呈多个楔形，如图 8-32 所示，楔角为 40°。传递负载主要靠强力层。强力层中有多根钢丝绳或涤纶绳，具有较小伸长率、较大的抗拉强度和抗弯疲劳强度。传动带的基底及缓冲楔部分采用橡胶或聚氨酯。多楔带综合了 V 形带和平带的优

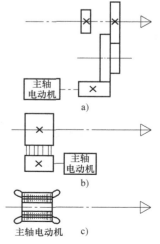

图 8-31　数控机床主传动系统

点，运转时振动小、发热少、运转平稳、重量轻，因此可在 40m/s 的线速度下使用。此外，多楔带与带轮的接触好，负载分布均匀，即使瞬时超载，也不会产生打滑，而传动功率比 V 形带大 20%～30%，因此能够满足主传动要求的高速、大转矩和不打滑的要求。多楔带安装时需较大的张紧力，使得主轴和电动机承受较大的径向负载，这是多楔带的一大缺点。

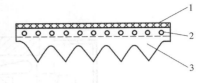

图 8-32　多楔带

1—面胶　2—强力层　3—缓冲层

多楔带按齿距分为三种规格：J 形齿距为 2.4mm，L 形齿距为 4.8mm，M 形齿距为 9.5mm，依据功率转速选择图可选出所需的型号。

若采用同步带传动，它是综合了带、链传动优点的新型传动方式。同步带的带型有梯形齿和圆弧齿，如图 8-33 所示，同步带的结构和传动如图 8-34 所示。传动带的工作面及带轮外圆上均制成齿形，通过带轮与轮齿相嵌合，做无滑动的啮合传动。传动带内采用了加载后无弹性伸长的材料作为强力层，以保持传动带的节距不变，可使主、从动带轮做无相对滑动的同步传动。与一般带传动相比，同步带传动具有如下优点：

1）传动效率高，可达 98% 以上。

2）无滑动，传动比准确。

3）传动平稳，噪声小。

4）使用范围较广，速度可达 50m/s，速比可达 10 左右，传递功率由几瓦至数千瓦。

5）维修保养方便，不需要润滑。

6）安装时中心距要求严格，传动带与带轮制造工艺较复杂，成本高。

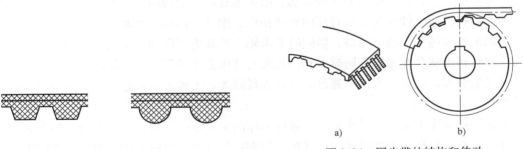

图 8-33　同步带　　　　　　　　图 8-34　同步带的结构和传动

（3）调速电动机直接驱动主轴传动方式（图 8-31c）　电动机直接带动主轴运动的主传动方式大大简化了主轴箱体与主轴的结构，有效地提高了主轴部件的刚度，但主轴输出转矩小，电动机发热对主轴的精度影响较大。

有一种新式的内装电动机主轴，即主轴与电动机转子合为一体。其优点是主轴部件结构紧凑、惯性小、重量轻，可提高起动、停止的响应特性，有利于控制振动和噪声。缺点是电动机运转产生的热量使主轴产生热变形，因此温度控制和冷却是使用内装电动机主轴的关键问题。图 8-35 所示为立式加工中心主轴结构，其内装电动机主轴的最高转速可达 50000r/min。

3. 主轴单元

主轴、主轴支承、装在主轴上的传动件和密封件等组成了主轴单元。在加工过程中，主

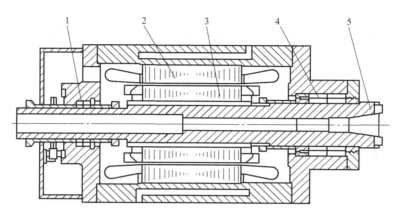

图 8-35　立式加工中心主轴结构

1—后轴承　2—定子磁极　3—转子磁极　4—前轴承　5—主轴

轴带动工件或刀具执行机床的切削运动，因此数控机床主轴单元的精度、刚度、抗振性和热变形对加工质量和生产效率等有着重要的影响。而且由于数控机床在加工过程中不进行人工调整，这些影响就更为重要。主轴在结构上要处理好卡盘或刀具的装夹，主轴的卸载，主轴轴承的定位和间隙调整，主轴组件的润滑和密封等一系列问题。对于加工中心的主轴，为实现刀具的快速或自动装卸，主轴上还必须设有刀具的自动装卸、主轴定向停止和主轴孔内的切屑清除等装置。

（1）主轴及主轴前端结构　数控机床的主轴单元是机床重要部件之一，它带动工件或刀具按照系统指令，执行机床的切削运动，由主轴直接承受切削力，而且主轴的转速范围很大，因此数控机床主轴单元要具有高的回转精度、刚度、抗振性和耐磨性。

主轴的直径越大，刚度越高，但同时要求轴上的其他零件和轴承的尺寸相应增大，保证主轴的回转精度就会越困难，同时主轴的最高转速也会受到制约。主轴内孔是用于通过棒料或刀具夹紧装置，孔径越大，可通过的棒料直径越大，主轴的质量越轻，但是主轴的刚度就会越差。

主轴的轴端用于安装刀具和夹具，数控车床的主轴端部结构，一般采用短圆锥法兰盘结构，具有定心精度高、主轴的悬伸长度短、刚度好等优点。数控铣床和加工中心的主轴前端为 7:24 锥孔，刀柄安装在主轴锥孔中，定心精度高。表 8-1 为几种典型的数控机床的主轴轴端结构及应用。

表 8-1　几种典型的数控机床的主轴轴端结构及应用

序号	主轴轴端形状	应用	序号	主轴轴端形状	应用
1		数控车床	2		数控镗铣床和加工中心

（续）

序号	主轴轴端形状	应用	序号	主轴轴端形状	应用
3		外圆磨床、平面磨床、无心磨床等的砂轮主轴	4		内圆磨床砂轮主轴

（2）主轴轴承及其配置形式

1）主轴轴承。数控机床主轴轴承的类型、结构、精度、配置、安装、润滑都直接影响主轴单元的工作性能。滚动轴承的摩擦力小，预紧方便，润滑维护简单，可以在一定转速范围和载荷变动范围内稳定地工作，中小型数控机床上普遍采用的是滚动轴承。一般重型数控机床上主轴支承采用静压轴承。

数控机床主轴常用滚动轴承类型，如图 8-36 所示。

图 8-36a 所示为双列短圆柱滚子轴承，其内孔为 1:12 的锥孔，当轴承内圈沿锥形轴颈轴向移动时，内圈向外膨胀，以调整滚道间隙。该轴承的两列滚子交错排列，承载能力大、支承刚性好、允许的极限转速高。

图 8-36b 所示为双向推力角接触球轴承，接触角为 60°，能承受双向轴向载荷。修磨中间隔套可以调整轴承间隙或加预紧。该轴承轴向刚度较高，允许的极限转速高，一般与双列短圆柱滚子轴承配套使用。

图 8-36c 所示为角接触球轴承，能同时承受径向和轴向载荷，结构简单，调整方便，允许的极限转速高，承载能力较低。一般是在一个支承中采用多个角接触球轴承，以提高支承刚性。

图 8-36d 所示为双列圆锥滚子轴承，能同时承受径向和轴向载荷，允许的极限转速低。轴承外圈的凸肩可以在箱体上进行轴向定位，修磨中间隔套可以调整轴承间隙或加预紧。该轴承的两列滚子数目相差一个，可使振动频率不一致，改善轴承的动态特性。

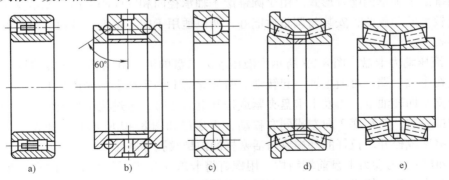

图 8-36　数控机床主轴常用滚动轴承类型
a）双列短圆柱滚子轴承　b）双向推力角接触球轴承　c）角接触球轴承
d）双列圆锥滚子轴承　e）空心圆锥滚子轴承

图 8-36e 所示为空心圆锥滚子轴承，结构上与图 8-36d 轴承相似，但滚子是空心的，保持架为整体结构，采用油润滑。润滑和冷却效果好、发热少，允许的极限转速高。

2）主轴轴承的配置形式。主轴承受的切削力分为径向力和轴向力，在使用时，应根据主轴的精度、刚度和转速来选择轴承，下面介绍几种常见的数控机床主轴轴承配置形式。

① 图 8-37 所示为适应高刚度主轴的轴承配置形式。前支承采用双列短圆柱滚子轴承和 60°接触角的双向推力角接触球轴承组合，后支承采用双列短圆柱滚子轴承，这种配置形式使主轴的综合刚度得到大幅度提高，可以满足强力切削的要求。主要适用于大中型卧式加工中心主轴和强力切削机床主轴。

② 图 8-38 所示为适应高速主轴的轴承配置形式。前支承采用三个超精密级角接触球轴承组合，可以是图示的一对角接触球轴承和一个角接触球轴承的组合方式，也可以是三个角接触球轴承都靠在一起的结构方式。图 8-38a 所示的后支承结构，由两个角接触球轴承组合；图 8-38b 所示的后支承采用双列短圆柱滚子轴承，该轴承没有施加预紧，当主轴运转发热膨胀时，可以向后移动，而主轴前端的精度不受影响，因此适用于高速、轻载和精密的数控机床主轴。

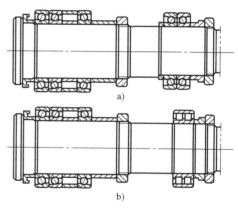

a)

b)

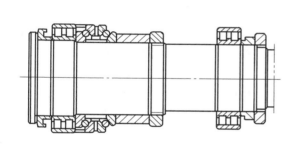

图 8-37　适应高刚度主轴的轴承配置形式

图 8-38　适应高速主轴的轴承配置形式

主轴轴承的配置除了以上两种形式之外，还有前轴承采用双列圆锥滚子轴承，后支承采用单列圆锥滚子轴承的配置形式。由于圆锥滚子轴承径向和轴向刚度高，能承受重载荷，尤其能承受较大的动载荷，安装与调整性能好，所以适用于中等精度、低速与重载的数控机床主轴。

（3）液压动力卡盘　图 8-39 所示为液压动力卡盘的液压缸结构，回转油缸 2 通过法兰盘 4 固定在主轴后端，可随主轴一起转动。引油导套 1 固定在卡盘壳体 5 上，其内孔的两个轴承用于支承回转油缸。当发出卡盘夹紧或松开电信号时，通过液压系统使液压油送入液压缸的左腔或右腔，使活塞 3 向左或同右移动，再通过如图 8-40 所示的拉杆 2 使主轴前端卡盘的卡爪夹紧或松开。拉杆的外螺纹与活塞杆的内螺纹孔相联接。

图 8-40 所示为动力卡盘前端结构，用螺钉将卡爪 6 和 T 形滑块 5 紧固在卡爪滑座 4 的齿面上，与卡爪滑座构成一个整体，卡爪滑座与滑体 3 之间以斜楔接触，滑体通过拉杆 2 与液压缸活塞杆相连。当活塞做往复移动时，带动滑体轴向移动，通过楔面作用，卡爪滑座可在卡盘盘体 1 上的三个 T 形槽内做径向移动，实现卡爪 6 将工件夹紧或松开。

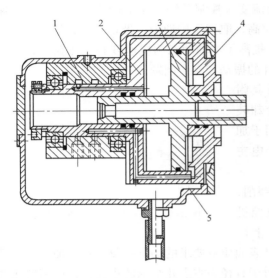

图 8-39　液压动力卡盘的液压缸结构
1—引油导套　2—回转油缸　3—活塞
4—法兰盘　5—卡盘壳体

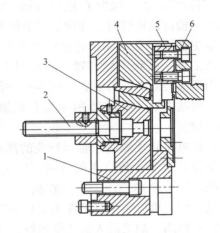

图 8-40　动力卡盘前端结构
1—卡盘盘体　2—拉杆　3—滑体
4—卡爪滑座　5—T形滑块　6—卡爪

液压动力卡盘的夹紧力可以通过液压系统进行调整，分为高压夹紧和低压夹紧，加工一般的工件时，采用高压夹紧；加工薄壁零件时，采用低压夹紧。液压动力卡盘具有结构紧凑、动作灵敏和工作性能稳定等特点。

（4）加工中心主轴准停装置　加工中心切削时，转矩是由主轴端面键来传递的，因此加工中心的主轴部件设有准停装置，其作用是使主轴每次都准确地停止在固定位置上，以保证换刀时主轴上的端面键能对准刀柄上的键槽，同时使每次装刀时刀夹与主轴的相对位置不变，提高刀具的重复安装精度，从而提高孔加工时孔径的一致性。

图 8-41 所示为主轴电气准停装置工作原理，在带动主轴 5 旋转的带轮 1 的端面上装有一个厚垫片 4，其上装有一个体积很小的永久磁铁 3。在主轴箱箱体对应于主轴准停的位置上，装有磁传感器 2。当机床需要停车换刀时，数控系统发出主轴停转的指令，主轴电动机立即降速，当主轴以最低转速慢转很少几转，永久磁铁 3 对准磁传感器 2 时，传感器发出主轴准停信号。此信号经放大后，由定向电路控制主轴电动机准确地停止在规定的周向位置上。该主轴准停装置可保证主轴准停的重复精度在 ±1° 范围内。

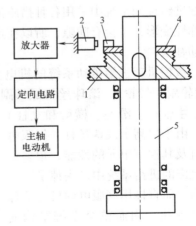

4. 电主轴

数控机床为了实现高速、高效、高精度的加工，要采用特定的主轴功能部件，对于高速数控机床，其主轴的转速特性值（DmN 值）至少应达到 50～150 万 r/min，并且要具有大功率、宽调速范围的特性。最适于高速运转的主轴形式是将主轴电动机的定子、转子

图 8-41　主轴电气准停装置工作原理
1—带轮　2—磁传感器　3—永久磁铁
4—厚垫片　5—主轴

直接装入主轴单元内部（称为电主轴），通过交流变频控制系统，使主轴获得所需的工作速度和转矩。电主轴结构紧凑、速度快、转动效率高，取消了传动带、带轮和齿轮等环节，实现"零传动"，大大减少了主传动的转动惯量，提高了主轴动态响应速度和工作精度，彻底解决了主轴高速运转时，传动带和带轮等传动件的振动和噪声问题。

电主轴是一套组件，它包括电主轴本身及其附件：电主轴、高频变频装置、油雾润滑器、冷却装置、内置编码器、换刀装置。图8-42所示为用于加工中心的电主轴，图8-35所示为立式加工中心电主轴的结构。

图8-42　用于加工中心的电主轴

以往电主轴主要用于轴承行业的高速内圆磨削，随着数控技术和变频技术的发展，电主轴在数控机床中的应用越来越广泛，不仅在高速切削机床上得到广泛应用，也应用于对工件加工有高效率、高表面质量要求的场合以及小孔的加工。一般主轴转速越高，加工的表面质量越好，尤其是对于直径为零点几毫米的小孔，采用高转速的主轴有利于提高内孔加工质量。

二、进给运动传动部件

1. 数控机床对进给传动系统的要求

数控机床进给传动系统承担了数控机床各直线坐标轴、回转坐标轴的定位和切削进给。无论是点位控制、直线控制还是轮廓控制，进给系统的传动精度、灵敏度和稳定性直接影响被加工零件的最后轮廓精度和加工精度。为此，对进给系统中的传动装置和元件要求具有长寿命、高刚度、无传动间隙、高灵敏度和低摩擦阻力的特点，如导轨必须摩擦力较小、耐磨性要高，通常采用滚动导轨、静压导轨等。为了提高转换效率，保证运动精度，当旋转运动被转化为直线运动时，广泛应用滚珠丝杠螺母副。为了提高位移精度，减少传动误差，对采用的各种机械部件，首先保证它们的加工精度，其次采用合理的预紧来消除轴向传动间隙。虽在进给传动系统中采用各种措施消除间隙，但仍然可能留有微量间隙。此外由于受力而产生弹性变形，也会有间隙，所以在进给系统反向运动时，仍然由数控装置发出脉冲指令进行自动补偿。

数控机床进给传动系统的机电部件主要有伺服电动机及检测元件、联轴器、减速机构（齿轮副和带轮）、滚珠丝杠螺母副（或齿轮齿条副）、丝杠轴承、运动部件（工作台、导轨、主轴箱、滑座、横梁和立柱）等。由于提高了滚珠丝杠、伺服电动机及其控制单元的性能，很多数控机床的进给系统中已去掉了减速机构，而直接用伺服电动机与滚珠丝杠连接，因而整个系统结构简单，减少了产生误差的环节。同时，由于转动惯量减小，使伺服特性有所改善。图8-43所示为典型

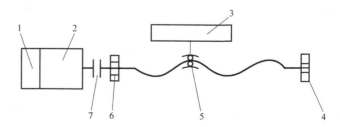

图8-43　没有减速机构的半闭环进给传动系统

1—反馈元件　2—伺服电动机　3—运动部件

4、6—滚动轴承　5—滚珠丝杠副　7—联轴器

的没有减速机构的半闭环进给传动系统。

2. 导轨

导轨是进给传动系统的重要环节，是机床的基本结构要素之一，机床的加工精度、承载能力、使用寿命在很大程度上取决于机床导轨的精度和性能，而数控机床对于导轨有着更高的要求：如高速进给时不振动，低速进给时不爬行，有高的灵敏度，能在重载下长期连续工作，耐磨性好，精度保持性好。因此导轨的性能对进给系统的影响是不容忽视的。导轨是用于支承和引导运动部件沿着直线或圆周方向准确运动的。与支承件连成一体固定不动的导轨称为支承导轨，与运动部件连成一体的导轨称为动导轨。

（1）导轨的类型和对导轨的要求

1）导轨的类型。按运动部件的运动轨迹，导轨可分为直线运动导轨和圆周运动导轨。按导轨接合面的摩擦性，导轨可分为滑动导轨、滚动导轨和静压导轨。滑动导轨又可分为普通滑动导轨和塑料滑动导轨。前者是金属与金属相摩擦，摩擦系数大，而且动、静摩擦系数差大，一般在普通机床上使用。后者简称塑料导轨，是塑料与金属相摩擦，导轨的滑动性好，在数控机床上广泛采用。而静压导轨根据介质的不同又可分为液压导轨和气压导轨。

2）对导轨的要求。

① 高的导向精度。导向精度保证部件运动轨迹的准确性。导向精度受导轨的结构形状、组合方式、制造精度和导轨间隙调整等因素的影响。

② 良好的耐磨性。耐磨性好可使导轨的导向精度得以长久保持。耐磨性一般受导轨副的材料、硬度、润滑和载荷的影响。

③ 足够的刚度。在载荷作用下，导轨的刚度高，则保持形状不变的能力好。刚度受导轨结构和尺寸的影响。

④ 具有低速运动的平稳性。运动部件在导轨上低速移动时，不应发生"爬行"现象。造成"爬行"的主要因素有摩擦性质、润滑条件和传动系统的刚度等。

（2）滑动导轨

1）滑动导轨的结构。图 8-44 所示为常见滑动导轨的截面形状，有矩形、三角形、燕尾槽形和圆柱形。

矩形导轨（图 8-44a）承载能力大，制造简单，水平方向和垂直方向上的位置精度互不相关。侧面间隙不能自动补偿，必须设置间隙调整机构。三角形导轨（图 8-44b）的三角形截面有两个导向面，同时控制垂直方向和水平方向的导向精度。这种导轨在载荷的作用下能自行补偿而消除间隙，导向精度较其他导轨高。燕尾槽形导轨（图 8-44c）的高度值最小，能承受颠覆力矩，摩擦阻力也较大。圆柱形导轨（图 8-44d）制造容易，磨损后调整间隙较困难。以上截面形状的导轨有凸形（图 8-44 上方）和凹形（图 8-44 下方）两类。

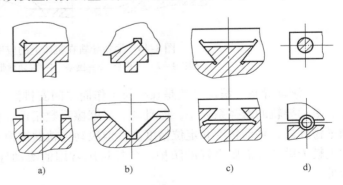

图 8-44　常见滑动导轨的截面形状
a）矩形导轨　b）三角形导轨　c）燕尾槽形导轨　d）圆柱形导轨

凹形导轨容易存油，但也容易积存切屑和尘粒，因此适用于防护良好的环境。凸形导轨需要良好的润滑条件。

直线运动导轨一般由两条导轨组成，不同的组合形式可满足各类机床的工作要求。数控机床上滑动导轨的形状主要为三角形—矩形式和矩形—矩形式，只有少部分结构采用燕尾式。

2）滑动导轨的材料。导轨材料主要有铸铁、钢、塑料以及有色金属。应根据机床性能和成本的要求，合理选择导轨材料及其热处理方式，降低摩擦系数，提高导轨的耐磨性。为了提高数控机床的定位精度和运动平稳性，目前常采用的一种导轨材料为金属和塑料的滑动导轨，称为塑料导轨（贴塑导轨），它具有刚度好，动、静摩擦系数差值小，在油润滑状态下其摩擦系数约为0.06，耐磨性好，使用寿命为普通铸铁导轨的8~10倍，无爬行，减振性好。其形式主要有塑料导轨板和塑料导轨软带两种。软带是以聚四氟乙烯为基材，添加青铜粉、二硫化铝和石墨的高分子复合材料。软带应粘贴在机床导轨副的短导轨面上，如图8-45所示，圆形导轨应粘贴在下导轨面上。塑料导轨软带有各种厚度规格，长与宽由用户自行裁剪，粘贴方法比较固定。由于塑料导轨软带较软，容易被硬物刮伤，因此应用时要有良好的密封防护措施。塑料导轨在机床上的应用形式如图8-46所示。

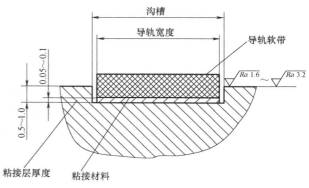

图8-45　塑料导轨的粘接

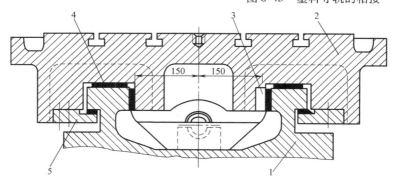

图8-46　塑料导轨在机床上的应用形式
1—床身　2—工作台　3—镶条　4—导轨软带　5—下压板

3）滚动导轨。滚动导轨是在导轨工作面之间安排滚动件，使两导轨面之间形成滚动摩擦。滚动导轨的摩擦系数小，而且动、静摩擦系数相近，磨损小，润滑容易，因此它低速运动平稳性好，移动精度和定位精度高。但滚动导轨的抗振性比滑动导轨差，结构复杂，对脏物也较为敏感，需要良好的防护。数控机床常用的滚动导轨有直线滚动导轨和滚动导轨块两种。

① 直线滚动导轨。直线滚动导轨又称单元直线滚动导轨，它主要由导轨体、滑块、滚珠、保持架、端盖等组成。导轨体固定在不动部件上，滑块固定在运动部件上。当滑块沿导

轨体移动时，滚珠在导轨体和滑块之间的圆弧直槽内滚动，并通过端盖内的滚道从工作负载区运动到非工作负载区，然后再滚动回到工作负载区。这样不断循环，把滚动体和滑块之间的移动变成滚珠的滚动。用密封垫来防止灰尘和脏物进入导轨滚道。直线滚动导轨的外形和结构如图 8-47 所示，通常由专业生产厂家生产。直线滚动导轨除导向外还能承受颠覆力矩，它具有制造精度高，可高速运行，并能长时间保持高精度的优点。另外，通过预加负载可提高其刚性，且具有自调的能力，安装基面的许用误差大。

② 滚动导轨块。滚动导轨块用滚动体进行循环运动，滚动体为滚珠或滚柱，承载能力和刚度都比直线滚动导轨高，但摩擦系数略大。它多用于中等载荷的导轨，使用时有专业生产厂家提供各种规格、形式供用户选择。图 8-48 所示为滚动导轨块的结构（示意图）。

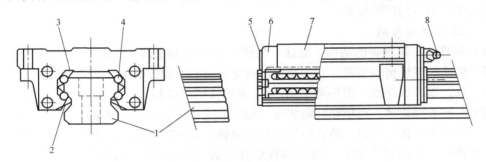

图 8-47　直线滚动导轨

1—轨道　2—侧面垫片　3—保持架　4—负载滚珠列　5—防尘垫片
6—端部挡板　7—轴承壳体　8—润滑油接嘴

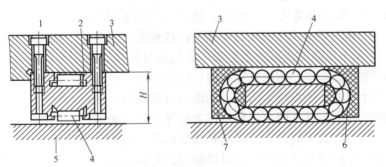

图 8-48　滚动导轨块的结构（示意图）

1—固定螺钉　2—导轨块　3—动导轨体　4—滚动体　5—支承导轨　6、7—带返回槽挡板

4）液体静压导轨。液体静压导轨（简称静压导轨）是机床上经常使用的一种液压导轨。静压导轨通常在两个相对运动的导轨面间通入液压油，使运动件浮起。在工作过程中，导轨面上油腔中的油压能随外加负载的变化自动调节，保证导轨面间始终处于纯液体摩擦状态。所以静压导轨的摩擦系数极小（约为 0.0005），功率消耗少。这种导轨不会磨损，因而导轨的精度保持性好，寿命长。它的油膜厚度几乎不受速度的影响，油膜承载能力大、刚性高、吸振性良好。这种导轨的运行很平稳，既无爬行也不会产生振动。但静压导轨结构复杂，并需要有一套过滤效果良好的液压装置，制造成本较高。目前，静压导轨一般应用在大型、重型数控机床上。

静压导轨按导轨的形式可分为开式和闭式两种，数控机床上常采用闭式静压导轨。静压导轨按供油方式又可分为恒压（即定压）供油和恒流（即定量）供油两种。

5）导轨的润滑与防护。导轨润滑的目的是减少摩擦阻力、摩擦和磨损，避免低速爬行，降低高速时的温升。常用的润滑剂有润滑油和润滑脂，前者用于滑动导轨，而滚动导轨两者均可采用。数控机床上滑动导轨的润滑主要采用压力润滑。一般常用压力循环润滑和定时定量润滑两种方式。如果直线滚动导轨滑块上配有润滑油注油杯，只要定期将锂基润滑脂放入润滑油注油杯，即可实现润滑。

导轨的防护是防止或减少导轨副磨损，延长导轨寿命的重要方法之一。为防止切屑、磨粒或切削液散落在导轨面上，引起磨损加快、擦伤和锈蚀，导轨面上应有可靠的防护装置。常用的防护装置有刮板式、卷帘式和伸缩式等，数控机床上大多采用伸缩式防护罩。这些装置结构简单，由专门厂家制造。

3. 滚珠丝杠螺母副

（1）滚珠丝杠螺母副的结构　滚珠丝杠螺母副（简称滚珠丝杠副）是回转运动与直线运动相互转换的理想传动装置，它的结构特点是在具有螺旋槽的丝杠螺母间装有滚珠作为中间传动元件，以减少摩擦。图8-49所示为滚珠丝杠副的结构，其工作原理是：在丝杠和螺母上加工有弧形螺旋槽，当把它们套装在一起时形成螺旋滚道，并且滚道内填满滚珠。当丝杠相对于螺母做旋转运动时，两者间发生轴向位移，而滚珠则可沿着滚道滚动，减少摩擦阻力，滚珠在丝杠上滚过数圈后，通过回程引导装置（回珠器），逐个滚回到丝杠和螺母之间，构成一个闭合的回路管道。

按滚珠循环方式的不同可以分为内循环式和外循环式两种。滚珠在循环滚动过程中与丝杠始终接触的称为内循环式，如图8-49a所示。内循环式的滚珠丝杠带有反向回珠器（反向器），返回的滚珠从螺纹滚道进入反向器，借助反向器迫使滚珠越过丝杠牙顶进入相邻滚道，实现循环。在此过程中，滚珠在反向器和丝杠外圆之间滚动，不会沿滚道滑出。一般一个螺母上装有2~4个反向器，反向器沿螺母圆周等分均布。圆形带凸键且在孔内不能浮动的反向器称为固定式反向器；圆形且在孔内可以浮动的反向器称为浮动式反向器。内循环式的优点是径向尺寸紧凑，刚性好。因其返回滚道行程较短，摩擦损失小，故效率高。

滚珠在返回过程中与丝杠脱离接触的称为外循环式，如图8-49b所示。外循环式的滚珠丝杠副按滚珠返回的方式不同，有插管式和螺旋槽式，图8-50a所示为插管式，其上弯管即为返回滚道，滚珠在丝杠与螺母副之间可以做周而复始的循环运动，弯管的两端还能起到阻挡滚珠的作用，避免滚珠沿滚道滑出。插管式外循环的特点是结构简单、容易制造，但由于返回滚道突出于螺母体外，所以径向尺寸较大，且弯管两端耐磨性和抗冲击性差。图8-50b所示为螺旋槽式，即在螺母外圆上铣出螺旋槽，在槽的两端钻出通孔并与螺纹滚道相切，以形成返回滚道。与插管式结构相比，螺旋槽式径向尺寸小，但制造上较为复杂。

（2）滚珠丝杠副的特点　在传动时，滚珠与丝杠、螺母之间基本上是滚动摩擦，所以具有下述特点：

1）摩擦损失小，传动效率高。滚珠丝杠副的传动效率可达92%~98%，是普通丝杠传动的3~4倍。

2）传动灵敏，运动平稳，低速时无爬行。滚珠丝杠螺母副滚珠、丝杠和螺母是滚动摩擦，其动、静摩擦系数基本相等，并且很小，移动精度和定位精度高。

3）使用寿命长。滚珠丝杠副采用优质合金钢制成，其滚道表面淬火硬度高达60~

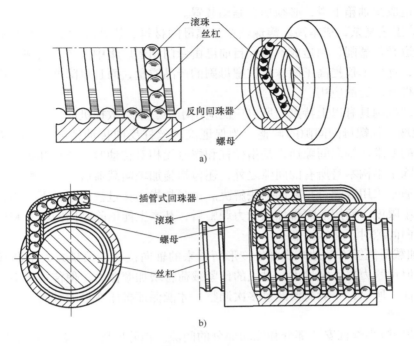

图 8-49　滚珠丝杠副的结构
a）内循环式　b）外循环式

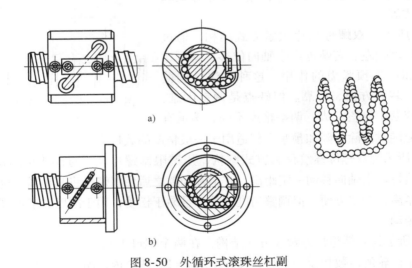

图 8-50　外循环式滚珠丝杠副
a）插管式　b）螺旋槽式

62HRC，表面粗糙度值小，另外，因为是滚动摩擦，故磨损很小。

4）轴向刚度高。滚珠丝杠螺母副可以完全消除间隙传动，并可预紧，因此具有较高的轴向刚度。反向时无空程死区，反向定位精度高。

5）具有传动的可逆性。它既可以将旋转运动转化为直线运动，也可以把直线运动转化为旋转运动。

6）不能实现自锁。由于其摩擦系数小不能自锁，当用于垂直位置时，为防止因突然停、断电而造成主轴箱下滑，必须加有制动装置。

7）制造工艺复杂，成本高。滚珠丝杠和螺母的材料、热处理和加工要求相当于滚动轴承、螺旋滚道必须磨削，制造成本高。目前已由专门制造厂集中生产，其规格、型号已标准化和系列化，这样不仅提高了滚珠丝杠螺母副的产品质量，而且也降低了生产成本，使滚珠丝杠螺母副得到广泛的应用。

因滚珠丝杠副具有以上特点，所以广泛应用于中、小型数控机床。

（3）滚珠丝杠螺母副间隙的调整　为保证滚珠丝杠反向传动精度，对传动间隙即轴向间隙有严格的要求。轴向间隙通常是指丝杠和螺母无相对转动时，丝杠和螺母之间的最大轴向窜动量。除了结构本身所有的间隙之外，还包括施加轴向载荷后产生弹性变形所造成的轴向窜动量。通常采用双螺母预紧的办法解决。预紧是指它在过盈的条件下工作，把弹性变形量控制在最小限度。而用双螺母加预紧力调整后，基本上能消除轴向间隙。利用双螺母加预紧力消除轴向间隙时，必须注意：

1）预加载荷能够有效地减少弹性变形所带来的轴向位移，预紧力太小没有起到消除间隙的作用。但预紧力也不宜过大，过大的预紧载荷将增加摩擦力，使传动效率降低，缩短丝杠的使用寿命。所以，一般需要经过多次调整，才能保证机床在最大轴向载荷下既消除了间隙又能灵活运转。

2）要特别减小丝杠安装部分和驱动部分的间隙。消除间隙的方法，除了少数用微量过盈滚珠的单螺母消除间隙外，常用的双螺母消除轴向间隙的结构形式，有垫片预紧方式、螺纹预紧方式和齿差预紧方式等。

图 8-51 所示为双螺母垫片预紧方式结构，通过调整垫片的厚度使左、右螺母产生轴向位移，就可达到消除间隙和产生预紧力的作用。这种方法结构简单、刚性好、装卸方便、可靠。但缺点是调整困难，不能在一次修磨中调整完成，调整精度不高，滚道有

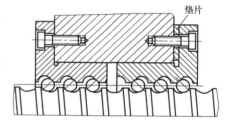

图 8-51　双螺母垫片预紧方式结构

磨损时，不能随时消除间隙和预紧，仅适用于一般精度的数控机床。

图 8-52 所示为双螺母螺纹预紧方式结构，用键限制螺母在螺母座内的转动。调整时，拧动圆螺母将螺母沿轴向移动一定距离，在消除间隙之后用圆螺母将其锁紧。这种调整的方法结构简单紧凑，调整方便，但调整精度较差，且易于松动，用于刚度要求不高或需随时调节预紧力的传动。

图 8-53 所示为双螺母齿差预紧方式结构，在两个螺母 1 和 2 的凸缘上各制有一个圆柱外齿轮，两个齿轮的齿数相差一个齿，即：$z_1 - z_2 = 1$。两个内齿圈 3 和 4 与外齿轮齿数分别相同，并用预紧螺钉和销钉固定在螺母座的两端。调整时先将内齿圈取下，根据间隙的大小，调整两个螺母 1、2 分别向相同的方向转过一个或多个齿，使两个螺母在轴向移近相应的距离以达到调整间隙和预紧的目地。间隙消除量 Δ 可用下式简便地计算出，即

$$\Delta = \frac{nPh}{z_1 z_2} \tag{8-1}$$

式中　n——螺母在同一方向转过的齿数；

Ph——滚珠丝杠的导程；

z_1、z_2——齿轮齿数。

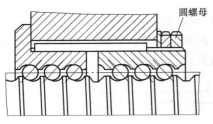

圆螺母

图 8-52　双螺母螺纹预紧方式结构

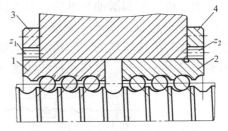

图 8-53　双螺母齿差预紧方式结构

1、2—螺母　3、4—内齿圈

例如，当 $z_1 = 101$，$z_2 = 100$，$Ph = 5\text{mm}$，且两个螺母向相同方向各转过一个齿时，其相对轴向位移量 $\Delta = 5\text{mm}/(100 \times 101) \approx 0.0005\text{mm}$；若间隙量为 0.002mm，则 $n = 0.002\text{mm} \times 100 \times 101/5\text{mm} = 4$，即相应的两螺母沿同方向转过 4 个齿即可消除间隙。

齿差调隙式调整方便，可获得精确的调整量，预紧可靠不会松动，但结构较为复杂，尺寸较大，适用于高精度的传动机构。

（4）滚珠丝杠螺母副的结构类型　按螺旋滚道法向截面形状分单圆弧型和双圆弧型；按滚珠循环方式分内循环式和外循环式；按消除轴向间隙和调整预紧方式的不同分为垫片预紧方式、螺纹预紧方式和齿差预紧方式三种；按用途分为定位滚珠丝杠副（P 类）、传动滚珠丝杠副（T 类）两类。数控机床进给运动采用 P 类。

国内生产的滚珠丝杠螺母副螺旋滚道法向截面形状有两种：单圆弧型和双圆弧型，如图 8-53。在螺纹滚道法向截面内，滚珠与滚道接触点法线与丝杠轴线的垂直线夹角称为接触角 β，理想接触角等于 $45°$。

1）单圆弧型，如图 8-54a 所示。滚道半径 R 稍大于滚珠半径 r_b，取比值 $R/r_b = 1.02 \sim 1.12$，常取 1.04 或 1.1。接触角 β 随初始间隙和轴向载荷大小而变化。当 β 增大后，轴向刚度、传动效率随之增大。为保证 $\beta = 45°$，必须严格控制径向间隙。这种截面形状滚道形状简单，用成形砂轮磨削可得到较高精度。为消除轴向间隙和调整预紧，必须采用双螺母结构。

2）双圆弧型，如图 8-54b 所示。滚道由半径 R 稍大于滚珠半径 r_b 的对称双圆弧组成。理论上轴向和径向间隙为零，接触角 $\beta = 45°$ 是恒定的。比值 R/r_b 也取 $1.02 \sim 1.12$，并也常取 1.04 或 1.1。这种截面形状的滚道接触稳定，但加工较复杂。消除轴向间隙和调整预紧，

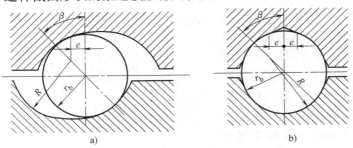

a)　　　　　　　　　　　b)

图 8-54　螺旋滚道法向截面形状

a）单圆弧型　b）双圆弧型

不仅可以采用双螺母结构，也可以采用增大滚珠直径的单螺母结构。另外，两圆弧交接处有一小沟槽，可容纳润滑油和脏物，对工作有利。

（5）滚珠丝杠的安装　滚珠丝杠主要承受轴向载荷，它的径向载荷主要是卧式丝杠的自重。因此对滚珠丝杠的轴向精度和刚度要求较高。此外，滚珠丝杠的正确安装及其支承的结构刚度也不容忽视。滚珠丝杠的两端支承布置结构形式，如图 8-55 所示。

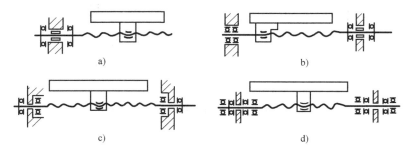

图 8-55　滚珠丝杠的两端支承布置结构形式

图 8-55a 所示为一端固定一端自由的支承形式，固定端安装一对推力轴承，其特点是结构简单，承载能力小，轴向刚度和临界转速都较低，故在设计时应尽量使丝杠受拉伸。该支承形式适用于短丝杠，如用于数控机床的调节环节，或升降台式铣床的垂直坐标进给传动机构。

图 8-55b 所示为一端固定一端浮动的支承形式，固定端安装一对推力轴承，另一端安装深沟球轴承。丝杠轴向刚度与上述形式相同，而临界转速比图 8-54a 所示形式同长度的丝杠高。当丝杠受热后膨胀伸长时，一端固定，另一端能做微量的轴向浮动，减少丝杠热变形的影响。这种形式的配置结构适用于较长丝杠或卧式丝杠。

图 8-55c 和图 8-55d 所示都是两端固定的支承形式。图 8-55c 所示为推力轴承装在丝杠的两端，并施加预紧力，可以提高轴向刚度。该支承形式的结构及装配工艺性都较复杂，对丝杠热变形较为敏感，适用于长丝杠。图 8-55d 所示的结构，两端均采用推力轴承和深沟球轴承的双重支承并施加预紧力，使丝杠有较大的刚度，并且可以使丝杠的温度变形转化为推力轴承的预紧力。

（6）滚珠丝杠螺母副的主要参数及代号

1）滚珠丝杠螺母副的主要参数。图 8-56 所示为滚珠丝杠螺母副的部分参数。

① 公称直径 d_0　即滚珠丝杠的名义直径（图 8-55）。滚珠与螺纹滚道在理论接触角状态时，包络滚珠球心的圆柱直径是滚珠丝杠螺母副的特征尺寸。名义直径与承载能力有直接关系，d_0 越大，承载能力和刚度越大。有的资料推荐滚珠丝杠螺母副的名义直径应大于丝杠工作长度的 1/30；数控机床常用进给丝杠的名义直径 $d_0 = 30 \sim 80$mm；ISO 标准规定的滚珠丝杠螺母副的名义直径系列为：6mm、8mm、10mm、12mm、16mm、

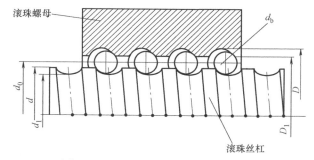

图 8-56　滚珠丝杠螺母副的部分参数

20mm、25mm、32mm、40mm、50mm、63mm、80mm、100mm、125mm、160mm 及 200mm 。

② 公称导程 Ph_0。公称导程是丝杠相对于螺母旋转一圈时，螺母上基准点的轴向位移。它按承载能力选取，并与进给系统的脉冲当量要求有关。导程的大小是根据机床的加工精度要求确定的。精度要求高时应将导程取小一些，这样在一定的轴向力作用下，丝杠上的摩擦阻力较小。但为了使滚珠丝杠具有一定的承载能力，滚珠直径又不能太小。导程过小势必使滚珠直径变小，滚珠丝杠螺母副的承载能力亦随之减小。若丝杠副的名义直径不变，导程减小则螺旋角也变小，传动效率降低。因此，在满足机床加工精度的条件下导程应尽可能取得大些。ISO 标准规定，滚珠丝杠螺母副的导程为 1mm、2mm、2.5mm、3mm、4mm、5mm、6mm、8mm、10mm、12mm、16mm、20mm、25mm、32mm 和 40mm。应尽量选用 2.5mm、5mm、10mm、20mm 和 40mm。

此外还有接触角 β、丝杠螺纹大径 d、丝杠螺纹小径 d_1、螺纹全长 l、滚珠直径 d_b、螺母螺纹大径 D、螺母螺纹小径 D_1、滚道圆弧偏心距 e 以及滚道圆弧半径 R 等参数。

2）公差等级。根据 GB/T 17587.3—1998，滚珠丝杠螺母副按其使用范围及要求分为 7 个公差等级，即 1、2、3、4、5、7 和 10。1 级精度最高，其余依次逐级递减，一般动力传动可选用 4、5、7 级公差等级，数控机床和精密机械可选用 2、3 级公差等级，精密仪器、仪表机床、螺纹磨床可选用 1、2 级公差等级。滚珠丝杠螺母副公差等级直接影响定位精度、承载能力和接触刚度，因此它是滚珠丝杠副的重要指标，选用时要予以考虑。

3）滚珠丝杠螺母副代号的标注。根据 GB/T 17587.1—1998，滚珠丝杠副代号的标注方法如图 8-57 所示。

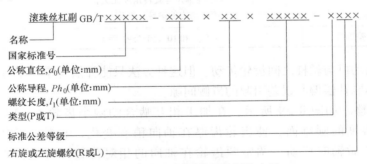

图 8-57　滚珠丝杠副代号的标注方法

例如，CDM6012-3.5-P4，表示外循环插管式，垫片预紧，回珠管埋入式，公称直径为 60mm，导程为 12mm，螺纹旋向为右旋，载荷钢球圈数为 3.5 圈，定位滚珠丝杠，公差等级为 4 级。滚珠丝杠副的特征代号见表 8-2。

4. 传动齿轮间隙消除机构

数控机床进给系统中的减速齿轮，除了本身要求很高的运动精度和工作平稳性以外，还需尽可能消除传动齿轮副间的传动间隙。否则，齿侧间隙会造成进给系统每次反向运动滞后于指令信号，丢失指令脉冲并产生反向死区，对加工精度影响很大。因此必须采用各种方法减小或消除齿轮传动间隙。

（1）直齿圆柱齿轮传动间隙的调整

1）偏心套调整。图 8-58 所示为偏心套消除间隙结构。电动机 1 是用偏心套 2 与箱体连接的，通过转动偏心套的位置就能调整两啮合齿轮中心距，从而消除齿侧间隙。其结构非常

表 8-2　滚珠丝杠副的特征代号

序号	特　　征			代　　号
1	钢球循环方式	外循环	插管式	C
		内循环	反向器浮动式	F
			反向器固定式	G
2	预紧方式	单螺母	无预紧	W
			变位导程预紧	B
			增大钢球直径预紧	Z
		双螺母	垫片预紧方式	D
			螺纹预紧方式	L
			齿差预紧方式	C
3	结构特征	回珠管埋入式		M
		回珠管凸出式		T
4	螺纹旋向	右旋		可省略
		左旋		LH
5	载荷钢球圈数	圈数为 1.5、2、2.5、3、3.5、4 和 4.5		1.5、2、2.5、3、3.5、4 和 4.5
6	类型	定位滚珠丝杠副（通过旋转角度和导程 控制轴向位移的滚珠丝杠副）		P
		传动滚珠丝杠副（与旋转角度无关， 用于传递动力的滚珠丝杠副）		T
7	公差等级	1、2、3、4、5、7 和 10 七个公差等级		1、2、3、4、5、7 和 10

简单，常用于电动机与丝杠之间齿轮传动。但这种方法只能补偿齿厚误差与中心距误差引起的齿侧间隙，不能补偿偏心误差引起的齿侧间隙。

2）垫片调整。如图 8-59 所示，在加工相互啮合的两个齿轮 1、2 时，将分度圆柱面制成带有小锥度的圆锥面，使齿轮齿厚在轴向稍有变化，装配时只需改变垫片 3 的厚度，使齿轮 2 做轴向移动，调整两齿轮在轴向的相对位置即可达到消除齿侧间隙的目的。

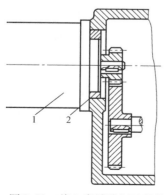

图 8-58　偏心套消除间隙结构

1—电动机　2—偏心套

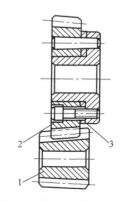

图 8-59　垫片消除间隙结构

1、2—齿轮　3—垫片

上述两种方法的特点是结构比较简单，传动刚度好，能传递较大的动力，但齿轮磨损后齿侧间隙不能自动补偿，因此加工时对齿轮的齿厚及齿距公差要求较严，否则传动的灵活性将受到影响。

3）双齿轮错齿调整。如图 8-60 所示，两个相同齿数的薄片齿轮 1、2 与另外一个宽齿轮啮合，且可做相对回转运动的薄片齿轮套装在一起。每个薄片齿轮上分别开有周向圆弧槽，并在薄片齿轮的槽内压有装弹簧的短圆柱 3，在弹簧 4 的作用下使薄片齿轮错位，分别与宽齿轮的齿槽左右侧贴紧，消除了齿侧间隙。无论正向或反向旋转都分别只有一个齿轮承受转矩，因此承载能力受到限制，设计

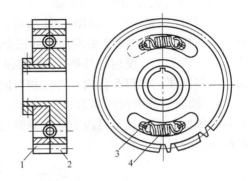

图 8-60　双齿轮错齿消除间隙结构
1、2—薄片齿轮　3—短圆柱　4—弹簧

时必须计算弹簧的拉力，使它能克服最大转矩。这种调整法结构较复杂，传动刚度低，不宜传递大转矩，对齿轮的齿厚和齿距要求较低，可始终保持啮合无间隙，尤其适用于检测装置。

（2）斜齿圆柱齿轮传动间隙的消除

1）轴向垫片调整。如图 8-61 所示，宽齿轮同时与两个相同齿数的薄片齿轮啮合，薄片齿轮通过平键与轴联结，相互间不能转动。通过调整薄片齿轮之间垫片厚度的增减量，然后拧紧螺母，这时它们的螺旋线产生错位，其左右两齿面分别与宽齿轮的齿槽左右两齿面贴紧，因此消除了齿侧间隙。垫片厚度的增减量 t 和齿侧间隙 Δ 的关系可由下式算出

$$t = \Delta \cot \beta \qquad (8\text{-}2)$$

式中　t——垫片厚度的增减量；

Δ——齿侧间隙；

β——齿轮的接触角。

2）轴向压簧调整。如图 8-62 所示，轴向压簧调整齿轮齿侧间隙的原理与轴向垫片法是一样的，但用弹簧压紧能自动补偿齿侧间隙，达到无间隙传动。弹簧弹力要用调整螺母达到适当的值，过大会使齿轮磨损加快，降低使用寿命；过小则达不到消除齿侧间隙的作用。这种结构具有轴向尺寸过大，结构不紧凑，但可以自动补偿间隙的特点，多用于负载小，要求自动补偿间隙的场合。

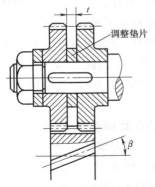

图 8-61　轴向垫片消除齿侧间隙原理

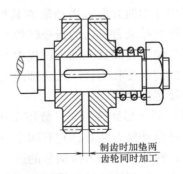

图 8-62　轴向压簧消除齿侧间隙原理

（3）锥齿轮传动间隙的消除

1）周向压簧调整。如图8-63所示，将大锥齿轮加工成1和2两部分，齿轮的外圈1开有三个圆弧槽8，内圈2的端面上的三个凸爪4，套装在圆弧槽内。弹簧6的两端分别顶在凸爪和镶块7上，使内、外圈1、2的锥齿错位与小锥齿轮啮合达到消除齿侧间隙的作用。为了安装方便，螺钉5将内、外圈相对固定，安装完毕后即刻卸去。

2）轴向压簧调整。如图8-64所示，两个锥齿轮相互啮合。在其中一个锥齿轮的传动轴上装有压簧，调整螺母可改变压簧的弹力。锥齿轮在弹力作用下沿轴向移动，从而达到消除齿侧间隙的目的。

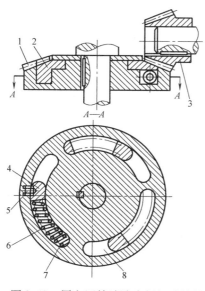

图 8-63　周向压簧消除齿侧间隙结构
1—外圈　2—内圈　3—小锥齿轮　4—凸爪
5—螺钉　6—弹簧　7—镶块　8—圆弧槽

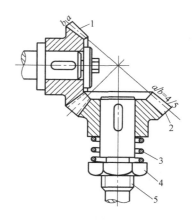

图 8-64　轴向压簧消除齿侧间隙结构
1、2—锥齿轮　3—压簧　4—螺母　5—轴

三、数控回转刀架和回转工作台

1. 数控回转刀架

在数控车床上使用的回转刀架是一种最简单的自动换刀装置，根据不同的使用对象，刀架可以设计为四方形、六角形或其他形状。回转刀架可分别安装四把、六把以及更多的刀具，并按数控装置发出的指令转位和换刀。由于数控车床的切削加工精度，在很大程度上取决于刀尖位置，而且在加工过程中刀尖位置不能进行人工调整，因此，回转刀架在结构上必须有良好的强度和刚性以及合理的定位结构，以保证回转刀架在每一次转位后，具有尽可能高的重复定位精度。

（1）四方形回转刀架　数控车床四方形回转刀架，是在普通车床刀架的基础上发展起来的一种自动换刀装置，它有四个刀位，可装夹四把刀具。当刀架回转90°时，刀架变换一个刀位，转位信号和刀位信号的选择由加工程序指令控制。图8-65所示为数控车床四方刀架的结构，该刀架广泛应用于经济型数控车床。当机床执行加工程序中的换刀指令时，刀架

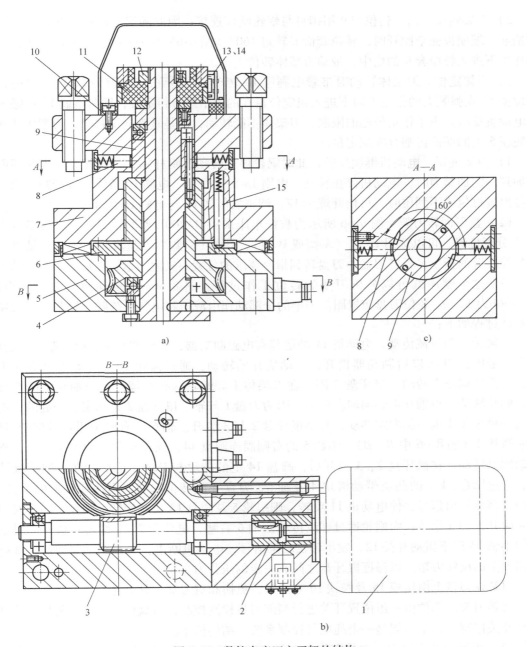

图 8-65　数控车床四方刀架的结构

1—电动机　2—联轴器　3—蜗杆轴　4—蜗轮丝杠　5—刀架底座　6—粗定位盘　7—刀架体　8—球头销
9—转位套　10—电刷座　11—发信体　12—螺母　13、14—电刷　15—粗定位销

自动转位换刀，其换刀过程如下：

1）刀架抬起。当数控装置发出换刀指令后，电动机 1 正转，经联轴器 2 带动蜗杆轴 3
转动，蜗杆轴传动蜗轮丝杠 4，刀架体 7 的内孔加工有螺纹与蜗轮上的丝杠连接，刀架底座
5 与机床固定连接，当蜗轮丝杠转动时，刀架体的端齿盘与刀架底座的端齿盘脱开啮合，完
成刀架抬起动作。

2）刀架转位。由于转位套 9 用销钉与蜗轮丝杠连接，因此随蜗轮丝杠一起转动，当刀架抬起、端面齿完全脱开时，转位套恰好转过 160°（图 8-65 中 A—A），球头销 8 在弹簧力的作用下进入转位套 9 的槽中，带动刀架体转位。

3）刀架定位。刀架体转动时带着电刷座 10 转动，当转到加工程序指定的刀号时，粗定位销 15 在弹簧力的作用下向下进入粗定位盘 6 的槽中进行粗定位，同时电刷 13 接触导体使电动机反转。由于粗定位槽的限制，刀架体不能转动，而是垂直向下移动，刀架体 7 和刀架底座 5 上的端面齿啮合实现定位。

4）刀架夹紧。电动机继续反转，此时蜗轮停止转动，蜗杆轴 3 自身转动，当两端面齿增加到一定加紧力时，电动机停止转动。电刷 13 负责发信，电刷 14 负责位置判断。当刀架定位出现过位或不到位时，可松开螺母 12，调整发信体 11 与电刷 14 的相对位置。

（2）盘形回转刀架　图 8-66 所示为数控车床采用 BA200L 型回转刀架，它最多可以有 24 个分度位置，可以选用 12 位（A 型或 B 型）、8 位（C 型）刀盘。其工作循环是刀架接收数控装置的指令，松开刀盘→刀盘转到指令要求的位置→夹紧刀盘，然后发出转位结束信号。按照这个顺序就可以分析刀架的转位工作过程。图 8-66a 为自动回转刀架结构图，图 8-66b 为 12 位、8 位刀盘布置图。刀架的全部动作由液压和电气系统联合控制，刀架换刀的具体过程如下：

刀架转位为机械传动。电动机 11 的尾部有电磁制动器，转位开始时，电磁制动器断电，电动机通电，30ms 以后制动器松开，电动机开始转动，通过齿轮 10、9、8 带动蜗杆 7 旋转，从而使蜗轮 5 转动。鼠牙盘 3 固定在刀架体上。蜗轮内孔有螺纹，与轴 6 上的螺纹旋合，蜗轮转动使得轴 6 沿轴向向左移动，因为刀盘 1 与轴、鼠牙盘 2 是固定在一起的，所以刀盘和鼠牙盘 2 也一起向左移动，直到鼠牙盘 2 与 3 脱开。轴 6 上有两个相互对称的键槽，内装滑块 4（图 8-66 中 B—B）。蜗轮 5 的右侧固连圆盘 14，圆盘左侧端面上是凸块，蜗轮带动圆盘转动。在鼠牙盘 2、3 脱开后，圆盘 14 上的凸块与滑块 4 恰好相碰，蜗轮继续转动，通过圆盘 14 上的凸块带动滑块 4 及轴 6、刀盘一起转位选刀，当达到要求的位置后，电刷选择器发出信号，使电动机 11 反转，则蜗轮 5 及圆盘 14 反向旋转，圆盘上的凸块与滑块 4 脱开，轴 6 停转；而蜗轮通过螺纹传动使轴 6 右移，鼠牙盘 2、3 结合定位。同时轴右端的小轴 13 压下微动开关 12，发出转位结束信号，电动机断电，电磁制动器通电，维持电动机轴上的反转力矩，以保证鼠牙盘之间有一定的压紧力。

刀具在刀盘上由压板 15 及楔铁 16 来夹紧，更换和对刀都十分方便。

回转刀架的选位由一组位置开关进行当前刀位检测控制，刀盘松开、夹紧的位置检测由微动开关控制，整个刀架是一个纯电气控制系统，结构简单。

（3）更换主轴头换刀　在带有旋转刀具的数控机床中，更换主轴头换刀是一种常见的换刀方式。按照主轴的位置，主轴头有立式和卧式两种，而且常用转塔的转位来更换主轴头以实现自动换刀。在各个主轴头上预先装有各工步加工需要使用的旋转刀具，当接到换刀指令时，各主轴头依次转到工作位置，并通过主运动使相应的主轴带动刀具旋转，而其他不处于加工位置的主轴都与主运动脱开。转塔主轴头换刀方式的主要优点是省去了自动松开、卸刀、装刀、夹紧以及刀具搬运等一系列复杂的操作，从而减少了换刀时间，提高了换刀可靠性。但是由于结构上的原因和空间位置的限制，主轴的数目不可能很多。因此转塔主轴头换刀通常只适用于工步较少、精度要求不太高的数控机床，如钻削中心等。车削中心转塔刀架

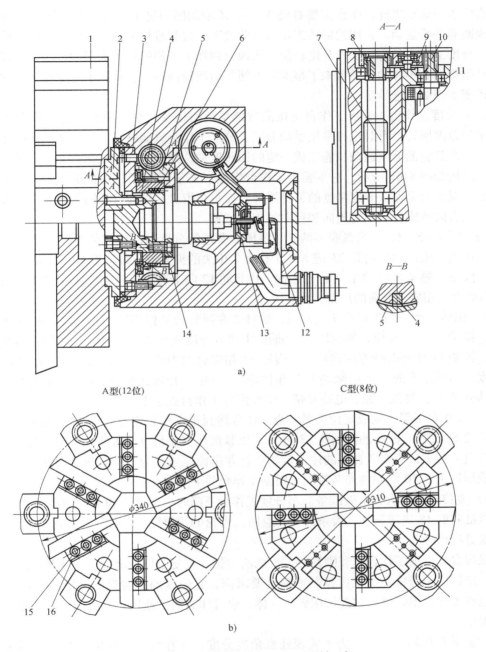

图 8-66 数控机床采用 BA200L 型回转刀架

a）自动回转刀架结构图　b）12 位、8 位刀盘布置图

1—刀盘　2、3—鼠牙盘　4—滑块　5—蜗轮　6—轴　7—蜗杆　8、9、10—齿轮

11—电动机　12—微动开关　13—小轴　14—圆盘　15—压板　16—楔铁

上带有自驱动刀具，也属于更换主轴头换刀的方式。

2. 回转工作台

为了扩大数控机床的加工范围，提高生产率，数控机床除了沿坐标轴 X、Y、Z 三个方向的直线进给运动之外，还常需要有绕 X、Y、Z 轴的圆周进给运动。数控机床靠回转工作台实现圆周进给运动。常用的回转工作台有分度工作台和数控回转工作台。它们的功能各不相同，分度工作台只是将工件分度转位，实现分别加工工件的各个表面的目的，给零件的加工尤其是箱体类零件的加工带来了很大的方便。而数控回转工作台除了分度和转位的功能之外，还能实现圆周进给运动。

（1）分度工作台　分度工作台是按照数控系统的指令，在需要分度时工作台连同工件按规定的角度回转，有时也可采用手动分度。分度工作台只能够完成分度运动而不能实现圆周运动，并且它的分度运动只能完成一定的回转度数，如45°、60°或90°等。鼠牙盘式分度工作台结构如图8-67所示，它主要由工作台底座、夹紧液压缸、分度液压缸和鼠牙盘等零件组成。鼠牙盘是保证分度精度的关键零件，在每个齿盘的端面有相同数目的三角形齿，两个齿盘啮合时就能自动确定周向和径向的相对位置。

1）工作台抬起，鼠齿盘脱离啮合。机床需要进行分度时，数控装置发出指令，电磁铁控制液压阀使液压油经油孔23进入到工作台7中央的夹紧液压缸下腔10，推动活塞6向上移动，经推力轴承5和13将工作台抬起，内齿轮12向上套入齿轮11，上下两个鼠齿盘4和3脱离啮合，完成分度前的准备工作。

2）回转分度。当工作台7上升时，推杆2在弹簧力的作用下向上移动，使推杆1向右移动，微动开关 S_2 复位，使液压油经油孔21进入分度液压缸左腔19，推动齿条活塞8向右移动，齿轮11做逆时针方向转动，与齿轮11相啮合的内齿轮12转动，分度台也转过相应的角度。回转角度的大小由微动开关和挡块17决定，开始回转时，挡块14离开推杆15，使微动开关 S_1，复位，通过电路互锁，始终保持工作台处于上升位置。

3）工作台下降，完成定位夹紧。当工作台转到预定位置附近，挡块17通过推杆16使微动开关 S_3 工作。液压油经油孔22进入到压紧液压缸上腔9，活塞6带动工作台7下降，上鼠齿盘4与下鼠齿盘3在新的位置重新啮合并定位压紧。为了保护鼠齿盘齿面不受冲击，夹紧液压缸下腔10的回油经节流阀可限制工作台的下降速度。

4）复位，为下次分度做准备。当分度工作台下降时，推杆2和1起动微动开关 S_2，分度液压缸右腔18进液压油，齿条活塞8退回，齿轮11顺时针转动，挡块17、14回到原位，为下次分度做准备。

鼠齿盘式分度工作台具有刚性好、承载能力强、重复定位精度高、分度精度高、能自动定心、结构简单等特点。鼠齿盘制造精度要求高，它分度的度数只能是鼠齿盘齿数的整数倍。这种工作台不仅可与数控机床做成一体，也可作为附件使用，广泛应用于各种加工和测量装置中。

（2）数控回转工作台　为了实现任意角度分度，并在切削过程中能够实现回转，采用了数控回转工作台。它主要用于数控镗铣床。从外形上看与分度工作台没有多大差别，但在内部结构和功能上则有较大的不同。

图8-68a所示为数控回转工作台，它由传动系统、间隙消除装置及蜗轮夹紧装置等组成，并由电液步进电动机1驱动，经齿轮2和4带动蜗杆9，通过蜗轮10使工作台回转。为了尽量消除反向间隙和传动间隙，通过调整偏心环3来消除齿轮2和4啮合侧隙。齿轮4与蜗杆9是靠楔形拉紧圆柱销5（如图8-68中 A—A）来联接的，这种联接方式能消除轴与套的配合间隙。蜗杆9采用螺距渐厚蜗杆，通过移动蜗杆的轴向位置来调节间隙。这种蜗杆

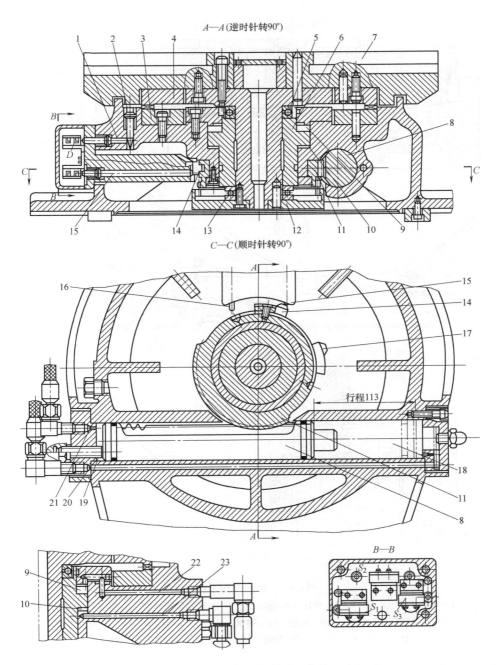

图 8-67 鼠牙盘式分度工作台

1、2、15、16—推杆 3、4—下、上鼠牙盘 5、13—推力轴承 6—活塞 7—工作台 8—齿条活塞
9—夹紧液压缸上腔 10—夹紧液压缸下腔 11—齿轮 12—内齿轮 14、17—挡块
18—分度液压缸右腔 19—分度液压缸左腔 20、21、22、23—油孔

的左、右两侧具有不同的螺距，因此蜗杆齿厚从头到尾逐渐增厚，但由于同一侧的螺距是相同的，所以仍能保持正确的啮合。调整时，先松开螺母 7 的锁紧螺钉 8，使压块 6 与调整套 11 松开，然后转动调整套 11 带动蜗杆 9 做轴向移动。调整间隙后，锁紧调整套和楔形拉紧

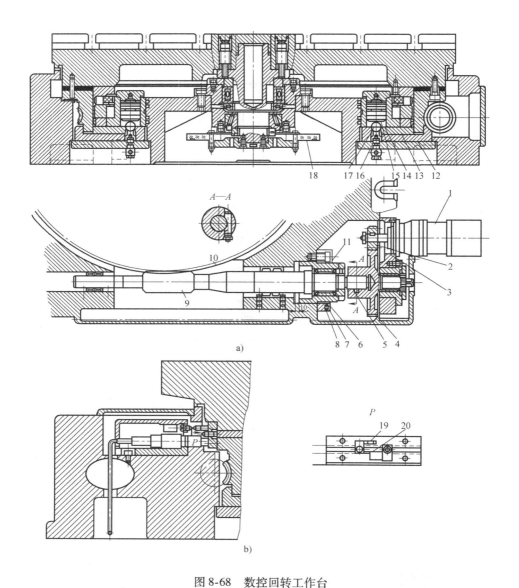

图 8-68　数控回转工作台

1—电液步进电动机　2、4—齿轮　3—偏心环　5—楔形拉紧圆柱销　6—压块　7—螺母
8—锁紧螺钉　9—蜗杆　10—蜗轮　11—调整套　12、13—夹紧块　14—夹紧液压缸
15—活塞　16—弹簧　17—钢球　18—光栅　19—撞块　20—感应块

圆柱销 5。蜗杆的左、右两端都有双列滚针轴承支承，左端为自由端，可以伸缩以消除温度变化带来的影响，右端装有两个止推球轴承以轴向定位。

当静止时，工作台必须处于锁紧状态，为此，在蜗轮底部装有八对夹紧块 12 及 13，并在底座上均匀分布着八个夹紧液压缸 14。当数控系统发出指令，给夹紧液压缸的上腔通入液压油，活塞 15 向下运动，通过钢球 17 撑开夹紧块 12 及 13，将蜗轮 10 夹紧，工作台被锁紧。当工作台需要回转时，数控系统发出指令，活塞 15 向上运动，夹紧液压缸 14 上腔的油流回油箱，钢球在弹簧 16 的作用下向上抬起，夹紧块 12 和 13 松开蜗轮，这时蜗轮和回转工作台可按照控制系统的指令做回转运动。

数控回转工作台的导轨面由大型滚柱轴承支承，并由圆锥滚子轴承及圆锥孔双列向心圆柱滚子轴承保持回转中心的准确度。数控回转工作台设有零点，当它做返回零点运动时，首先由安装在蜗轮上的撞块 19（图 8-68b）碰撞限位开关，使工作台减速，再通过感应块 20 和无触点开关，使工作台准确地停在零点位置上。

数控回转工作台可由光栅 18 进行读数控制，进行任意角度的回转和分度。光栅在圆周上有 21600 条刻线，通过 6 倍频电路，使刻度分辨能力为 10″，因此工作台的分度精度可以达到 ±10″。

四、自动换刀装置

数控机床为了进一步提高生产率，压缩非切削时间，已逐步发展为在一台机床上一次装夹完成多工序或全部工序的加工。为完成对工件的多工序加工而设置的存储及更换刀具的装置称为自动换刀装置（Automatic Tool Changer，简称 ATC），它是加工中心上必不可少的部分。实际上，数控车床上使用的回转刀架也是一种简单的自动换刀装置。自动换刀装置的换刀时间和可靠性，直接影响到整个数控机床尤其是加工中心的质量。据统计，加工中心故障中有 50% 以上与 ATC 工作有关。ATC 装置的投资常占整台机床投资的 30% ~ 50%。为了降低整机的价格，用户应在满足使用条件的前提下，尽量选用结构简单和可靠性高的 ATC。自动换刀装置应当满足的基本要求有：

1）刀具换刀时间短且换刀可靠。

2）刀具重复定位精度高。

3）足够的刀具储存量。

4）刀库占地面积小。

1. 自动换刀装置的形式

根据其组成结构，自动换刀装置可分为回转刀架式、转塔式、带刀库式三种形式，下面分别介绍。

（1）回转刀架自动换刀装置 数控机床上使用的回转刀架是一种最简单的自动换刀装置。根据不同的适用对象，刀架可设计为四方形、六角形或其他形式。回转刀架可分别安装四把、六把以及更多的刀具，并按数控装置发出的脉冲指令回转、换刀。

由于数控机床的切削加工精度在很大程度上取决于刀尖位置，并且在加工过程中刀尖位置不能进行人工调整，因此回转刀架在结构上必须有良好的强度和刚性，以及合理的定位结构，以保证回转刀架在每一次转位之后具有尽可能高的重复定位精度。

图 8-69 所示为 CK7815 型数控车床自动回转刀架。其工作原理是：CK7815 型数控车床采用 BA200L 型刀架，最多可以有 24 个分度位置，机床可选用 12 位、8 位刀盘。其工作循环是：刀架接收数控装置的指令→松开→转到指令要求的位置→夹紧→发出转位结束的信号。按照这个规律就可以分析各种结构刀架的工作过程。

在图 8-69 中，当电动机 11 通电时，尾部的电磁制动器 30ms 以后松开，电动机开始转动，通过齿轮 10、9、8 带动蜗杆 7 旋转，从而使蜗轮 5 转动。蜗轮内孔有螺纹，与轴 6 上的螺纹配合。这时轴 6 不能回转，当蜗轮转动时，使得轴沿轴向向左移动，因为刀架 1 与轴、鼠牙盘 2 是固定在一起的，所以刀盘和鼠牙盘也向左移动，鼠牙盘 2 和 3 脱开。在轴 6

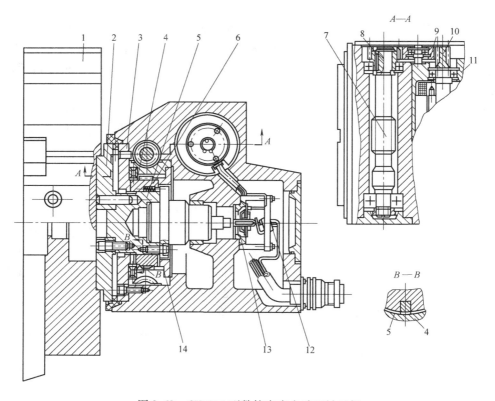

图 8-69　CK7815 型数控车床自动回转刀架
1—刀架　2、3—鼠牙盘　4—滑块　5—蜗轮　6—轴　7—蜗杆　8、9、10—齿轮
11—电动机　12—微动开关　13—小轴　14—圆盘

上有两个对称槽，内装滑块 4，在鼠牙盘脱开后，蜗轮转到一定角度与蜗轮固定在一起的圆盘 14 上的凸起便碰到滑块 4，蜗轮便通过圆盘上的凸块带动滑块，连同轴 6、刀盘一起进行转位。当转到要求位置后，刷形选位器发出信号，使电动机反转，圆盘 14 上的凸块与滑块脱离，不再带动轴 6 转动，蜗轮与轴上的螺纹使轴右移，鼠牙盘 2、3 结合定位，电磁制动器通电，维持电动机轴上的反转力矩，以保证鼠牙盘之间有一定的压紧力。最后电动机断电，同时轴 6 右端的小轴 13 压下微动开关 12，发出转位结束信号。刀架的选位由刷形选位器进行选位。松开、夹紧位置检测则由微动开关 12 实行。整个刀架是一个纯电器系统，结构简单。

（2）转塔式自动换刀装置　在带有旋转刀具的数控机床中，转塔刀架上装有主轴头。主轴头通常有卧式和立式两种，常用转塔的转位来更换主轴头以实现自动换刀。它是一种比较简单的换刀方式，各个主轴头上预先装有各工序加工所需的旋转刀具，当收到换刀指令时，各主轴头依次转到加工位置，并接通主运动使相应的主轴带动刀具旋转，而其他处于非加工位置上的主轴都与主运动脱开。图 8-70 所示为数控钻镗铣床，它有装 8 把刀具且绕水平轴转位的转塔式自动换刀装置。

转塔式换刀装置的主要优点是省去了自动松夹、卸刀装刀、夹紧以及刀具搬运等一系列复杂的操作，减少了换刀时间，提高了换刀可靠性。但是，由于结构上的原因和空间位置的限制，主轴部件的刚性差且主轴的数目不可能太多。因此，它通常只适用于工序较少、精度要求不太高的数控钻床。

（3）带刀库的自动换刀装置　带刀库的自动换刀系统由刀库和刀具换刀机构组成，目前这种换刀方法在数控机床上的应用最为广泛。带刀库的自动换刀装置的数控机床主轴箱和转塔主轴头相比较，由于主轴箱内只有一个主轴，所以主轴部件有足够刚度，因而能够满足各种精密加工的要求。另外，刀库可以存放大量刀具，可进行复杂零件的多工序加工，可明显提高数控机床的适应性和加工效率。这种带刀库的自动换刀装置特别适用于数控钻床、加工中心等机床。

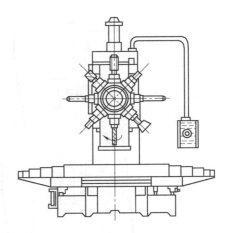

图 8-70　数控钻镗铣床

带刀库的换刀系统换刀过程较为复杂，首先应把加工过程中需要使用的全部刀具分别安装在标准刀柄上，在机外进行尺寸调整之后，按一定的方式放入刀库，换刀时按刀具编号在刀库中进行选刀，并由刀具交换装置从刀库和主轴上取出刀具进行交换，将新刀装入主轴，把从主轴上取下的旧刀具放回刀库。存放刀具的刀库有较大的容量，刀库可安放在主轴箱的侧面或上方，也可单独安装在机床以外作为一个独立部件，由搬运装置运送刀具。这种换刀方式的整个工作过程动作较多，换刀时间较长，并且使系统变得更为复杂，降低了工作可靠性。

在刀库式自动换刀装置中，为了传递刀库与机床主轴之间的刀具并实现刀具装卸的装置，称为刀具的交换装置。刀具的交换方式通常分为两种：机械手交换刀具和由刀库与机床主轴的相对运动实现刀具交换，即无机械手交换刀具。刀具的交换方式及它们的具体结构，直接影响机床的工作效率和可靠性。

1）无机械手交换刀具方式。无机械手的换刀系统，一般是采用把刀库放在主轴箱可以运动到的位置，或整个刀库或某一刀位能移动到主轴箱可以到达的位置，同时，刀库中刀具的存放方向一般与主轴上的装刀方向一致。换刀时，由主轴运动到刀库上的换刀位置，利用主轴直接取走或放回刀具。图 8-71 所示为一种卧式加工中心无机械手换刀系统的换刀过程。

图 8-71a 所示为主轴准停定位，主轴箱上升。

图 8-71b 所示为当主轴箱上升到顶部换刀位置，刀具进入刀库的交换位置并固定，主轴上的刀具自动夹紧装置松开。

图 8-71c 所示为刀库前移从主轴孔中将需要更换的刀具拔出来。

图 8-71d 所示为刀库转位，根据加工程序指令，将下一工步加工所需的刀具前移而转到换刀的位置，同时主轴孔的清洁装置将主轴上的刀具孔清洁干净。

图 8-71e 所示为刀库后退将所选用的刀具插入主轴孔内，主轴上的刀具夹紧装置把刀具夹紧。

图 8-71f 所示为主轴箱下降回落到工作位置，准备进行下一步的工作。

无机械手换刀系统的优点是结构简单，成本低，换刀的可靠性较高。缺点是换刀时间

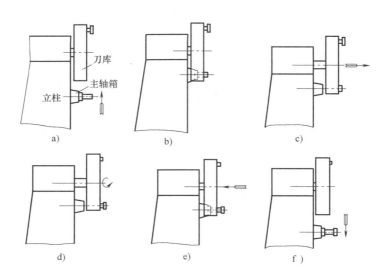

图 8-71　无机械手换刀过程

长，刀库因结构所限容量不多。这种换刀系统多为中、小型加工中心采用。

2）带机械手交换刀具方式。采用机械手进行刀具交换方式在加工中心中应用最为广泛。机械手是当主轴上的刀具完成一个工步后，把这一工步的刀具送回刀库，并把下一工步所需的刀具从刀库中取出来装入主轴，继续进行加工的功能部件。对机械手的具体要求是迅速可靠，准确协调。由于不同加工中心的刀库与主轴的相对位置不同，所以各种加工中心所使用的换刀机械手也不尽相同。从手臂的类型来看，有单臂、双臂机械手，最常用的几种结构形式如图 8-72 所示。

图 8-72a 所示为单臂单爪回转式机械手，带一个夹爪的手臂可自由回转，装刀、卸刀均需这个夹爪进行，因此换刀时间较长。

图 8-72b 所示为单臂双爪摆动式机械手，手臂上的一个夹爪只完成从主轴上取下"旧刀"送回刀库的任务，而另一个夹爪则执行由刀库取出"新刀"送到主轴的任务，其换刀时间较单爪回转式机械手要短。

图 8-72c 所示为双臂回转式机械手，手臂两端各有一个夹爪，能够同时完成抓刀→拔刀→回转→插刀→返回等一系列动作。为了防止刀具掉落，各机械手的活动爪都带有自锁机构。由于双臂回转机械手的动作比较简单，而且能够同时抓取和装卸机床主轴和刀库中的刀具，因此换刀时间可进一步缩短，是最常用的一种形式。图 8-72c 右边的机械手在抓取刀具或将刀具送入刀库主轴时，其两臂可伸缩。

图 8-72d 所示为双机械手，相当于两

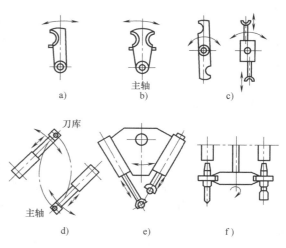

图 8-72　双臂机械手结构

个单臂单爪机械手，它们相互配合完成自动换刀动作。

图 8-72e 所示为双臂往复交叉式机械手。这种机械手的两臂可以进行往复运动，并交叉成一定的角度。一个手臂从主轴上取下"旧刀"送回刀库，另一个手臂由刀库中取出"新刀"装入主轴，整个机械手可沿某导轨直线移动或绕某个转轴回转，以实现刀库与主轴间的换刀动作。

图 8-72f 所示为双臂端面夹紧式机械手。它的特点是靠夹紧刀柄的两个端面来抓取刀具，而其他机械手均靠夹紧刀柄的外圆表面抓取刀具。

2. 刀库

刀库是用于存放加工刀具及辅助工具的，是自动换刀装置中最主要的部件之一。由于多数加工中心的取送刀具位置都是在刀库中某一固定刀位，因此刀库还需要有使刀具运动的机构来保证换刀的可靠性。刀库中刀具的定位机构是用于保证要更换的每一把刀具或刀套都能准确地停在换刀位置上。其控制部分可以采用简易位置控制器，或类似半闭环进给系统的伺服位置控制，也可以采用电气和机械相结合的销定位方式，一般要求其综合定位精度达到 $0.1 \sim 0.5mm$，即可采用电动机或液压系统为刀库转动提供动力。

（1）刀库的类型　按刀库的结构形式可分为圆盘式刀库、链式刀库和箱型式刀库。圆盘式刀库如图 8-73 所示，其结构简单，应用也较广泛。但因刀具采用单环排列，空间利用率低，因此出现了将刀具在盘中采用双环或多环排列的形式，以增加空间利用率。但这样使刀库的外径扩大，转动惯量也增大，选刀时间也长，所以，圆盘式刀库一般用于刀具容量较小的刀库。链式刀库如图 8-74 所示，适用于刀库容量较大的场合。链的形状可以根据机床的布局配置，也可将换刀位突出以利于换刀。当需要增加链式刀库的刀具容量时，只需增加链条的长度，在一定范围内，无需变更刀库的线速度及惯量。一般刀具数量 30 ~ 120 把时都采用链式刀库。箱型式刀库的结构也比较简单，有箱型和线型两种，如图 8-75、图 8-76 所示。箱型刀库一般容量比较大，刀库的空间利用率较高，换刀时间较长，往往用于加工单元式加工中心。线型刀库容量小，一般在十几把刀左右，多用于自动换刀的数控车床，数控钻床也有采用。

另外，按设置部位的不同，刀库可以分为顶置式、侧置式、悬挂式和落地式等多种类型。按交换刀具还是交换主轴，刀库可分为普通刀库（简称刀库）和主轴箱刀库。

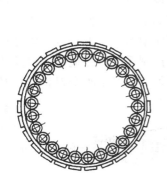

图 8-73　圆盘式刀库

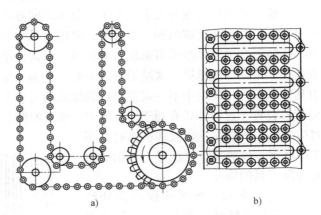

a)　　　　　　　　　b)

图 8-74　链式刀库
a）单环链式　b）多环链式

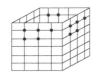

图 8-75　箱型刀库

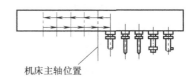

机床主轴位置

图 8-76　线型刀库

（2）刀库的容量　确定刀库的容量首先要考虑加工工艺的需要。对若干种工件进行分析表明，各种加工所需的刀具数量是：4 把铣刀可完成工件 95% 左右的铣削工艺，10 把孔加工刀具可完成 70% 的钻削工艺，因此 14 把刀的容量就可完成 70% 以上工件的钻铣工艺。如果从完成工件的全部加工所需的刀具数目统计，则 80% 的工件（中等尺寸，复杂程度一般）完成全部加工任务所需的刀具数为 40 种以下。所以对于一般的中、小型立式加工中心，配有 14 ~ 40 把刀具的刀库，就能够满足 70% ~ 95% 工件的加工需要。

（3）刀库的选刀方式　目前，加工中心刀库使用的选刀方式有顺序选刀和任意选刀两种。顺序选刀是在加工之前，将加工零件所需刀具按照工艺要求依次插入刀库的刀套中，顺序不能有差错。加工时按顺序调刀。加工不同的工件时必须重新调整刀库中的刀具顺序，因而操作十分繁琐，而且加工同一工件中各工序的刀具不能重复使用。这样就会增加刀具的数量，而且由于刀具的尺寸误差也容易造成加工精度的不稳定。其优点是刀库的驱动和控制都比较简单，因此这种方式适合加工批量较大、工件品种数量较少的中、小型自动换刀装置。

随着数控系统的发展，目前绝大多数的数控系统都具有刀具任选功能。任选刀具的换刀方式可以有刀套编码、刀具编码和记忆等方式。刀具编码或刀套编码都需要在刀具或刀套安装用于识别的编码条，如图 8-77 所示，一般都是根据二进制编码原理进行编码。刀具编码选刀方式采用了一种特殊的刀柄结构，并对每把刀具编码。由于每把刀具都具有自己的代码，因而刀具可以放在刀库中的任何一个刀座内，这样不仅刀库中的刀具可以在不同的工序中多次重复使用，而且换下的刀具也不用放回原来的刀座，这对装刀和选刀都十分有利，刀库的容量也可以相应地减少，而且还可以避免由于刀具顺序的差错造成的事故。但是由于每把刀具上都带有专用的编码系统，使刀具的长度加长，制造困难，刀具刚度降低，同时使得刀库和机械手的结构也变得复杂。对于刀套编码的方式，一把刀具只对应一个刀套，从一个刀套中取出的刀具必须放回同一刀套中，取送刀具十分麻烦，换刀时间长。因此，无论是刀具编码还是刀套编码都给换刀系统带来麻烦。目前，绝大多数加工中心都使用记忆式的任选换刀方式。这种方式是第一次给刀库装刀时，控制系统记忆刀库中的每个刀套号和该刀套上的刀具号，刀具在使用中不一定被送还到原来的刀套上，但是控制系统仍能记住该刀具号所在的新刀套号。这种方式有利于缩短换刀、选刀时间。由于这种方式经常改变刀具号与刀套的对应关系，所以在重新起动机床时必须使刀库回零，校验一下显示器上显示的内容与实际刀具的情况。

刀库选刀方式一般采用就近移动原则，即无论采取哪种选刀方式，在根据程序指令把下一工序要用的刀具移到换刀位置时，都要向距离换刀最近的方向移动，

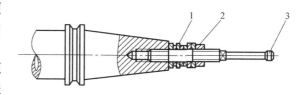

图 8-77　刀具刀柄尾部编码环编码
1—编码环　2—锁紧螺母　3—拉紧螺杆

以节省选刀时间。

五、辅助装置

1. 数控机床的液压和气动系统

（1）数控机床中液压和气动装置的功能　数控机床为了实现全自动化加工，除数控系统外，还需要配备液压和气动装置来完成自动运行功能。数控机床的液压和气动装置应结构紧凑，工作可靠，易于控制和调节。由于液压传动装置使用工作压力高的油性介质，因此机构出力大，机械结构紧凑，动作平稳可靠，易于调节，噪声较小。但要配置液压泵和油箱，当油液渗漏时会污染环境，而气动装置的气源容易获得，机床可以不必再单独配送动力源，装置结构简单，工作介质不污染环境，工作速度快，动作频率高，适合于频繁起动的辅助工作，在过载时也比较安全。

液压和气动装置在数控机床中一般完成如下辅助功能：

1）自动换刀的动作。如机械手的伸、缩、回转和摆动以及刀具的松开和拉紧动作。

2）主轴的自动松开、夹紧。

3）机床运动部件的制动和离合器的控制，齿轮的拨叉挂挡等。

4）机床的润滑、冷却，防护罩、门的自动开关。

5）工作台的松开夹紧，交换工作台的自动交换动作等。

6）机床运动部件的平衡。如机床主轴箱的重力平衡、刀库机械手的平衡等。

（2）数控机床中的液压装置　图8-78所示为数控车床液压系统原理图。液压系统采用单向变量液压泵，系统压力调整至4MPa，由压力表显示。泵出口的液压油经过单向阀进入控制油路。机床的卡盘夹紧与松开、夹盘夹紧力的高低压转换、回转刀架的松开与夹紧、刀架刀盘的正转与反转、尾座套筒的伸出与退回动作，都是由液压系统驱动的，数控系统的PLC控制液压系统中各电磁阀电磁铁的动作。

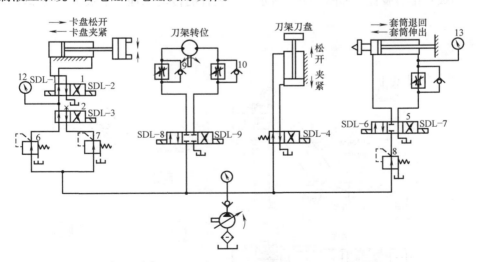

图8-78　数控车床液压系统原理图

如图8-78中，2位4通电磁阀1控制主轴卡盘的夹紧与松开，电磁阀2控制卡盘的高压夹紧与低压夹紧的转换。当卡盘处于正卡（也称外卡）且在高压夹紧状态下时，夹紧力的大小由减压阀 6 来调整，由压力表 12 显示卡盘压力。系统液压油经减压阀 6→电磁阀 2（左位）→电磁阀 1（左位）→液压缸右腔，活塞杆左移，卡盘夹紧。这时液压缸左腔的油液经电磁阀 1（左位）直接回油箱。反之，系统液压油经减压阀 6→电磁阀 2（左位）→电磁阀 1（右位）→液压缸左腔，活塞杆右移，卡盘松开。这时液压缸右腔的油液经电磁阀 1（右位）直接回油箱。当卡盘处于正卡且在低压夹紧状态下，夹紧力的大小由减压阀 7 来调整。系统液压油经减压阀 7→电磁阀 2（右位）→电磁阀 1（左位）→液压缸右腔，卡盘夹紧。反之，系统液压油经减压阀 7→电磁阀 2（右位）→电磁阀 1（右位）→液压缸左腔，卡盘松开。也可对刀架转位、刀盘松开夹紧及尾座套筒动作的控制进行分析。

2. 排屑装置

（1）排屑装置在数控机床中的作用　数控机床的加工效率高，单位时间内数控机床的金属切削量远高于普通机床，这使工件上的多余金属变成切屑后所占的空间也成倍增大。这些切屑占用加工区域，如果不及时清除，则必然会覆盖或缠绕在工件和刀具上，使自动加工无法继续进行。此外，炽热的切屑向机床或工件散发热量，使机床或工件产生变形，影响加工的精度。因此，迅速、有效地排除切屑对数控机床加工来说十分重要，而排屑装置正是完成该工作的必备附属装置。排屑装置的主要作用是将切屑从加工区域排出到数控机床之外。另外，切屑中往往混合着切削液，排屑装置必须将切屑从其中分离出来，送入切屑收集箱或小车里，而将切削液回收到冷却液箱。

（2）排屑装置的种类

1）平板链式排屑装置，如图 8-79a 所示。该装置以滚动链轮牵引钢质平板链带在封闭箱中运转，加工中的切屑落到链带上而被带出机床。这种装置能排除各种形状的切屑，适应性强，各类机床都能采用。在车床上使用时多与机床的冷却液箱合为一体，以简化机床结构。

2）刮板式排屑装置，如图 8-79b 所示。该装置的传动原理与平板链式的基本相同，只

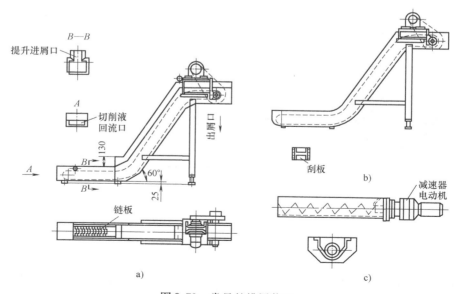

图 8-79　常见的排屑装置

是链板不同，它的链板带有刮板。这种装置常用于输送各种材料的短小切屑，排屑能力较强。但因负载大而需采用较大功率的驱动电动机。

3）螺旋式排屑装置，如图8-79c所示。该装置采用电动机经减速装置驱动安装在沟槽中的长螺旋杆上。螺旋杆转动时，沟槽中的切屑即被螺旋杆推动而连续向前运动，最终排入切屑收集箱中。螺旋式排屑装置占用空间小，适于安装在机床与立柱间空隙狭小的位置上，而且它结构简单，排屑性能良好。但这种装置只适于沿水平或小角度倾斜直线方向排运切屑，不能大角度倾斜、提升或转向排屑。

思 考 题

1. 什么是数控机床？数控机床的特点是什么？
2. 数控机床通常由哪些部分组成？各部分的作用是什么？
3. 数控机床的分类通常是如何划分的？
4. 数控机床主要性能指标有哪些？
5. 数控机床主传动系统有哪几种传动方式？各有何特点？
6. 何谓分度工作台和数控回转工作台？
7. 自动换刀装置有哪几种形式？各有何特点？

第九章　典型数控机床

【能力目标】　了解典型数控机床的特点、分类和工艺使用范围，重点掌握数控车床、数控镗铣床、加工中心基本构成及典型布局形式及其主要技术参数和精度指标用。使学生能够根据零件的类型选择数控机床。

【内容简介】　数控机床的品种很多，配备全功能数控系统的中高档数控机床虽然功能丰富，但成本高，一般中小型企业难以多台购置。面结构简化、功能合理的普及型数控机床具有一定的代表性。

【相关知识】

第一节　数控车床

一、数控车床概述

1. 数控车床的用途

数控车床与普通车床一样，也是用于加工轴类或盘类等回转体零件的。但是由于数控车床是自动完成内外圆柱面、圆锥面、圆弧面、端面、螺纹等的切削加工，所以数控车床特别适于加工形状复杂的轴类或盘类零件。其加工零件的尺寸公差等级可以达到 IT5～IT6，加工的表面粗糙度可以达到 $Ra1.6\mu m$ 以下。

数控车床具有加工灵活、通用性强、能适应产品品种和规格频繁变化的特点，能够满足新产品的开发和多品种、小批量、生产自动化的要求，因此广泛应用于机械制造业，如汽车制造厂、发动机制造厂等。

2. 数控车床的组成、特点及布局

（1）数控车床的组成及特点　图9-1所示为数控车床外观结构。从卧式车床和数控车床的外观图可以发现，数控车床在结构上仍然由主轴箱、刀架、进给传动系统、床身和尾座等主要部件组成，而且两者都有冷却系统和润滑系统，只是数控车床的进给系统与卧式车床的进给系统在结构上存在着本质上的差别。

普通车床的进给传动链为：主轴→交换齿轮架→进给箱→溜板箱→刀架。而数控车床采用伺服电动机（步进电动机）经滚珠丝杠传到滑板和刀架，以连续控制刀具实现纵向（Z向）和横向（X向）进给运动。其结构大为简化，精度和自动化程度大大提高。数控车床主轴安装有脉冲编码器，主轴的运动通过同步带1:1的传到脉冲编码器。当主轴旋转时，脉冲编码器便发出检测脉冲信号给数控系统，使主轴电动机的旋转与刀架的切削进给保持同步关系，即可实现螺纹加工时主轴旋转1周、刀架 Z 向移动一个导程的运动关系。

（2）数控车床的布局　数控车床的主轴、尾座等部件相对于床身的布局形式与卧式车床基本一致，但刀架和导轨的布局形式发生了很大的变化，而且刀架和导轨的布局形式会直接影响数控车床的使用性能、机床的结构和外观。此外，数控车床上都设有封闭的防护装置。

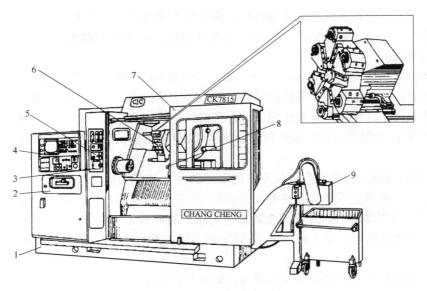

图 9-1　数控车床外观结构

1—床身　2—光电读带机　3—机床操作台　4—数控系统操作面板

5—机械操作面板　6—回转刀架　7—防护门

8—尾座　9—排屑装置

1）床身的布局，如图 9-2 所示。根据数控车床床身与水平面的相对位置不同，可以有多种布局形式：图 9-2a 所示为平床身平滑板，图 9-2b 所示为斜床身斜滑板，图 9-2c 所示为平床身斜滑板，图 9-2d 所示为前斜床身平滑板，图 9-2e 所示为立式床身立滑板。

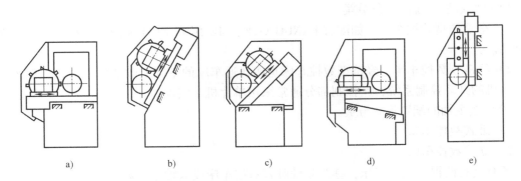

a)　　　　　　b)　　　　　　c)　　　　　　d)　　　　　　e)

图 9-2　床身与滑板的布局形式

a）平床身平滑板　b）斜床身斜滑板　c）平床身斜滑板　d）前斜床身平滑板　e）立式床身立滑板

水平床身的工艺性好，便于导轨面的加工。水平床身配上水平放置的刀架可提高刀架的运动精度，一般可用于大型数控车床或小型精密数控车床的布局。但是水平床身由于下部空间小，故排屑困难。从结构尺寸上看，刀架水平放置使得滑板横向尺寸较长，从而加大了机床宽度方向的结构尺寸。

水平床身配上倾斜放置的滑板，并配置倾斜式的防护罩，这种布局形式一方面有水平床身工艺性好的特点，另一方面机床宽度方向的尺寸较水平配置滑板的要小，且排屑方便。

水平床身配上倾斜放置的滑板和斜床身配置斜滑板的布局形式，普遍用于中、小型数控车床。这是由于此两种布局形式排屑容易，热铁屑不会堆积在导轨上，也便于安装自动排屑器；操作方便，易于安装机械手，以实现单机自动化；机床占地面积小，外形简洁、美观，容易实现封闭式防护。

斜床身的倾斜角度分别为 30°、45°、60°、75° 和 90°（称为立式床身）。床身倾斜角度小，排屑不便；倾斜角度大，导轨的导向性差，受力情况也差。床身倾斜角度的大小还直接影响机床外形尺寸高度与宽度的比例。综合考虑以上诸因素，小型数控车床床身的倾斜度多采用 30° 和 45°；中规格的数控车床床身的倾斜度以 60° 为宜；而大型数控车床床身的倾斜度多采用 75°。

2）刀架的布局。刀架作为数控车床的重要部件，其布局形式对机床整体布局及工作性能影响很大。目前两坐标联动数控车床多采用 12 工位的回转刀架，也有采用 6 工位、8 工位、10 工位回转刀架的。回转刀架在机床上的布局有两种形式：① 是用于加工盘类零件的回转刀架，其回转轴垂直于主轴；② 是用于加工轴类和盘类零件的回转刀架，其回转轴平行于主轴。

床身上安装有两个独立的滑板和回转刀架的数控车床称为双刀架四坐标数控车床。其上每个刀架的切削进给是分别控制的，因此两刀架可以同时切削同一工件的不同部位，既扩大了加工范围，又提高了加工效率。双刀架四坐标数控车床的结构复杂，且需要配置专门的数控系统实现对两个独立刀架的控制。这种机床适于加工曲轴、飞机零件等形状复杂、批量较大的零件。

3. 数控车床的分类

随着数控车床制造技术的不断发展，为了满足不同的加工需要，数控车床的品种和数量越来越多，形成了产品繁多、规格不一的局面。

（1）按数控系统的功能分类

1）全功能型数控车床，如配有 FANUC-OTE、SIEMENS-810T 系统的数控车床都是全功能型的。

2）经济型数控车床。经济型数控车床是在普通车床的基础上改造而来的，一般采用步进电动机的开环控制系统，其控制部分通常采用单片机来实现。

（2）按主轴的配置形式分类

1）卧式数控车床。

2）立式数控车床。

还有具有两根主轴的车床，称为双轴卧式数控车床或双轴立式数控车床。

（3）按数控系统控制的轴数分类

1）两轴控制的数控车床。机床上只有一个回转刀架，可实现两坐标轴控制。

2）四轴控制的数控车床。机床上有两个独立的回转刀架，可实现四轴控制。

对于车削中心或柔性制造单元，还要增加其他的附加坐标轴来满足机床的功能要求。我国使用较多的是中小型的两坐标联动控制的数控车床。

二、数控车床的结构布局

1. MJ-50 数控车床的用途及结构布局

MJ-50 型数控车床是济南一机床集团有限公司的产品。根据用户的需要，该机床可以提供 FANUC-OTE 或 SIEMENS 数控系统。

（1）MJ-50 数控车床的用途 MJ-50 数控车床主要用于加工轴类零件的内外圆柱面、圆锥面、螺纹表面、成形回转体表面等。对于盘类零件可进行钻孔、扩孔、铰孔、镗孔等加工。机床还可以完成车端面、切槽、倒角等加工。

（2）MJ-50 数控车床的结构布局 图 9-3 所示为 MJ-50 数控车床的外观结构。MJ-50 数控车床为两轴联动的卧式车床，床身 14 为平床身，床身导轨面上支承着倾斜 30° 的滑板 13，排屑方便。导轨的横截面为矩形，支承刚性好，且导轨上配置有导轨防护罩 8。床身的左上方安装有主轴箱 4，主轴由交流主轴电动机经 1∶1 带传动直接驱动主轴，结构十分简单。为了快速而省力地装夹工件，主轴卡盘 3 的夹紧与松开是由主轴尾端的液压缸来控制的。床身右上方安装有尾座 12。该机床有两种可配置的尾座，一种是标准尾座，另一种是液压驱动的尾座。

倾斜的滑板上安装有回转刀架 11，其刀盘上有 10 个工位，最多安装 10 把刀具。滑板上分别安装有 X 轴和 Z 轴的进给传动装置。

根据用户的需要，主轴箱前端面上可以安装对刀仪 2，用于机床的机内对刀。检测刀具时，对刀仪转臂 9 摆出，其上端的接触式传感器测头对所用刀具进行检测。检测完成后，对刀仪转臂摆回如图 9-3 所示的原位，且测头被锁在对刀仪防护罩 7 中。件 10 是操作面板，件 5 是机床防护门，可以配置手动防护门，也可以配置气动防护门。液压系统的压力由压力表 6 显示。件 1 是主轴卡盘夹紧与松开的脚踏开关。

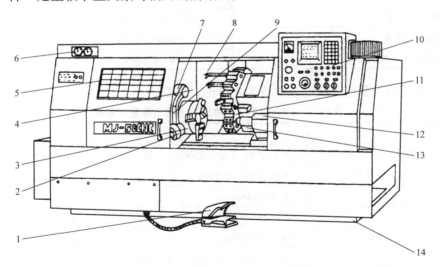

图 9-3 MJ-50 数控车床的外观结构

1—脚踏开关 2—对刀仪 3—主轴卡盘 4—主轴箱 5—机床防护门
6—压力表 7—对刀仪防护罩 8—导轨防护罩
9—对刀仪转臂 10—操作面板 11—回转刀架
12—尾座 13—滑板
14—床身

（3）MJ-50 数控车床的主要技术参数

1）MJ-50 数控车床的主要参数见表 9-1。

表 9-1　MJ-50 数控车床的主要技术参数

参　　数	规　　格
允许最大工件回转直径	500mm
最大切削直径	310mm
最大切削长度	650mm
主轴转速范围	35 ~ 3500r/min(连续无级)
其中恒转矩范围	35 ~ 437r/min
其中恒功率范围	437 ~ 3500r/min
主轴通孔直径	80mm
拉管通孔直径	65mm
刀架有效行程	X 轴:182mm; Z 轴:675mm
快速移动速度	X 轴:10m/min; Z 轴:15m/min
安装刀具数	10 把
刀具规格	车刀:25mm × 25mm;镗刀杆:ϕ12mm ~ ϕ45mm
选刀方式	刀盘就近转位
分度时间	刀盘单步 0.8s;180°2.2s
尾座套筒直径	90mm
尾座套筒行程	130mm
主轴调速电动机功率	11/15kw(连续/30min 超载)
进给伺服电动机功率	X 轴: 0.9kW(交流); Z 轴: 1.8kW(交流)
机床外形尺寸(长×宽×高)	2995mm × 1667mm × 1796mm

2) FANUC-0TE 数控系统的主要技术规格见表 9-2。

表 9-2　FANUC-0TE 数控系统的主要技术规格

序号	名　称	规　　格	
1	控制轴数	X 轴、Z 轴,手动方式同时仅一轴	
2	最小设定单位	X 轴、Z 轴:0.001mm	0.0001in
3	最小移动单位	X 轴:0.0005mm	0.00005in
		Z 轴:0.001mm	0.0001in
4	最大编程尺寸	±99999.999mm	±999.9999in
5	定位	执行 G00 指令时,机床快速运动减速停止在终点	
6	快速倍率	LOW、25%、50%、100%	
7	手轮连续进给	每次仅一轴	
8	进给倍率	从 0 ~ 150% 范围内以 10% 递增	
9	自动加减速	快速移动时,依比例加、减速,切削时依据指数加、减速	
10	停顿	G04(0 ~ 9999.999s)	
11	空运行	空运行时为连续进给	
12	进给保持	在自动运行状态下暂停 X 轴、Z 轴进给,按"程序启动"按钮可以恢复自动运行	

（续）

序号	名　称	规　格
13	程序保护	存储器内的程序不能修改
14	可寄存程序	63 个
15	紧急停止	按下"紧急停止"按钮,所有指令停止,机床也立即停止运动
16	机床锁定	仅滑板不能移动
17	可编程序控制器	PMX-L 器
18	显示语言	英文
19	环境条件	环境温度:运行时 0～45℃,运输和保管时:-20～60℃

2. 主运动传动系统及主轴箱结构

（1）主运动传动系统　MJ-50 数控车床的传动系统如图 9-4 所示。其中主运动传动系统由功率为 11kW 的主轴调速电动机驱动,经一级 1:1 的带传动带动主轴旋转,使主轴在 35～3500r/min 的转速范围内实现无级调速,主轴箱内部省去了齿轮传动变速机构,因此减少了齿轮传动对主轴精度的影响,并且维修方便。

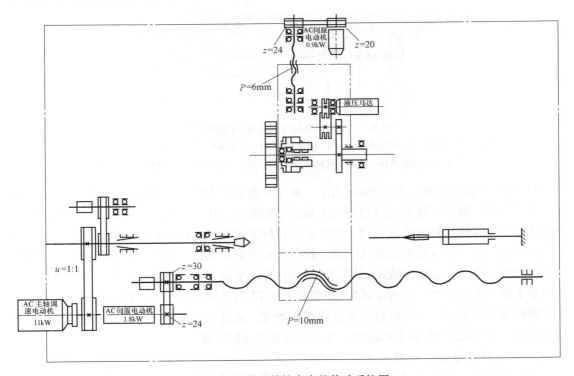

图 9-4　MJ-50 数控车床的传动系统图

（2）主轴箱及液压卡盘的结构

1）主轴箱的结构。MJ-50 数控车床主轴箱结构简图如图 9-5 所示。主轴电动机通过带轮 15 将运动传给主轴 7。主轴有前、后两个支承,前支承由一个圆锥孔双列圆柱滚子轴承 11 和一对角接触球轴承 10 组成,双列圆柱滚子轴承 11 用于承受径向载荷,两个角接触球轴承用于承受双向的轴向载荷和径向载荷。前支承轴承的间隙用螺母 8 来调整,螺钉 12 用于防止螺母 8 回松。主轴的后支承为圆锥孔双列圆柱滚子轴承 14，其轴承间隙由螺母 1 和 6 来调整。螺钉 17 和 13 是分别用于防止螺母 1 和 6 回松的。主轴的支承形式为前端定位，主轴受热膨胀向后伸长。前、后支承所用圆锥孔双列圆柱滚子轴承的支承刚性好，允许的极限转速高。前支承中的角接触球轴承能承受较大的轴向载荷，且允许的极限转速高。主轴采用的支承结构应能适应高速大载荷的需要。主轴的运动经过同步带轮 16 和 3 以及同步带 2 带动脉冲编码器 4，使其与主轴同速运转。脉冲编码器 4 用螺钉 5 固定在主轴箱体 9 上。

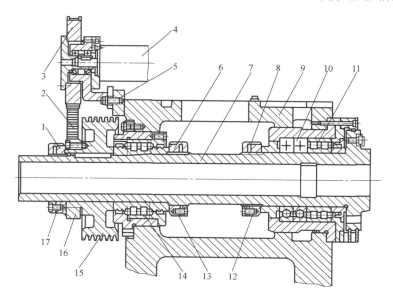

图 9-5　MJ-50 数控车床主轴箱结构简图

1、6、8—螺母　2—同步带　3、16—同步带轮　4—脉冲编码器　5、12、13、17—螺钉

7—主轴　9—主轴箱体　10—角接触球轴承　11、14—双列圆柱滚子轴承　15—带轮

2）液压卡盘的结构，如图 9-6a 所示。液压卡盘固定安装在主轴前端，回转液压缸 1 与接套 5 用螺钉 7 联接，接套通过螺钉与主轴后端面联接，使回转液压缸随主轴一起转动。卡盘的夹紧与松开由回转液压缸通过一根空心的拉杆 2 来驱动，拉杆后端与液压缸内的活塞 6 用螺纹联接，连接套 3 的两端螺纹分别与拉杆 2 和滑套 4 联接。图 9-6 b 所示为卡盘内楔形机构示意图，当液压缸内的液压油推动活塞和拉杆向卡盘方向移动时，滑套 4 向右移动，由于滑套上楔形槽的作用，使得卡爪座 11 带着卡爪 12 沿径向向外移动，则卡盘松开。反之液压缸内的液压油推动活塞和拉杆向主轴后端移动时，通过楔形机构，使卡盘夹紧工件。卡盘体 9 用螺钉 10 固定安装在主轴前端。件 8 为回转液压缸箱体。

3. 进给传动系统及传动装置

（1）进给传动系统的特点　数控车床的进给传动系统是控制 X、Z 坐标轴伺服系统的主要组成部分，它将伺服电动机的旋转运动转化为刀架的直线运动，而且对移动精度要求很高，X 轴最小移动量为 0.0005mm（直径编程），Z 轴最小移动量为 0.001mm。采用滚珠丝杠螺母传动副，可以有效地提高进给系统的灵敏度、定位精度和防止爬行。另外，消除丝杠螺母的配合间隙和丝杠两端的轴承间隙，也有利于提高传动精度。

数控车床的进给系统采用伺服电动机驱动，通过滚珠丝杠螺母带动刀架移动，所以刀架

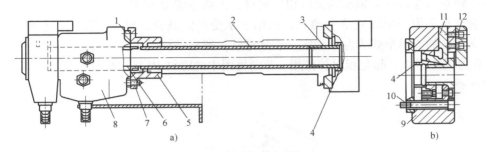

图 9-6　液压卡盘结构简图

1—回转液压缸　2—拉杆　3—连接套　4—滑套　5—接套　6—活塞
7、10—螺钉　8—回转液压缸箱体　9—卡盘体　11—卡爪座　12—卡爪

的快速移动和进给运动均为同一传动路线。

（2）进给传动系统　图 9-4 所示 MJ-50 数控车床的进给传动系统分为 X 轴进给传动和 Z 轴进给传动。X 轴的进给由功率为 0.9kw 的交流伺服电动机驱动，经 20/24 的同步带轮传动到滚珠丝杠上，螺母带动回转刀架移动，滚珠丝杠螺距为 6mm。

Z 轴的进给也是由交流伺服电动机驱动，经 24/30 的同步带轮传动到滚珠丝杠，其上螺母带动滑板移动。该滚珠丝杠螺距为 10mm，电动机功率为 1.8kW。

（3）进给系统传动装置

1）X 轴进给传动装置。图 9-7 所示为 MJ-50 数控车床 X 轴进给传动装置简图。图 9-7a 所示的 AC 伺服电动机 15 经同步带轮 14 和 10 以及同步带 12 带动滚珠丝杠 6 回转，其上螺母 7 带动刀架 21 沿滑板 1 的导轨移动，实现 X 轴的进给运动。电动机轴与同步带轮 14 用键 13 联接。滚珠丝杠有前、后两个支承。前支承 3 由三个角接触球轴承组成，其中一个轴承大口向前，两个轴承大口向后，承受双向的轴向载荷。前支承的轴承由螺母 2 进行预紧。其后支承为一对角接触球轴承 9，轴承大口相背放置，由螺母 11 进行预紧。这种丝杠两端固定的支承形式，其结构和工艺都较复杂，但是可以保证和提高丝杠的轴向刚度。脉冲编码器 16 安装在伺服电动机的尾部。图 9-7a 中 5 和 8 是缓冲块，在出现意外碰撞时起保护作用。$A—A$ 剖面图表示滚珠丝杠前支承的轴承座 4 用螺钉 20 固定在滑板上。滑板导轨如 $B—B$ 剖面图所示为矩形导轨，镶条 17、18、19 用于调整刀架与滑板导轨的间隙。图 9-7b 中件 22 为导轨护板，件 26、件 27 为机床参考点限位开关和撞块。镶条 23、24、25 用于调整滑板与床身导轨的间隙。因为滑板顶面导轨与水平面倾斜 30°，回转刀架的自身重力使其下滑，滚珠丝杠和螺母不能以自锁阻止其下滑，故机床依靠 AC 伺服电动机的电磁制动来实现自锁。

2）Z 轴进给传动装置。图 9-8 所示为 MJ-50 数控车床 Z 轴进给传动装置结构简图。图 9-8a 所示的 AC 伺服电动机 14 经同步带轮 12 和 2 以及同步带 11 传动到滚珠丝杠 5，由螺母 4 带动滑板连同刀架沿床身 13 的矩形导轨移动，实现 Z 轴的进给运动。图 9-8b 所示电动机轴与同步带轮 12 之间用锥环无键连接，局部放大视图中 19 和 20 是锥面相互配合的内、外锥环，当拧紧螺钉 17 时，法兰 18 的端面压迫外锥环 20，使其向外膨胀，内锥环 19 受力后向电动机轴收缩，从而使电动机轴与同步带轮连接在一起。这种连接方式无需在被连接件上开键槽，而且两锥环的内、外圆锥面压紧后，连接配合面无间隙，对中性较好。选用锥环对数的多少，取决于传递转矩的大小。滚珠丝杠的左支承由三个角接触球轴承 15 组成，其中右边两个轴承与左边一个轴承的大口相对布置，由调整螺母16进行预紧。图9-8a所示滚珠丝杠的右支承7为一个圆柱滚子轴承，只用于承受径向载荷，轴承间隙用调整螺母8来调整。滚珠丝杠的支承形式为左端固定，右端浮动，留有丝杠受热膨胀后轴向伸长的余地。件3和件6为缓冲挡块，起超程保护作用。B向视图中的螺钉10将滚珠丝杠的右支承轴承座9固定在床身13上。

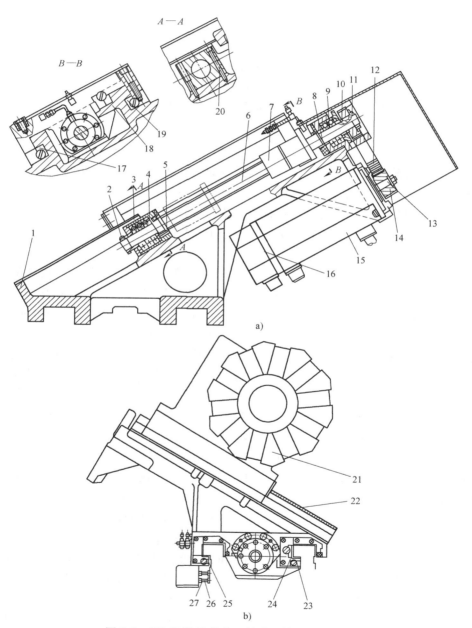

图9-7　MJ-50数控车床X轴进给传动装置简图

1—滑板　2、7、11—螺母　3—前支承　4—轴动座　5、8—缓冲块　6—滚珠丝杠　9—角接触球轴承　10、14—同步带轮
12—同步带　13—键　15—AC伺服电动机　16—脉冲编码器　17、18、19、23、24、25—镶条
20—螺钉　21—刀架　22—导轨护板　26、27—机床参考点限位开关和撞块

图 9-8b 所示 Z 轴进给装置的脉冲编码器 1 与滚珠丝杠 5 相连接，可直接检测丝杠的回转角度，从而提高系统对 Z 向进给的精度控制。

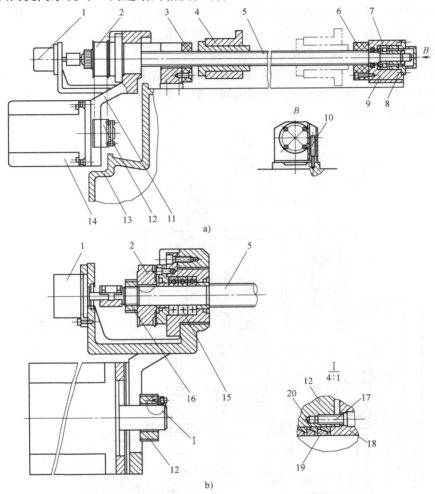

图 9-8　MJ-50 数控车床 Z 轴进给传动装置结构简图

1—脉冲编码器　2、12—同步带轮　3、6—缓冲挡块　4—螺母　5—滚珠丝杠　7—圆柱滚子轴承

8、16—调整螺母　9—右支承轴承座　10、17—螺钉　11—同步带　13—床身

14—AC 伺服电动机　15—角接触球轴承　18—法兰　19—内锥环　20—外锥环

4. 自动回转刀架

数控车床的自动回转刀架转位换刀过程为：当接收到数控系统的换刀指令后，刀盘松开→刀盘旋转到指令要求的刀位→刀盘夹紧并发出转位结束信号。

图 9-9 所示为 MJ-50 数控车床回转刀架结构简图，该回转刀架的夹紧与松开、刀盘的转位均由液压系统驱动、PLC 顺序控制来实现。件 11 是安装刀具的刀盘，它与刀架主轴 6 固定连接。当刀架主轴带动刀盘旋转时，其上的鼠牙盘 13 和固定在刀架上的鼠牙盘 10 脱开，旋转到指定刀位后，刀盘的定位是靠鼠牙盘 13 与 10 啮合来完成的。活塞 9 支承在一对推力球轴承 7 和 12 及双列滚针轴承 8 上，它可以通过推力球轴承带动刀架主轴移动。当接到换刀指令时，活塞 9 及刀架主轴 6 在液压油推动下向左移动，使鼠牙盘 13 与 10 脱开，液压马

174

达 2 起动带动平板共拖分度凸轮 1 转动，经齿轮 5 和 4 带动刀架主轴及刀盘旋转。刀盘旋转的准确位置，通过接近开关 PRS1～PRS4 的通断组合来检测确认。当刀盘旋转到指定的刀位后，接近开关 PRS7 通电，向数控系统发出信号，指令液压马达停转，这时液压油推动活塞 9 向右移动，使鼠牙盘 10 和 13 啮合，刀盘被定位夹紧。接近开关 PRS6 确认夹紧并向数控系统发出信号，于是刀架的转位换刀循环完成。

在机床自动工作状态下，当指定换刀的刀号后，数控系统可以通过内部的运算判断，实现刀盘就近转位换刀，即刀盘可正转也可反转。但当手动操作机床时，从刀盘方向观察，只允许刀盘顺时针转动换刀。

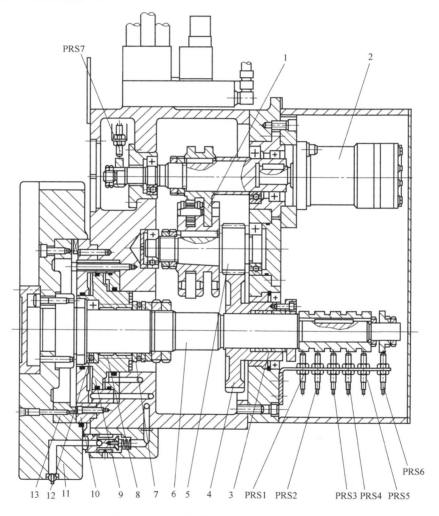

图 9-9　MJ-50 数控车床回转刀架结构简图

1—分度凸轮　2—液压马达　3—锥环无键连接　4、5—齿轮　6—刀架主轴
7、12—推力球轴承　8—双列滚针轴承　9—活塞　10、13—鼠牙盘　11—刀盘

5. 机床尾座

MJ-50 数控车床出厂时一般配置标准尾座，图 9-10 所示为 MJ-50 数控车床尾座结构简图。尾座体 3 的移动由滑板带动移动。尾座体移动后，由手动控制的液压缸将其锁紧在床身

上。在调整机床时，可以手动控
制尾座套筒移动。顶尖 1 与尾座
套筒 2 用锥孔连接，尾座套筒可
带动顶尖一起移动。在机床自动
工作循环中，可通过加工程序由
数控系统控制尾座套筒的移动。
当数控系统发出尾座套筒伸出的
指令后，液压电磁阀动作，液压
油通过活塞杆 4 的内孔进入套筒
液压缸的左腔，推动尾座套筒伸
出。当数控系统指令其退回时，
液压油进入套筒液压缸的右腔，
从而使尾座套筒退回。

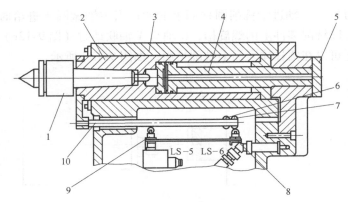

图 9-10　MJ-50 数控车床尾座结构简图
1—顶尖　2—尾座套筒　3—尾座体　4—活塞杆　5—端盖
6—移动挡块　7—固定挡块　8、9—确认开关　10—行程杆

　　尾座套筒移动的行程，靠调整套筒外部连接的行程杆 10 上面的移动挡块 6 来完成。移
动挡块的位置在图 9-9 中所示右端极限位置时，套筒的行程最长。当套筒伸出到位时，行程
杆上的移动挡块压下确认开关 9，向数控系统发出尾座套筒到位信号。当套筒退回时，行程
杆上的固定挡块 7 压下确认开关 8，向数控系统发出套筒退回的确认信号。

三、车削中心

　　1. 车削中心的工艺范围

　　在车削中心上，工件一次安装能自动完成车削、铣平面、铣键槽、铣螺旋槽及钻轴向
孔、径向孔、攻螺纹等工艺内容，有效地提高了生产效率，进而提高了数控车削的柔性化和
自动化水平。图 9-11 所示为车削中心除了对工件进行车削加工外，还可以进行铣削、轴向
或径向钻削和攻螺纹等加工。

　　图 9-11a 所示为铣端面槽，加工中主轴不转，装在回转刀架上的铣刀轴带动铣刀旋转。铣
削端面槽时，随槽的分布位置不同机床需要不同的运动。当端面槽为直线槽时，则主轴不转，
刀架带动铣刀做 X 向进给或 Z 向进给；当端面槽为圆弧槽时，则铣刀旋转，主轴带动工件做
圆周进给；当端面圆周上分布多个槽时，则铣刀旋转，主轴带动工件做圆周进给和分度，逐个
槽铣削。图 9-11b 所示为端面钻孔、攻螺纹，且孔的中心与主轴中心重合，主轴或刀具旋转，
刀架做 Z 向进给。图 9-11c 所示为铣扁方，机床主轴不转，回转刀架上的铣刀轴旋转，同时做
Z 向进给或 X 向进给，如果用单刀铣削多个面，则需主轴带动工件分度。图 9-11d 所示为端面
分度钻孔及攻螺纹，装有钻头或丝锥的刀轴旋转并随刀架做 Z 向进给，每加工完一个孔，主轴
带动工件分度。图 9-11e、f、g 所示为径向或在斜面上钻孔、铣槽、攻螺纹等。

　　2. C 轴功能与伺服控制

　　与数控车床相比，车削中心的加工工艺范围更宽，一是由于车削中心的回转刀架上安装
有自驱动刀具，能对工件进行铣削、钻削和攻螺纹等工步的加工。二是主轴具备 C 轴坐标
功能，即机床主轴的旋转除实现车削的主运动外，还可做分度运动或圆周进给运动，而且在
数控装置伺服系统的控制下，可以实现 C 轴和 X 轴的联动，或 C 轴和 Z 轴的联动。图 9-12
所示为 C 轴功能与伺服控制。当 C 轴定向时（图 9-12a），刀具沿 X 轴进给铣削端面上的槽，

刀具沿 Z 轴进给铣削圆柱面上的槽；当主轴做圆周进给时（图9-12b），C 轴与 Z 轴联动，可以铣削零件上的螺旋槽；C 轴与 X 轴联动时（图9-12c），可以铣削零件端面上的圆弧槽；还可以在圆柱体表面上铣削平面，如图 9-12d 所示。

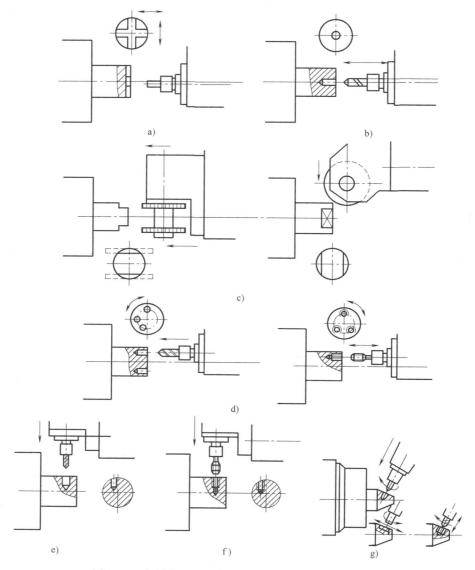

图 9-11　车削中心可以完成铣削、钻削和攻螺纹等加工

a）铣端面槽　b）端面钻孔、攻螺纹　c）铣扁方　d）端面分度钻孔、攻螺纹

e）径向钻孔　f）径向攻螺纹　g）在斜面上钻孔、铣槽、攻螺纹

　　车削中心在加工过程中，自驱动刀具的伺服电动机与驱动主轴旋转的主轴电动机是互锁的。也就是说，当 C 轴进行分度或圆周进给时，脱开主轴电动机，接合自驱动刀具的伺服电动机；当进行普通车削时，脱开自驱动刀具的伺服电动机，接合主轴电动机。

　　车削中心的主传动系统包括了主轴的旋转运动和 C 轴的传动控制。典型车削中心 C 轴的传动控制结构包括：采用可啮合和脱开的精密蜗杆副传动结构、经滑移齿轮控制的 C 轴传动结构和由安装在伺服电动机轴上的滑移齿轮控制的 C 轴传动结构。目前，C 轴的传动控制多采用带 C 轴功能的主轴电动机直接进行分度和定位。

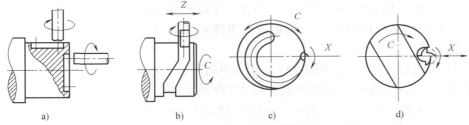

图 9-12　C 轴功能与伺服控制

a）C 轴定向，在圆柱面或端面上铣槽　b）C 轴、Z 轴进给插补，在圆柱上铣螺旋槽

c）C 轴、X 轴进给插补，在端面上铣圆弧槽　d）C 轴、X 轴进给插补，铣削平面

3. 自驱动刀具的典型结构

自驱动刀具是指那些具备独立驱动源的刀具。车削中心的自驱动刀具一般是由动力源、变速传动装置和刀具附件组成的，刀具附件包括钻削附件和铣削附件等。自驱动刀具的主轴伺服电动机，通过变速传动机构驱动刀具主轴旋转，并自动控制主轴无级变速。

（1）变速传动装置　车削中心自驱动刀具的传动装置如图 9-13 所示。传动箱 7 安装在回转刀架体的上方，伺服电动机 9 经锥环 5 无键连接传动锥齿轮 6 和 4，锥齿轮 4 和传动轴 8 之间经键 3 联接传动同步带轮 2，将动力传至位于刀架回转中心的空心轴 10，其上的中央锥齿轮 1 与刀具附件相连接，将动力和运动传给自驱动刀具的刀轴。

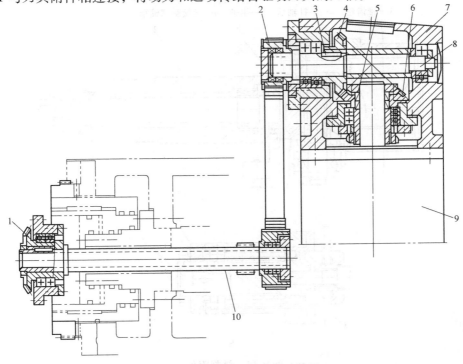

图 9-13　自驱动刀具的传动装置

1—中央锥齿轮　2—同步带轮　3—键　4、6—锥齿轮　5—锥环

7—传动箱　8—传动轴　9—伺服电动机　10—空心轴

（2）自驱动刀具附件 自驱动刀具附件有分别用于铣削、钻削和攻螺纹等许多种，图9-14 所示为高速钻孔附件，轴套的 A 部装入回转刀架的刀具孔中。刀具主轴 3 的右端装有锥齿轮1，它与图9-13 中的中央锥齿轮 1 啮合。主轴3 的前支承（左端）采用三个角接触球轴承4，后支承采用滚针轴承2。主轴端部有弹簧夹头5，拧紧夹头外面的套，利用锥面的夹紧力夹持刀具。

图9-15 所示为铣削附件，图9-15a 所示为中间传动装置，锥齿轮 1 与图9-13 中的中央锥齿轮 1 啮合，运动经轴 2 左端的锥齿轮副3、横轴 4 和圆柱齿轮5 传至图9-15b 中的齿轮6，铣主轴 7 上装铣刀8，使铣刀旋转。在图9-15a 中 A—A 处可以安装铣主轴或其他钻孔或攻螺纹刀具主轴。显然，图9-15a A—A 处安装的刀具附件与图9-13 中的中央锥齿轮 1 处直接安装的刀具附件，二者的主轴轴线在空间相差90°，可以分别进行平行于 Z 轴的加工和平行于 X 轴的加工。

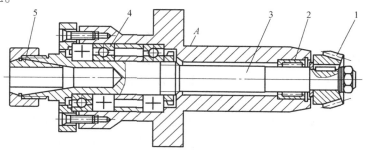

图9-14 高速钻孔附件

1—锥齿轮 2—滚针轴承 3—主轴 4—角接触球轴承 5—弹簧夹头

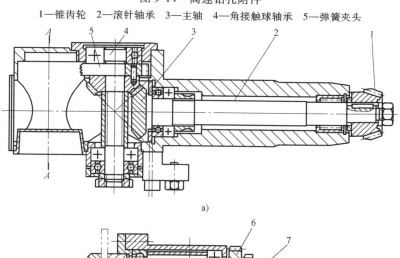

a)

b)

图9-15 铣削附件

a）中间传动装置 b）铣轴结构

1—锥齿轮 2—轴 3 锥齿轮副 4—横轴 5—圆柱齿轮 6—齿轮 7—铣主轴 8—铣刀

第二节　数控镗铣床

一、数控镗铣床概述

1. 数控镗铣床的用途

数控镗铣床的功能分为一般功能和特殊功能。一般功能是指各类数控镗铣床普遍具有的功能，如点位控制功能、连续轮廓控制功能、刀具半径补偿功能、镜像加工功能、固定循环功能等。特殊功能是指数控镗铣床在增加了某些特殊装置或附件以后，分别具有或兼备的一些特殊功能，如刀具长度补偿功能、靠模加工功能、自动变换工作台功能、数据采集功能等。

在使用数控镗铣床加工工件时，只要充分利用数控镗铣床的各种功能，就可以加工许多普通铣床难以加工的工件。数控镗铣床的主要加工对象有下列几种。

（1）平面类零件　它的特点是各个加工单元面是平面，或可以展开成为平面。数控镗铣床上加工的绝大多数零件属于平面类零件。

（2）变斜角类零件　变斜角类零件多为飞机零件，如飞机的整体梁、框、缘条与肋等。

（3）曲面（立体类）零件　曲面零件的特点是：加工面不能展开为平面，加工面与铣刀始终为点接触。

2. 数控镗铣床的组成及布局

（1）数控镗铣床的组成　数控镗铣床主要由基础部件、主传动系统、进给传动系统、实现工件回转或定位的装置和附件，实现某些部件动作或辅助功能的系统和装置（如液压、气动、润滑、冷却等系统和排屑装置）、特殊功能装置（如刀具破损监控、精度检测和监控装置）、防护等装置、为完成自动化控制功能的各种反馈信号装置及元件等各部分组成。

基础部件、主传动系统、进给传动系统以及液压气动、润滑、冷却等辅助装置是数控镗铣床机械结构的基本构成。其中，基础部件通常是指床身、底座、立柱、横梁、滑座、工作台等，它是整台铣床的基础和框架。数控镗铣床的其他零部件，或者固定在基础部件上，或者工作时在它的导轨上运动。实现工件回转或定位的装置和附件等其他机械结构则按数控镗铣床的加工功能需要选用。可以根据机床自动化程度、可靠性要求和特殊功能需要，选用各类破损监控、铣床与工件精度检测、补偿装置和附件等。

（2）数控镗铣床的布局　图9-16所示为XK5040A数控镗铣床的布局图，床身6固定在底座1上，用于安装与支承机床各部件。操纵台10上有CRT显示器、机床操作按钮和各种开关及指示灯。纵向工作台16、横向溜板12安装在升降台15上，通过纵向进给伺服电动机13、横向进给伺服电动机14和垂直升降进给伺服电动机4的驱动，完成X、Y、Z坐标进给。强电柜2中装有机床电器部分的接触器、继电器等。变压器箱3安装在床身立柱的后面。数控柜7内装有机床数控系统。保护开关8、11可控制纵向行程硬限位；挡铁9为纵向参考点设定挡铁。主轴变速手柄和按钮板5用于手动调整主轴的正、反转，停止及切削液开、停等。

（3）数控镗铣床机械结构的主要特点

1）高刚度和高抗振性。刚度是铣床的技术性能之一，它反映了铣床结构抵抗变形的能力。根据铣床所受载荷性质的不同，铣床在静态力作用下所表现的刚度称为铣床的静刚度；铣床在动态力作用下所表现的刚度称为铣床的动刚度。在铣床性能测试中常用铣床柔度来说明铣床的该项性能，柔度是刚度的倒数。为满足数控镗铣床高速度、高精度、高生产率、高可靠性和高自动化的要求，与普通铣床比较数控镗铣床具有更高的静、动刚度以及更好的抗振性。

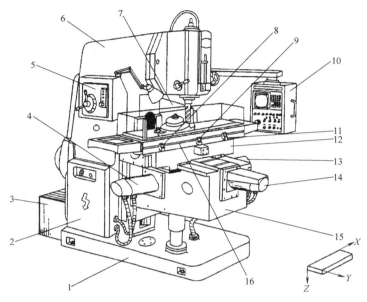

图 9-16　XK5040A 数控镗铣床的布局图

1—底座　2—强电拒　3—变压器箱　4—垂直升降进给伺服电动机　5—主轴变速手柄和按钮板
6—床身　7—数控柜　8、11—保护开关　9—挡铁　10—操纵台　12—横向溜板
13—纵向进给伺服电动机　14—横向进给伺服电动机　15—升降台　16—纵向工作台

2）减少热变形的影响。铣床的热变形是影响加工精度的重要因素之一。由于数控镗铣床主轴转速、进给速度远高于普通铣床，而大切削量产生的炽热切屑对工件和铣床部件的热传导影响，远比普通铣床严重，而热变形对加工精度的影响，操作者往往难以修正。因此，应特别重视减少数控镗铣床热变形的影响。常用改进铣床布局和结构、控制发热部位的温度、对切削部位采取强冷措施和热位移补偿等措施减少热变形的影响。

3）传动系统机械结构简化。数控镗铣床的主轴驱动系统和进给驱动系统，分别采用交流、直流主轴电动机和伺服电动机驱动，这两类电动机调速范围大，并可实现无级调速，因此使主轴箱、进给变速箱及传动系统大为简化，箱体结构简单，齿轮、轴承和轴类零件数量大为减少甚至不用齿轮，由电动机直接带动主轴或进给滚珠丝杠。

4）高传动效率和无间隙传动装置。数控镗铣床在高进给速度下，工作要求平稳，并有高定位精度。因此，其进给系统中的机械传动装置和元件应具有高寿命、高刚度、无间隙、高灵敏度和低摩擦阻力的特点。目前，数控镗铣床进给传动系统中常用的机械装置主要有三种：滚珠丝杠副、静压蜗杆蜗轮机构和预加载荷双齿轮齿条。

5）低摩擦系数的导轨。铣床导轨是铣床的基本结构之一。铣床加工精度和使用寿命在很大程度上取决于铣床导轨的质量，对数控镗铣床的导轨则有更高的要求。如在高速进给时不振动，低速进给时不爬行，具有很高的灵敏度，能在重载下长期连续工作，耐磨性更高，精度保持性好等。现代数控镗铣床使用的导轨，在类型上仍是滑动导轨、滚动导轨和静压导轨三种，但在材料和结构上已发生了质的变化，已不同于普通铣床的导轨。

（4）数控镗铣床的分类

1）数控镗铣床。数控镗铣床是一种用途广泛的机床，分为立式和卧式两种。三坐标立式数控镗铣床是数控镗铣床中数量最多的一种，应用范围也最为广泛。小型数控镗铣床一般都采用工作台移动、升降及主轴转动方式，与普通立式升降台铣床结构相似。中型立式数控镗铣床一般采用纵向和横向工作台移动方式，由主轴沿垂直溜板上、下运动。大型立式数控镗铣床，因要考虑到扩大行程、减小占地面积及增加刚性等技术问题，往往采用龙门架移动式，其主轴可以在龙门架的横向与垂直溜板上运动。

一般三坐标立式数控镗铣床可进行三坐标联动加工，但也有部分机床只能进行三坐标中的任意两个坐标联动加工（常称为两轴半加工）。此外，还有机床主轴可以绕 X、Y、Z 坐标中任一个或两个轴做摆动的四坐标和五坐标立式数控镗铣床。一般来说，机床控制的坐标轴数越多，特别是联动的坐标轴数越多，机床的功能、加工范围及可选择的加工对象也越多。但随之而来的是机床的结构更复杂，对数控系统的要求更高、编程难度更大、设备价格也更高。

立式数控镗铣床可以通过附加数控转盘，采用自动交换台，增加靠模装置等方法来扩大立式数控镗铣床的功能、加工范围，进一步提高生产率。立式数控镗铣床各坐标轴如图 9-17 所示。

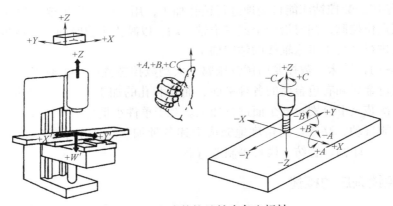

图 9-17　立式数控镗铣床各坐标轴

卧式数控镗铣床与普通卧式铣床相似，其主轴轴线平行于水平面。为了扩大加工范围和扩充功能，卧式数控镗铣床通常采用增加数控转盘或万能数控转盘来实现四、五坐标加工，这样不但工件侧面上的连续回转轮廓可以加工出来，而且可以实现在一次安装中，通过转盘改变工位，进行"四面加工"。尤其是万能数控转盘可以把工件上各种不同角度或空间角度的加工面摆成水平来加工，可以省去许多专用角度成形铣刀。对需要在一次安装中改变工位的工件来说，选择带数控转盘的卧式铣床进行加工是非常合适的。卧式数控镗铣床各坐标轴如图 9-18 所示。

立、卧两用数控镗铣床的主轴方向可以更换，能达到在一台机床上既可以进行立式加工，又可以进行卧式加工的目的，其使用范围更广，功能更全，选择加工的对象和余地更大，给用户带来了很多方便，特别是当生产批量小，品种较多，又需要立、卧两种方式加工时，用户只需买一台这样的机床就行了。

2）数控仿形铣床。数控仿形铣床主要用于各种复杂型腔模具或工件的铣削加工，特别对不规则的三维曲面和复杂边界构成的工件更显示出其优越性。新型的数控仿形铣床的功能一般包括三个部分：

① 数控功能。类似一台数控镗铣床具有的标准数控功能，有三轴联动功能、刀具半径补偿和长度补偿、用户宏程序及手动数据输入和程序编辑等功能。

② 仿形功能。在机床上装有仿形头，可以采集仿形方式，如笔式手动、双向钳位、轮廓、部分轮廓、三向、数字仿形控制（Numerical Tracer Control，简称 NTC）等。

③ 数字化功能。仿形头在仿形加工的同时，可以采集仿形头运动轨迹数据，并处理成加工所需的标准

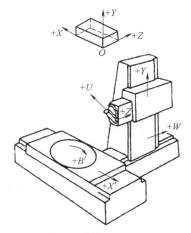

图 9-18　卧式数控镗铣床各坐标轴

指令，存入存储器或其他介质（如软盘），以便以后利用存储的数据进行加工，因此要求有大量的数据处理和存储功能。

3）数控工具铣床。数控工具铣床是在普通工具铣床的基础上，对机床的机械传动系统进行改造并增加数控系统后形成的数控镗铣床，使工具铣床的功能大大增强。这种机床适用于工装、刀具、各类复杂的平面、曲面零件的加工。

4）数控钻床。数控钻床能自动地进行钻孔加工，用于以钻为主要工序的零件加工。这类机床大多用点位控制，同时沿两个或三个轴移动，以减少定位时间。有些机床也采用直线控制，为的是进行平行于机床轴线的钻削加工。

5）数控龙门镗铣床。数控龙门镗铣床属于大型数控镗铣床，主要用于大中等尺寸、大中等质量的黑色金属和有色金属的各种平面、曲面和孔的加工。在配置直角铣头的情况下，可以在工件一次装夹下分别对五个面进行加工。对于单件小批量生产的复杂、大型零件和框架结构零件，能自动、高效、高精度地完成上述各种加工。适用于航空、重机、机车、造船、发电、机床、印刷、轻纺、模具等制造行业。

二、数控镗铣床的概述

1. 数控镗铣床的布局及其主要技术参数

（1）XHK714 型数控镗铣床的布局　图 9-19 所示为 XHK714 型数控镗铣床。XHK714 型数控镗铣床的 X、Y 坐标采用直线滚动导轨，Z 坐标采用铸铁贴塑滑动导轨，摩擦系数小，精密滚珠丝杠与交流伺服电动机直连传动，保证了机床运动灵活、刚性好，气动换刀、快速方便，可采用半封闭罩或全封闭防护罩。XHK714 型数控镗铣床主要用于模具制造领域，高刚性、切削功率大的特点，使其能够适应从粗加工到精加工的一切模具加工要求，还可进行钻、扩、铰、镗等孔类加工。

图 9-19　XHK714 型数控镗铣床

（2）XHK714 型数控镗铣床的主要技术参数　其主要技术参数见表 9-3。

表 9-3　XHK714 型数控镗铣床主要技术参数

名　称	参　数	名　称	参　数
机床型号	XHK714	主轴转速范围	$50 \sim 6000 r/min$
数控系统	FANUC Oi MD	主轴电动机功率	$5.5 kW/7.5 kW$
工作台面积(长×宽)	$400mm \times 800mm$	铣削进给速度	$1 \sim 6000 mm/min(X、Y)$
工作台纵向行程	$400mm$		$1 \sim 5000 mm/min(Z)$
工作台横向行程	$600mm$	快速移动速度	$16000 mm/min(X、Y)$
垂向行程	$500mm$		$12000 mm/min(Z)$
工作台质量	$800kg$	定位精度	$0.02 mm/300mm$
主轴内锥孔	ISO 40	重复定位精度	$0.02mm(X),0.016mm(Y、Z)$

2. 数控镗铣床的主传动系统

数控镗铣床主传动系统的作用是将主轴电动机的原动力,通过这套传动系统变成可供切削加工用的切削力矩和切削速度。为了适应各种不同材料的加工及各种不同的加工方法,要求数控镗铣床的主传动系统要有较宽的转速范围及相应的输出转矩;高精度、高刚度、低振动,并且热变形及噪声都能满足需要主轴部件的要求。XK5040A 型数控镗铣床的布局如图 9-16 所示。XK5040A 型数控镗铣床的主运动是主轴的旋转运动,主传动系统如图 9-20 所示,由 7.5kW、1450r/min 的主轴电动机驱动,经 $\phi140mm/\phi285mm$ V 带传动,再经 I ~ II 轴间的三联滑移齿轮变速组、II ~ III 轴间的三联滑移齿轮变速组、III ~ IV 轴间的双联滑移齿轮变速组和IV ~ V 轴间的锥齿轮副 29/29 及 V ~ VI轴间的齿轮副 67/67 传至主轴,使之获得 18 级转速范围为 $30 \sim 1500 r/min$。

3. 进给传动系统及传动装置

XK5040A 型数控镗铣床的进给运动有工作台纵向、横向和垂直三个方向,如图 9-19 所示纵向、横向进给由该轴直流伺服电动机驱动,经圆柱斜齿轮副带动滚珠丝杠转动。垂直方向进给运动由带制动器的 Z 轴直流伺服电动机驱动,经锥齿轮副带动滚珠丝杠转动;断电时 Z 向刹紧,以防止工作台因自重而下滑。

XK5040A 型数控镗铣床升降台自动平衡装置,如图 9-21 所示,伺服电动机 1 经过锥环连接带动十字联轴器以及锥齿轮 2、3,使升降丝杠转动,工作台上升或下降。同时锥齿轮 3 带动锥齿轮 4 经超越离合器与摩擦离合器相连,这一部分称为升降台自动平衡装置。

升降台自动平衡装置的工作过程主要包括:当锥齿轮 4 转动时,通过锥销带动单向超越离合器的星轮 5。工作台上升时,星轮的转向是使滚子 6 和外壳 7 脱开的方向,外壳不转摩擦片不起作用;而工作台下降时,星轮的转向使滚子 6 楔在星轮与外壳 7 之间,外壳 7 随着锥齿轮 4 一起转动。经过花键与外壳连在一起的内摩擦片与固定的外摩擦片之间产生相对运动,由于内、外摩擦片之间由弹簧压紧,有一定摩擦阻力,所以起到阻尼作用,上升与下降的力量得以平衡。

由于滚珠丝杠无自锁作用,在一般情况下,垂直放置的滚珠丝杠会因部件的重力作用而自动下落,所以必须有阻尼或锁紧机构。XK5040A 型数控镗铣床选用了带制动器的伺服电动机。阻尼力量的大小,可以通过螺母 8 来调整,调整前应先松开螺母 8 的锁紧螺钉 9,调整后应将锁紧螺钉再次锁紧。

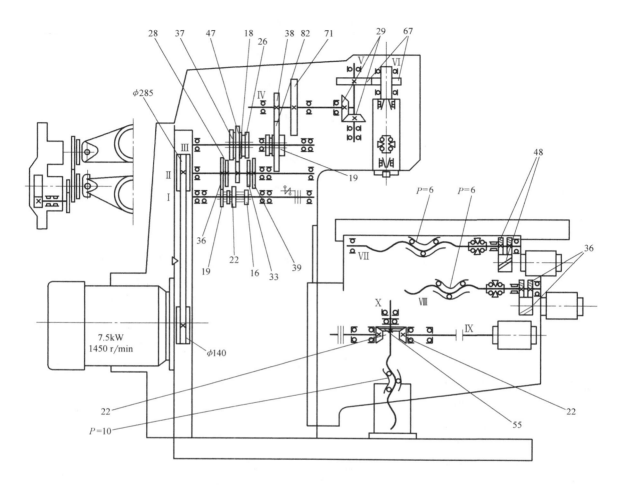

图 9-20　XK5040A 型数控铣床传动系统图

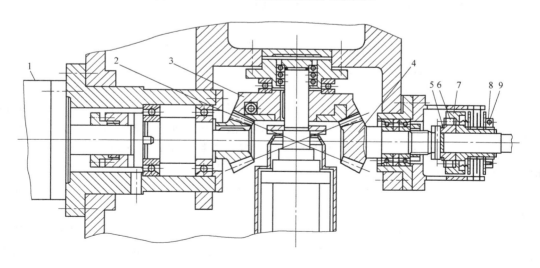

图 9-21　升降台自动平衡装置

1—伺服电动机　2、3、4—锥齿轮　5—星轮　6—滚子　7—外壳　8—螺母　9—锁紧螺钉

4. 机床主要辅助装置的结构

（1）润滑系统　数控镗铣床的润滑系统主要包括机床导轨、传动齿轮、滚珠丝杠及主轴箱等的润滑，其形式有电动间歇润滑泵和定量式集中润滑泵等。其中电动间歇润滑泵用得较多，其自动润滑时间和每次泵油量，可根据润滑要求进行调整或用参数设定。

（2）液压和气动装置　现代数控机床需要配备液压和气动装置。数控机床所用的液压和气动装置应结构紧凑，工作可靠，易于控制和调节。液压装置使用工作压力高的油性介质，因此机构出力大，机械结构紧凑，动作平稳可靠，易于调节，噪声较小。但要配置液压泵和油箱，当油液渗漏时会污染环境。而气动装置的气源容易获得，工作介质不污染环境，工作速度快，动作频率高，适合于频繁起动的辅助工作，过载时也比较安全，不易发生过载损坏机件等事故。液压和气动装置在数控镗铣床中一般具有如下辅助功能：

1）机床运动部件的平衡，如机床主轴箱的重力平衡等。

2）机床运动部件的制动和离合器的控制，齿轮的拨叉挂挡等。

3）机床的润滑、冷却。

4）机床防护罩、板、门的自动开关。

5）工作台的松开、夹紧，交换工作台的自动交换动作等。

6）夹具的自动松开、夹紧。

7）工件、工具定位面自动吹屑功能等。

（3）排屑装置　数控机床加工效率高，单位时间内数控机床的金属切削量远高于普通机床，这使工件上的多余金属变成切屑后所占的空间也成倍增大。这些切屑占用加工区域，如果不及时清除必然会覆盖或缠绕在工件和刀具上，使自动加工无法继续进行。此外，炽热的切屑向机床或工件散发热量，使机床或工件产生变形，影响加工的精度。因此，迅速、有效地排除切屑对数控机床加工来说十分重要，而排屑装置正是完成该工作的必备附属装置。排屑装置的主要作用是将切屑从加工区域排出到数控机床之外。另外，切屑中往往混合着切削液，排屑装置必须将切屑从其中分离出来，送入切屑收集箱或小车里，而将切削液回收到冷却液箱。

1）平板链式排屑装置，如图9-22a所示。该装置以滚动链轮牵引钢质平板链带在封闭箱中运转，加工中的切屑落到链带上而被带出机床。这种装置能排除各种形状的切屑，适应性强，各类机床都能采用。在车床上使用时多与机床的冷却液箱合为一体，以简化机床结构。

2）刮板式排屑装置，如图9-22 b所示。该装置的传动原理与平板链式的基本相同，只是链板不同，它的链板带有刮板。这种装置常用于输送各种材料的短小切屑，排屑能力较强。但因负载大而需采用较大功率的驱动电动机。

3）螺旋式排屑装置，如图9-22c所示。该装置采用电动机经减速装置驱动安装在沟槽中的长螺旋杆。螺旋杆转动时，沟槽中的切屑即被螺旋杆推动而连续向前运动，最终排入切屑收集箱中。螺旋式排屑装置占用空间小，适于安装在机床与立柱间空隙狭小的位置上，而且它结构简单，排屑性能良好。但这种装置只适于沿水平或小角度倾斜直线方向排运切屑，不能大角度倾斜、提升或转向排屑。

排屑装置的安装位置一般都尽可能靠近刀具的切削区域。数控镗铣床的容屑槽通常位于工作台边侧位置。

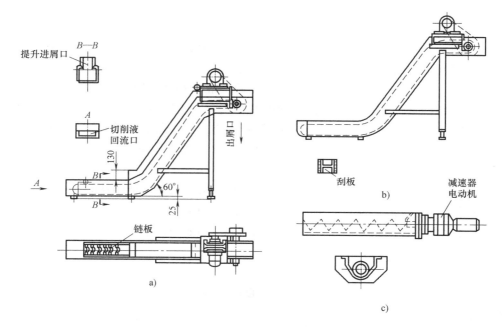

图 9-22　常见的排屑装置

第三节　加　工　中　心

一、加工中心概述

1. 加工中心的特点、用途和功能

加工中心又称为多工序自动换刀数控机床，是目前产量较大，在现代机械制造业使用最广泛的一种功能较全的金属切削加工设备。加工中心综合了现代控制技术、计算机应用技术、精密测量技术以及机床设计与制造等方面的最新成就，具有较高的科技含量。与普通机床相比，它简化了机械结构，加强了数字控制化功能。

加工中心集中了金属切削设备的优势，具备多种工艺手段，能实现工件一次装夹后的铣、镗、钻、铰、锪、攻螺纹等综合加工，对于中等加工难度的批量工件，其生产效率是普通设备的 5～10 倍。加工中心对形状较复杂、精度要求高的单件加工或中小批量生产更为适用。而且还节省工装，调换工艺时能体现出相对的柔性。

加工中心控制系统功能较多，机床运动至少用三个运动坐标轴，多的可达十几个。其控制功能最少要两轴联动控制，以实现刀具运动直线插补和圆弧插补，多的可进行五轴联动，完成更复杂曲面的加工。加工中心还具有各种辅助功能，如加工固定循环、刀具半径自动补偿、刀具长度自动补偿、刀具破损报警、刀具寿命管理、过载超程自动保护、丝杠螺距误差补偿、丝杠间隙补偿、故障自动诊断、工件与加工过程图形显示、人机对话、工件在线检测、后台编辑等，可提高设备的加工效率，而且对产品的加工精度和质量等也都起到了保证作用。

加工中心的突出特征是设有刀库，刀库中存放着各种刀具或检具，在加工过程中由程序自动选用和更换，这是它与数控铣床、数控镗床的主要区别。加工中心在机械制造领域承担精密、复杂的多任务加工，按给定的工艺指令自动加工出所需几何形状的工件，完成大量人工直接操作普通设备所不能胜任的加工工作，现代化机械制造工厂已经离不开加工中心。加工中心既可以单机使用，也能在计算机辅助控制下多台同时使用，构成柔性生产线，还可以与工业机器人、立体仓库等组合成无人化工厂。

随着21世纪现代制造业的技术发展，机械加工的工艺与装备在数字化基础上正向智能化、信息化、网络化方向迈进，而作为前沿工艺装备的先进数控设备大量取代传统机械加工设备将是必然趋势，加工中心当属重要的成员。加工中心的造价较高，使用成本也高。在正常情况下加工中心能创造高产值，但无论设备自身原因造成的意外停机还是人为原因的事故停机，都会造成较大的浪费。为使加工中心高效生产运行，培养出一大批具有较高素质的操作人员尤为重要。

2. 加工中心的分类

（1）按主轴在加工时的空间位置分

1）卧式加工中心。卧式加工中心的主轴轴线为水平设置，卧式加工中心又分为固定立柱式和固定工作台式。固定立柱式卧式加工中心的立柱不动，主轴箱在立柱上做上下移动，而装夹工件的工作台在平面上做两个坐标的移动。固定工作台式（也称为动柱式）卧式加工中心，装夹工件的工作台固定不动，以立柱和主轴箱的一同移动来实现三个坐标的运动及定位。

卧式加工中心具有3~5个运动坐标，常见的是三个直线运动坐标加一个回转运动坐标（回转工作台），它能在工件一次装夹后完成除安装面和顶面以外的其余四个面的加工，最适于加工箱体类工件。

2）立式加工中心。立式加工中心主轴的轴线为垂直设置。立式加工中心多为固定立柱式，工作台为十字滑台方式，一般具有三个直线运动坐标，也可以在工作台上安装一个水平轴（第四轴）的数控转台，用于加工螺旋线类工件。立式加工中心适合于加工盘类工件，配备各种附件后，可满足各种工件的加工。

3）五面加工中心。五面加工中心具有立式和卧式加工中心的功能，通过回转工作台的旋转或主轴头的旋转，能在工件一次装夹后，完成除安装面以外的所有五个面的加工。这种加工方式可以使工件的几何公差降到最低，省去二次装夹的时间，提高了生产效率，降低了加工成本。

（2）按功能特征分

1）镗铣加工中心。镗铣加工中心以镗、铣加工为主，适用于加工箱体、壳体以及各种复杂零件的特殊曲线和曲面轮廓的多工序加工。

2）钻削加工中心。钻削加工中心以钻削加工为主，刀库形式以转塔头形式为主。适用于中小零件的钻孔、扩孔、铰孔、攻螺纹及连续轮廓的铣削等多工序加工。

3）复合加工中心。复合加工中心除用各种刀具进行切削外，还可使用激光头进行打孔、清角，用磨头磨削内孔，用智能化在线测量装置检测、仿形等。

（3）按运动坐标数和同时控制的坐标数分　加工中心有三轴二联动、三轴三联动、四轴三联动、五轴四联动、六轴五联动、多轴联动直线＋回转＋主轴摆动等。三轴、四轴等是指加工中心具有的运动坐标数，联动是指控制系统可以同时控制运动的坐标数，从而实现刀具相对于工件位置和速度的控制。

（4）按工作台的数量和功能分　加工中心按工作台的数量和功能可分为单工作台加工中心、双工作台加工中心和多工作台加工中心。

（5）按主轴种类分　加工中心按主轴种类可分为单轴、双轴、三轴和可换主轴箱的加工中心。

（6）按加工精度分　加工中心按加工精度可分为普通加工中心和高精度加工中心，普通加工中心的分辨率为 $1\mu m$ ，最大进给速度为 $15\sim25m/min$ ，定位精度为 $10\mu m$ 左右。高精度加工中心的分辨率为 $0.1\mu m$ ，最大进给速度为 $15\sim100m/min$ ，定位精度为 $2\mu m$ 左右。定位精度介于 $2\sim10\mu m$ 之间的，以 $5\mu m$ 较多，可称为精密级。

（7）按自动换刀装置分

1）转塔头加工中心。转塔头加工中心有立式和卧式两种，用转塔的转位来换主轴头，以实现自动换刀。主轴数一般为 6~12 个，换刀时间短，主轴转塔头定位精度要求较高。

2）刀库＋主轴换刀加工中心。这种加工中心是无机械手式主轴换刀，利用工作台运动及刀库转动，并由主轴箱上下运动进行选刀和换刀。

3）刀库＋机械手＋主轴换刀加工中心。这种加工中心结构多种多样，由于机械手卡爪可同时分别抓住刀库上所选的刀和主轴上的刀，换刀时间短，并且选刀时间与机加工时间重合，因此得到广泛应用。

4）刀库＋机械手＋双主轴转塔头加工中心。这种加工中心在主轴上的刀具进行切削时，通过机械手将下一步所用的刀具换在转塔头的非切削主轴上。当主轴上的刀具切削完毕后，转塔头即回转，完成换刀动作，换刀时间短。

二、立式加工中心

1. 立式加工中心基本布局结构形式

1）立式加工中心的布局形式是多种多样的，按立柱结构可分为单柱型和龙门型（双柱型）；按刀库的刀套轴线方向可分为水平刀库和垂直刀库。不同的结构有不同的优缺点及适用范围。中型加工中心应用最普遍的形式是单柱水平刀库布局（图9-23），它是立式加工中心的基本布局方式。这种形式的加工空间宽阔，外形整齐，刀库易于扩张。由机械手完成刀库和立主轴之间的刀具交换。

2）垂直刀闸式布局多用于小型和经济型立式加工中心（图9-24）。刀库挂在立柱左侧。一般不设机械手，由刀库的摆动和主轴箱沿水平轴的移动实现直接交换。这种布局的机床结构简单，但刀库容量的扩展受到布局方式的限制。

3）龙门型布局（图9-25）因其结构刚性好，容易实现热对称性设计，用在小型精密加工中心上，特别是多用在大型、重型立式加工中心上。

2. JCS-018 型立式加工中心

这种小型立式加工中心适用于扁平类、盘类、模具等零件的多品种小批量生产，也可加工小型箱体类零件。工件一次安装可自动连续完成铣、钻、镗、铰、攻螺纹等多种工序。

（1）机床的组成　如图9-26所示，在床身1的后部装有固定框式的立柱15；主轴箱5在立柱导轨上做升降运动（X 轴）；滑座9在床身前部做横向前后运动（Y 轴），工作台8在

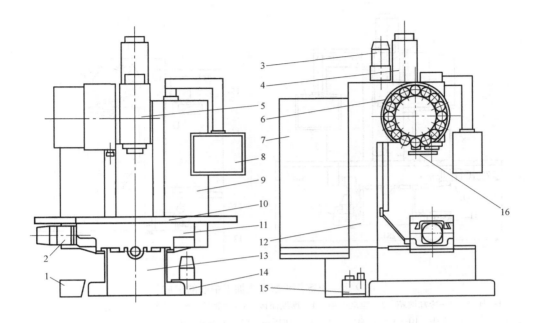

图9-23 单柱水平刀库布局

1—切屑箱 2—X轴伺服电动机 3—Z轴伺服电动机 4—主轴电动机 5—主轴箱
6—刀库 7—数据柜 8—操纵面板 9—驱动电柜 10—工作台
11—滑座 12—立柱 13—床身 14—冷却液箱
15—间歇润滑油箱 16—机械手

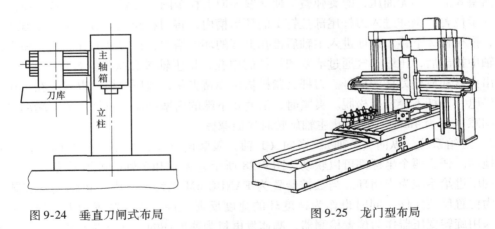

图9-24 垂直刀闸式布局　　　　　　　图9-25 龙门型布局

滑座上做纵向运动；自动换刀装置的刀库6和机械手7装在立柱左侧前部，其后部是FANUC 6M数控柜16，立柱右侧面装有驱动电柜3（伺服装置等）。

（2）主要机械结构

1）主轴箱。图9-27所示为JCS-108型主轴箱的结构图。无级调速交流主轴电动机经二级塔形带轮3和11直接拖动主轴。带轮传动比分别为1:2和1:1。主轴转速低时（带轮传动比为1:2）值为22.5～2250r/min，高速时（带轮传动比1:1）值为45～4500r/min。主轴

190

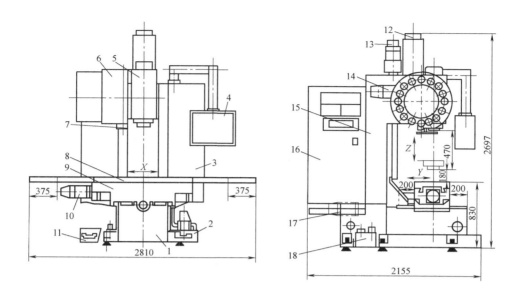

图 9-26　JCS-018 型立式加工中心的组成

1—床身　2—冷却液箱　3—驱动电柜　4—操纵面板　5—主轴箱　6—刀库　7—机械手　8—工作台
9—滑座　10—X 轴伺服电动机　11—切屑箱　12—主轴电动机　13—Z 轴伺服电动机
14—刀库电动机　15—立柱　16—数控柜　17—Y 轴伺服电动机　18—润滑油箱

前支承为三个向心推力球轴承，前面两个大口朝下，后面一个大口朝上。后支承为一对向心推力球轴承，小口相对。后支承仅承受径向载荷，故外圈轴向不定位。主轴内部有刀杆的自动夹紧机构，它由拉杆 2 和头部的四个钢球、碟形弹簧 4、活塞 8 和螺旋弹簧 7 组成。夹紧时，活塞 8 的上端无油压，螺旋弹簧 7 使活塞 8 向上移至图示位置。碟形弹簧 4 使拉杆 2 上移至图示位置，钢球进入刀杆尾部拉钉 1 的环形槽内，将刀杆拉紧。放松时，液压使活塞 8 下移，推拉杆 2 下移。钢球进入主轴后锥孔上部的环形槽内，把刀杆放开。当机械手把刀杆从主轴中拔出后，压缩空气通过活塞和拉杆的中孔，把主轴锥孔吹净。行程开关 9 和 10 用于发出夹紧和放松刀杆的信号。刀杆夹紧机构用弹簧夹紧，液压放松，以保证在工作中如果突然停电，刀杆不会自行松脱。夹紧时，活塞 8 下端的活塞杆端与拉杆 2 的上端部之间有一定的间隙（约为 4mm），以防止主轴旋转时端面摩擦。

2）进给系统。纵向（X 轴）、横向（Y 轴）及竖向（Z 轴）都是用宽调速直流伺服电动机拖动。任意两个坐标都可以联动。图 9-28 所示为 X 轴和 Y 轴的进给系统。

伺服进给系统为半闭环。当数控装置为 FANUC 6M 系统时，电动机轴端安装脉冲编码器作为位置反馈元件，同时也作为速度环的速度反馈元件。数控装置为 FANUC 7CM 系统时，采用旋转变压器作为位置检测器，测速发电机为速度环的速度反馈元件。旋转变压器是按数字相位检测方式工作的。旋转变压器的分解精度为 2000 脉冲/r，电动机轴到旋转变压器的升速比为 5:1，滚珠丝杠导程为 10mm，因此检测分辨率为 0.001mm。

3）立柱、床身和工作台。JCS-018 型机床的立柱为封闭的箱型结构，如图 9-29 所示。立柱承受两个方向的弯矩和扭矩，故其截面形状近似地取为正方形。立柱的截面尺寸较大，内壁设置有较高的竖向筋和横向环形筋，刚度较大。该机床是在工作台不升降式铣床的基础上设计的，工作台如图 9-30 所示，滑座如图 9-31 所示。工作台与滑座之间为燕尾形导轨，

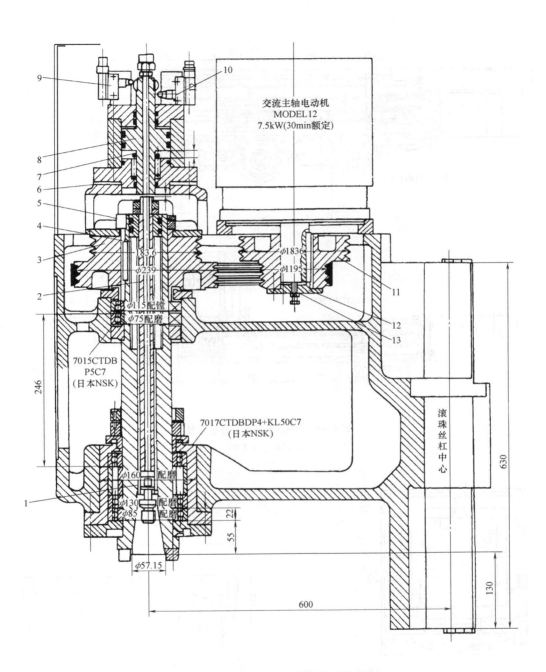

图 9-27 JCS-108 型主轴箱的结构图

1—拉钉 2—拉杆 3、11—带轮 4—碟形弹簧 5—锁紧螺母 6—调整垫

7—螺旋弹簧 8—活塞 9、10—行程开关

12—端盖 13—调整螺钉

丝杠位于两导轨的中间。滑座与床身之间为矩形导轨。工作台与滑座之间、滑座与床身之间，以及立柱与主轴箱间的动导轨面上，皆贴氟化乙烯导轨板。两轴以机床的最低进给速度运动时，皆无爬行现象发生。

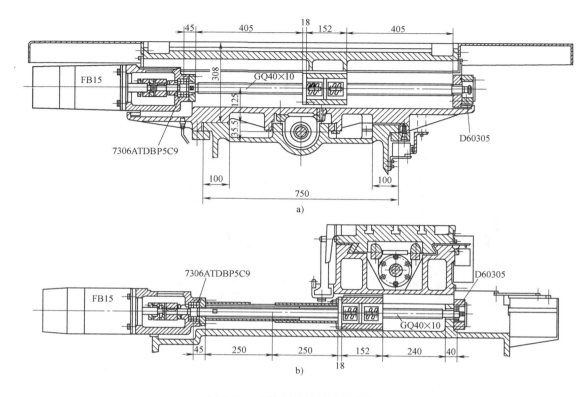

图 9-28　X 轴和 Y 轴的进给系统

a）X 轴　b）Y 轴

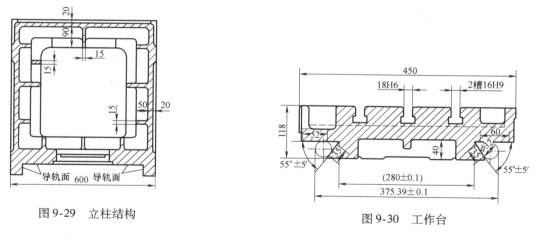

图 9-29　立柱结构

图 9-30　工作台

4）自动换刀装置。自动换刀装置安装在立柱的左侧上部，由刀库和机械手两部分组成。圆盘式刀库（图 9-32a）由直流伺服电动机 1、十字滑块联轴器 2、蜗杆、3、蜗轮 8，带动圆盘 7 和盘上的 20 个刀套 6 旋转。刀套在刀库上处于水平位置，但主轴是立式的。因此，应使处于换刀位置（刀库圆盘 7 的最下位置）的刀套旋转 90°，使刀头向下。实现这个动作靠气缸 4。气缸 4 的活塞杆带动拨叉 5 上移。在剖视图中可以看到。最下面的一个刀套

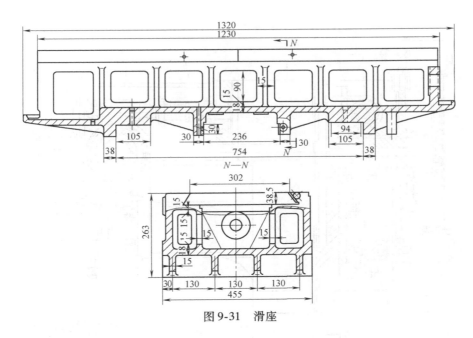

图 9-31　滑座

6 右尾部的滚子正好进入拨叉 5 的缺口。拨叉 5 上升使刀套连同刀具逆时针方向旋转 90°，使刀头向下。刀套的构造如图 9-32b 所示。在右上角的图中可以看到锥孔尾部有两个球头销钉，后有弹簧，用以夹住刀具。刀套旋转 90° 后刀具不会下落。刀套顶部的滚子用以在刀套处与水平位置时支承刀套。

图 9-33 所示为机械手的驱动机构。升降气缸 1 通过杆 6 带动机械手臂升降。当机械手在上边位置时（图示位置），液压缸 4 通过齿条 2、齿轮 3、传动盘 5、杆 6 带动机械手臂回转；当机械手在下边位置时，转动气缸 7 通过齿条 9、齿轮 8、传动盘 5 和杆 6，带动手臂回转。

三、卧式加工中心

卧式加工中心适用于箱体型零件、大型零件的加工。卧式加工中心工艺性能好，工件安装方便，利用工作台和回转工作台可以加工四个面或多面，并能进行掉头镗孔和铣削。

1. 卧式加工中心的分类

（1）立柱不动式卧式加工中心　工作台实现两个方面的进给，刚性差，常用于小型、经济型卧式加工中心，如图 9-34 所示。

（2）立柱移动式卧式加工中心　立柱移动式卧式加工中心大体又可分为两类。一类是立柱 Z 向进给运动，X 向运动由工作台或交换工作台进行，利于提高床身和工作台的刚性；立柱进给时，有利于保证加工孔的直线性和平行性；当采用双立柱时，主轴中心线位于两立柱之间，受力时不影响精度，主轴中心线能避免因发热而产生的变形。这种形式近年来采用得比较多。另一类是立柱双向移动式，即立柱安装在十字拖板上，进行 Z 向及 X 向运动，适用于大型工件加工。

立柱移动式卧式加工中心的最大优点就是工作台能够适应不同的工件进行柔性组合，它可以用长工作台和圆工作台，也可用交换工作台。由于机床的前后床身可以分离，故在加工

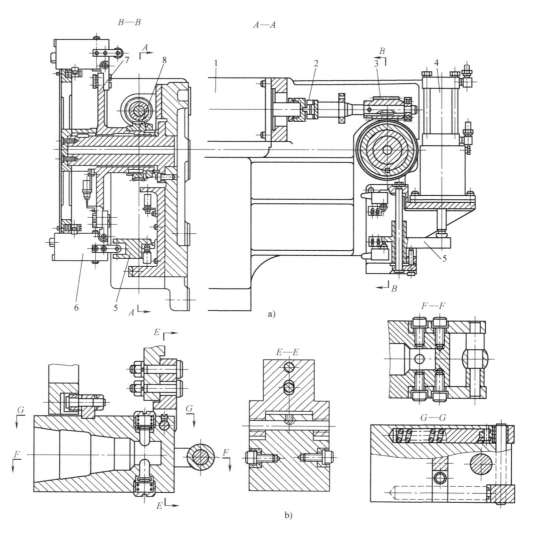

图 9-32　刀库

1—直流伺服电动机　2—十字滑块联轴器　3—蜗杆　4—气缸　5—拨叉　6—刀套　7—圆盘　8—蜗轮

大型工件时，不安置工作台也可以，特别适合组成柔性制造系统和柔性制造单元。

（3）滑枕式加工中心　这类加工中心的主轴箱大多数采用侧挂式，滑枕带动刀具前后运动，如图 9-35 所示。这类机床最大优点是滑枕运动代替了立柱的运动，从而使工件以良好的固定状态接受切削加工，所以解决好滑枕悬臂的自重平衡是保证切削精度的关键。

2. SOLON3-1 型卧式镗铣加工中心

（1）机床组成　机床外形如图 9-36 所示，床身 6 呈 T 字形（刨台式）。立柱 4 在床身上做横向移动。工作台 3 在床身上做纵向移动。立柱呈龙门式（或称框式），主轴箱 5 在龙门间上下移动。立柱和主轴箱的这种布局形式有利于改善机床的热态性能和动态性能，可较好地保证箱体类工件要求镗孔时孔的同轴度。主轴箱用两个铸铁重锤平衡，重锤则分别位于龙门的两个立柱内。重锤与立柱的导向部位粘上一层硬橡胶，再在外面蒙一层 0.5mm 厚的薄钢板，以吸收重锤在快速移动时与立柱产生的撞击能。机床有两个交换工作站 1 和 2，每个交换工作站

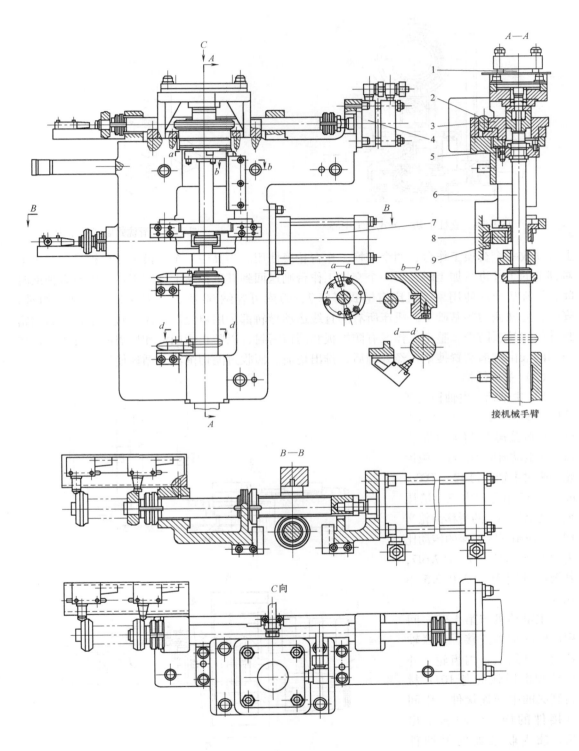

接机械手臂

图 9-33　机械手的驱动机构

1—升降气缸　2、9—齿条　3、8—齿轮　4—液压缸　5—传动盘　6—杆　7—转动气缸

196

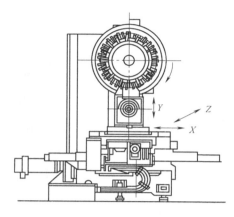

图 9-34　立柱不动式卧式加工中心

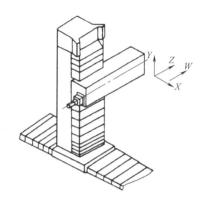

图 9-35　滑枕式卧式加工中心

上可安放一个交换工作台，两个交换工作台轮换使用。当其中一个交换工作台被送到机床上对其上的工件进行加工时，另一个交换工作台则送回到其工作站上装卸工件，以节省辅助时间，提高机床的使用率。机床有链式刀库 7，刀库可容纳 60 把刀。刀库是一个独立组件，安装在立柱侧边的基础上。机床所有的直线运动导轨都采用单元滚动体导轨支承，用封闭密封性好的拉板防护。整个工作区有防护板和门窗密封，以防止切削液和切屑向外飞溅。切屑与切削液由排屑装置搜集，经处理后，排出切屑，回收过滤切削液，循环使用。

（2）主要结构

1）主轴箱。主轴箱展开图如图 9-37 所示。主运动由 SIEMENS 公司生产的 30kW 直流调速电动机驱动，经三级齿轮变速时主轴获得 12～3000r/min。齿轮箱变速由三个液压缸驱动第三轴上的滑移齿轮实现。变速箱三级转速的传动比为 1:1.03、1:2.177、1:7.617，其级比分别为 2.09 和 3.5 不相等。

主电动机与第 I 轴之间用齿轮联轴器连接。该联轴器由三件组成：内齿轮、外齿轮和由增强尼龙 1011 材料制成的中间连接件。中间连接件的内、外圆加工出齿，插入联轴器的另两件内、外齿轮中。主轴箱内全部齿轮都是斜齿轮。除滑移

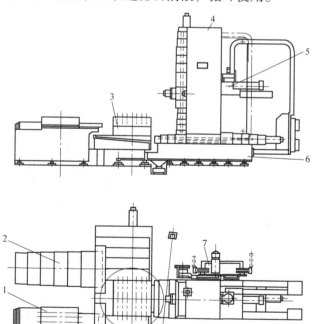

图 9-36　SOLON3-1 型卧式镗铣加工中心
1、2—交换工作站　3—工作台　4—立柱　5—主轴箱　6—床身　7—链式刀库

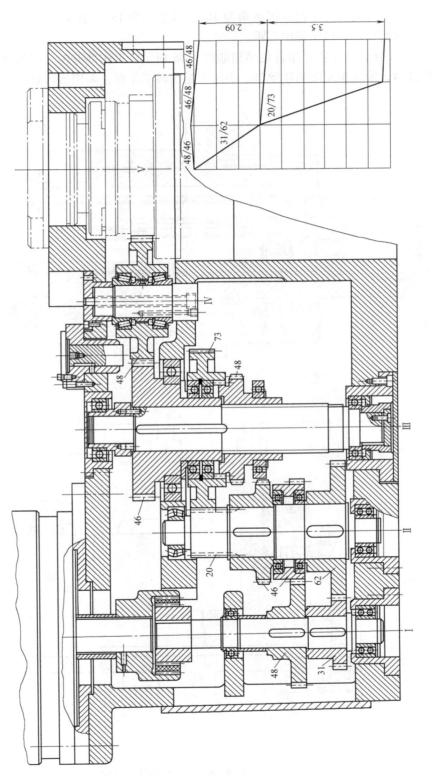

图 9-37 主轴箱展开图

齿轮和其啮合的有关齿轮的螺旋角为10°，其余均为15°。各中心距均圆整成整数，因此各个齿轮都经变位，以保证中心距。

2）工作台。工作台组件的结构如图9-38所示。工作部分由三层组成。下层1沿前床身导轨移动，采用单元滚动体导轨。中层3是回转工作台，采用塑凹轨副。回转工作台的回转

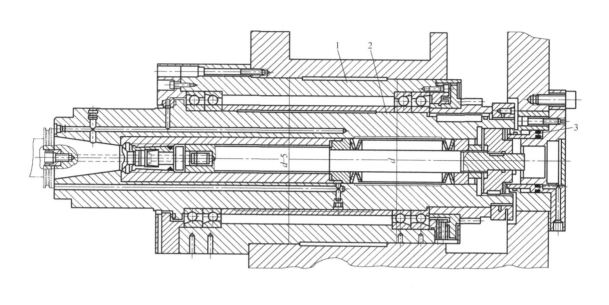

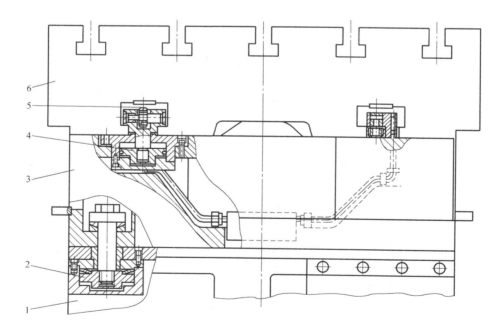

图9-38　工作台组件的结构

1—下层　2—液压缸　3—中层　4—活塞　5—滚子　6—交换工作台

运动是数控的。伺服电动机经双蜗杆蜗轮副和齿轮副传动回转工作台。采用圆光栅作为位置反馈，其分度精度较低，为 ±（15″～20″）。为了保证掉头镗孔的精度，在工作台 0°、90°、180°与 270°四个位置，采用无接触式电磁差动传感器作为精定位，定位精度可达 ±2″。回转工作台借助六个液压缸 2 内碟形弹簧向下作用力进行夹紧。液压缸下腔进入液压油，压缩碟形弹簧杆上升，放松工作台。上层是交换工作台 6。机床前方有两个交换工作站。每个交换工作站上可安放一个交换工作台。当其中一个交换工作台被运到机床工作台的上层，对其上的工件进行加工时，另一个交换工作台留在其站台上装卸工件。加工完毕后，机床上交换工作台被送回到它的站台，另一交换工作台被送到机床工作台的上层。

3）床身和导轨。床身呈 T 字形，如图 9-39 所示，横向床身与纵向床身做成两件，之间用螺钉联接。床身高度仅 350～560mm，其自身的刚度很差，需靠混凝土基础加强其刚度。故该机床对基础的要求较高，立柱或装有工件的工作台移动时，基础的弯曲和扭曲变形不得超过 0.02mm/m。床身与基础间的垫铁位置放得较多，床身是焊接结构，镶装矩形导轨。导轨材料为 45 钢，中频淬火，硬度达 58～60HRC。导轨是拼接而成，导轨精度在镶装前经磨削以达要求。床身上与钢导轨的接合面经过刮研。钢导轨用埋头螺钉固定在床身上，不再修磨，接缝处的等高性公差为 0.003mm。在基导轨

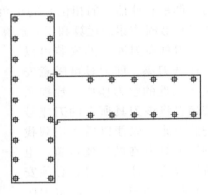

图 9-39　床身

（即起侧面导向作用的导轨）与床身的接合面间注入一种特制胶水，其粘结强度高，可以免去在导轨与床身之间打定位销。

图 9-40 所示为立柱 4 与床身 7 导轨的横截面形状。采用单元滚动导轨支承 5，右导轨 6 为基导轨，兼起侧面导向作用。侧向间隙由基导轨两侧的楔铁 3 调整。为能承受颠覆力矩，两矩形导轨下方均有压板 2，并用楔铁 1 调整间隙。

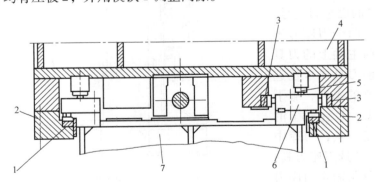

图 9-40　导轨的横截面形状

1、3—楔铁　2—压板　4—立柱　5—滚动导轨支承　6—右导轨　7—床身

4）自动换刀装置。刀库为链式刀库，如图 9-41 所示。刀具容量为 60 把。刀座材料是玻璃纤维增强的不饱和聚酯，模压成形后不经任何加工，所以成本低、质量轻、工作中的噪声小。链式刀库由微转速装置驱动。该装置由电动机 1、微电动机 3 和一套减速齿轮 2 组成。电动机工作时，微电动机不工作，直接传动链轮，用于快速传动。微电动机

工作时，电动机不工作，经减速后传动链轮，用于刀座到位前的低速传动。两个电动机的电枢成锥形。电动机停止时，电枢在弹簧的作用下产生轴向移动，使之与定子的锥形内孔紧密贴合，达到制动的效果。60 个刀座中，有一个刀座底部有挡销。当挡销压行程开关时是刀库的初始位置，即零位。从零位出发，刀库向前、向后移动刀座的数量由计数链轮 4 发出脉冲信号，输入数控系统进行计数。计数链轮共 21 个齿，每个刀座跨三个链节。故每移动 7 个刀座计数链轮转一转，在计数链轮上均布 7 个挡销。在刀库固定支座上有两个无接触行程开关，其相邻夹角为 51.4°左右。当计数链轮正转或反转时，链轮上的 7 个挡销使行程开关分别发出两串脉冲信号。每串脉冲信号的个数表示移动刀座的数目，两串脉冲信号的相位差的正负不同，表示刀库是正转和反转，控制数控系统中对刀座号计数时作累加运算和累减运算。

　　刀具在刀库上的安装可以是任选刀座，即刀具可随意安装在就近的空刀座中，数控系统随着将该刀具所在的刀座号记载下来，以便以后按记载找到该刀具所在的刀座位置；也可以固定刀座，其刀具必须安装在设定的刀座中。固定刀座的刀具通常所需的换刀时间较长，仅用于一些特殊的工具，如静态测量头和大直径刀具。安放大直径刀具的前、后两个刀座不允许插入其他刀具，以免碰撞。因此在数控编程时可规定大直径刀具的固定刀座号，并规定其前、后两个刀座号不允许使用。根据主轴上的刀具和刀库中的待换刀具要求任选刀座或固定刀座的不同，有下列三种换刀方式：① 主轴上的刀具是任选刀座刀具，刀库中的待换刀具也是任选刀座刀具；② 主轴上的刀具是固定刀座刀具，刀库中的待换刀具是任选刀座刀具和固定刀座刀具；③ 主轴上的刀具是任选刀座刀具，刀库中的待换刀具是固定刀座刀具。

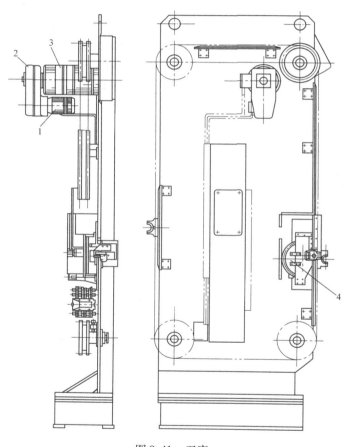

图 9-41　刀库

1—电动机　2—减速齿轮　3—微电动机　4—计数链轮

　　机械手的结构如图 9-42 所示。在刀库中存放刀具的轴线与主轴轴线相垂直。机械手有三个自由度：沿主轴轴线方向移动 M，实现从主轴拔刀动作；绕竖直轴 90°的摆动 S_1，实现刀库与主轴之间刀具的传送；绕水平轴 180°的摆动 S_2，实现刀库与主轴刀具的交换。

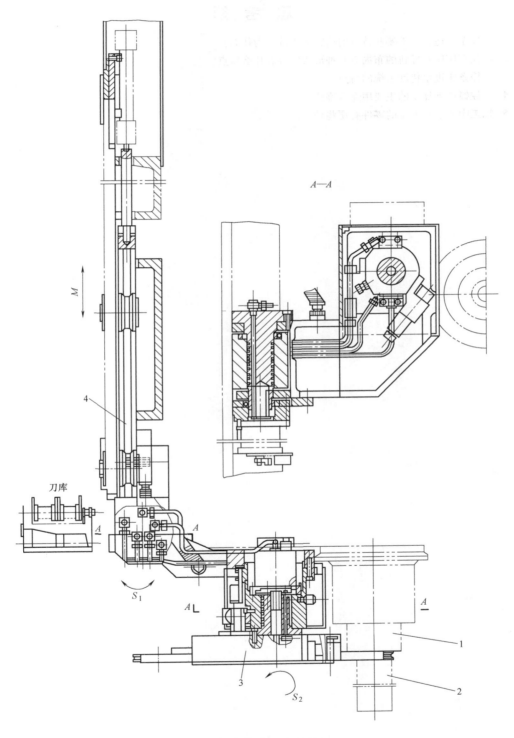

图 9-42　机械手的结构
1—主轴　2—刀具　3—机械手　4—刀库链

思　考　题

1. 数控车床适合加工哪些特点的回转体零件？为什么？
2. 数控车床床身导轨的布局有几种形式？各有什么特点？
3. 数控车床进给传动系统的特点？
4. 数控镗铣削加工的主要用途有哪些？
5. 加工中心适宜加工的零件有哪些种类？

参 考 文 献

[1] 吴祖育、秦鹏飞. 数控机床 [M]. 3版. 上海：上海科学技术出版社，2009.
[2] 戴曙. 金属切削机床 [M]. 北京：机械工业出版社，2004.
[3] 贾亚洲. 金属切削机床概论 [M]. 2版. 北京：机械工业出版社，2011.
[4] 宋玉鸣. 金属切削机床 [M]. 北京：中国劳动社会保障出版社，2005.
[5] 吴国华. 金属切削机床 [M]. 北京：机械工业出版社，2007.
[6] 沈志雄. 金属切削机床 [M]. 北京：机械工业出版社，2008.
[7] 黄鹤汀. 金属切削机床 [M]. 北京：机械工业出版社，2000.
[8] 刘坚. 机械加工设备 [M]. 北京：机械工业出版社，2001.
[9] 夏建刚. 金属切削加工（二）——铣削 [M]. 重庆：重庆大学出版社，2008.
[10] 吴兆华. 金属切削原理与机床 [M]. 南京：东南大学出版社，1999.